"十四五"测绘导航领域职业技能鉴定规划教材

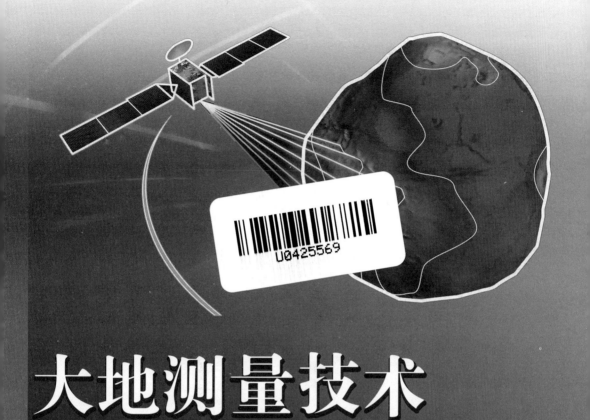

大地测量技术

赵冬青 张 勇 肖国锐 张金辉 编著
范昊鹏 冯进凯 李新星

国防工业出版社

·北京·

内 容 简 介

大地测量是地球空间信息的重要获取手段，所建立的空间基准是开展各项测绘工作的基础。本书阐述了大地坐标系和误差理论等基础知识，讨论了平面控制测量、高程测量、GNSS 测量、重力测量、磁力测量等技术手段的外业测量方法和内业数据处理，介绍了技术设计和质量控制等项目管理内容。本书在编写过程中力求简单实用，为开展测量作业提供指导。

本书可作为大地测量专业职业技能培训教材，也可作为高等职业学院和高等专科学校相关专业的教学参考书，还可以为相关作业人员提供技术参考。

图书在版编目(CIP)数据

大地测量技术 / 赵冬青等编著. -- 北京：国防工业出版社，2025.2. -- ISBN 978-7-118-13605-0

Ⅰ.P22

中国国家版本馆 CIP 数据核字第 2025SG8615 号

※

国防工业出版社出版发行
(北京市海淀区紫竹院南路 23 号　邮政编码 100048)
三河市天利华印刷装订有限公司印刷
新华书店经售

*

开本 710×1000　1/16　　印张 17½　　字数 319 千字
2025 年 2 月第 1 版第 1 次印刷　　印数 1—1500 册　　定价 88.00 元

(本书如有印装错误，我社负责调换)

国防书店：(010)88540777　　书店传真：(010)88540776
发行业务：(010)88540717　　发行传真：(010)88540762

前言

本书是大地测量员职业技能鉴定的配套教材，也是大地测量专业任职培训教育的基本教材。本书内容编写与"大地测量员"技能鉴定标准紧密结合，对鉴定标准中的基本要求、工作要求以及理论知识和技能操作所占比重，特别是工作要求中所涉及的职业功能、工作内容、技能要求和相关知识都有直接的反映和体现，力求满足各个层次大地测量作业人员的需求。

本书由信息工程大学地理空间信息学院职业技能鉴定站组织编写，其中：赵冬青编写了第1章和第2章，并对全书进行统稿、校对和完善；张勇编写了第3章和第4章；肖国锐编写了第5章和第8章中GNSS数据处理部分；范昊鹏编写了第6章和第8章中重力数据处理部分；冯进凯编写了第7章；张金辉编写了第8章中其他部分和第9章；李新星整理了重力测量和磁力测量部分的初稿。在编写过程中，本书得到了地理空间信息学院和职业技能鉴定站其他领导和同事们的大力支持，在此一并表示感谢。

由于编写人员的作业范围、技术视野和学术水平有限，且大地测量技术发展迅速，本书内容难免存在疏漏或不当之处，敬请读者批评指正。

编著者
2024年4月

目录

第1章 基础知识 ... 1
1.1 大地测量学概念 ... 1
1.1.1 大地测量学作用 ... 1
1.1.2 大地测量学发展 ... 3
1.2 地球椭球理论 ... 5
1.2.1 大地水准面 ... 5
1.2.2 地球椭球 ... 6
1.2.3 正常椭球 ... 9
1.2.4 参考椭球 ... 9
1.2.5 椭球面到平面的投影 ... 16
1.3 大地测量坐标系 ... 21
1.3.1 天文坐标系 ... 21
1.3.2 大地坐标系与大地空间直角坐标系 ... 22
1.3.3 测站坐标系 ... 24
1.3.4 投影平面直角坐标系 ... 26
1.3.5 坐标系的转换 ... 27
1.3.6 方位角的传递 ... 30
1.4 常用大地基准 ... 31
1.4.1 国际地球参考框架 ... 32
1.4.2 1954 北京坐标系 ... 33
1.4.3 1980 西安坐标系 ... 34

1.4.4　地心一号与地心二号 ………………………………………… 36
　　1.4.5　2000 中国大地坐标系 ……………………………………… 37
　　1.4.6　北斗坐标系 ………………………………………………… 39
　　1.4.7　1984 世界大地坐标系 ……………………………………… 40
　1.5　误差理论基础 ………………………………………………………… 42
　　1.5.1　测量与误差 ………………………………………………… 42
　　1.5.2　真值和真误差 ……………………………………………… 44
　　1.5.3　精度及衡量标准 …………………………………………… 45
　　1.5.4　相对误差与极限误差 ……………………………………… 49
　　1.5.5　误差传播定律及应用 ……………………………………… 52

第 2 章　项目技术设计 …………………………………………………… 56

　2.1　项目计划 ……………………………………………………………… 56
　　2.1.1　概述 ………………………………………………………… 56
　　2.1.2　编制计划 …………………………………………………… 57
　　2.1.3　组织实施 …………………………………………………… 58
　2.2　技术设计概述 ………………………………………………………… 62
　　2.2.1　基本要求 …………………………………………………… 63
　　2.2.2　设计流程 …………………………………………………… 63
　　2.2.3　编写要求 …………………………………………………… 66
　2.3　技术设计书内容 ……………………………………………………… 67
　　2.3.1　资料收集 …………………………………………………… 67
　　2.3.2　踏勘调查 …………………………………………………… 68
　　2.3.3　项目设计 …………………………………………………… 68
　　2.3.4　专业技术设计 ……………………………………………… 70
　2.4　大地测量专业技术设计书 …………………………………………… 71
　　2.4.1　选点与埋石 ………………………………………………… 71
　　2.4.2　平面控制测量 ……………………………………………… 72
　　2.4.3　高程控制测量 ……………………………………………… 72
　　2.4.4　重力测量 …………………………………………………… 73
　　2.4.5　大地测量数据处理 ………………………………………… 73

第 3 章　平面控制测量 …………………………………………………… 74

　3.1　水平角测量 …………………………………………………………… 74

3.1.1　经纬仪测角原理 ·· 74
　　3.1.2　影响水平角测量的因素 ······································ 78
　　3.1.3　水平角测量方法及限差 ······································ 83
3.2　距离测量 ··· 87
　　3.2.1　电磁波测距原理 ·· 87
　　3.2.2　距离测量方法 ··· 90
3.3　水平控制网 ··· 95
　　3.3.1　控制网布设原则 ·· 95
　　3.3.2　国家水平控制网 ·· 96
　　3.3.3　水平控制网的布设流程 ······································ 98
3.4　水平控制测量方法 ··· 103
　　3.4.1　三角测量 ·· 103
　　3.4.2　导线测量 ·· 104
　　3.4.3　交会测量 ·· 106

第4章　高程测量 ··· 110

4.1　水准测量 ·· 110
　　4.1.1　水准测量原理 ·· 110
　　4.1.2　水准测量要求 ·· 112
　　4.1.3　水准测量的观测及限差 ····································· 116
4.2　高程控制网 ··· 119
　　4.2.1　国家高程基准 ·· 119
　　4.2.2　国家水准控制网 ··· 122
4.3　三角高程测量 ·· 123
　　4.3.1　三角高程测量原理 ··· 123
　　4.3.2　三角高程计算 ·· 127
　　4.3.3　大气垂直折光的影响 ·· 128
4.4　电磁波测距高程导线 ··· 130

第5章　GNSS 测量 ·· 135

5.1　北斗卫星导航系统 ·· 135
　　5.1.1　北斗系统组成 ·· 135
　　5.1.2　北斗系统时空基准 ··· 136
5.2　GNSS 定位原理 ·· 137

- 5.2.1 GNSS 信号 …… 137
- 5.2.2 GNSS 误差源 …… 139
- 5.2.3 GNSS 定位方法 …… 142
- 5.3 GNSS 相对定位 …… 145
  - 5.3.1 差分 GNSS 技术 …… 146
  - 5.3.2 实时动态测量技术 …… 147
  - 5.3.3 连续运行参考站系统 …… 147
  - 5.3.4 网络 RTK 技术 …… 149
  - 5.3.5 基线测量技术 …… 149
- 5.4 GNSS 控制网技术设计 …… 150
  - 5.4.1 技术准备 …… 150
  - 5.4.2 GNSS 控制网的布设种类 …… 154
  - 5.4.3 控制网图形设计 …… 156
  - 5.4.3 选点和标志埋设 …… 158
- 5.5 GNSS 测量作业 …… 159
  - 5.5.1 测前准备 …… 159
  - 5.5.2 观测要求 …… 160
  - 5.5.3 数据下载与质量检查 …… 163
  - 5.5.4 手簿记录 …… 163

第6章 重力测量 …… 165

- 6.1 重力与正常重力 …… 165
  - 6.1.1 重力及其变化规律 …… 165
  - 6.1.2 正常重力 …… 167
- 6.2 重力基准 …… 169
  - 6.2.1 世界重力基准 …… 169
  - 6.2.2 我国重力基准 …… 172
- 6.3 重力测量方法 …… 175
  - 6.3.1 绝对重力测量 …… 175
  - 6.3.2 相对重力测量 …… 176
  - 6.3.3 空间重力测量 …… 178
- 6.4 重力测量作业 …… 180
  - 6.4.1 测量设备 …… 180
  - 6.4.2 重力网的建立 …… 185

6.4.3 加密重力测量 …………………………………………… 186

6.4.4 零点漂移现象 …………………………………………… 191

第7章 磁力测量 ………………………………………………… 193

7.1 地磁场 ……………………………………………………… 193

7.1.1 地磁场基础 ……………………………………………… 193

7.1.2 地磁场要素 ……………………………………………… 195

7.1.3 地磁场空间分布与时变特性 …………………………… 197

7.2 磁力测量方法 ……………………………………………… 201

7.2.1 台站地磁观测 …………………………………………… 201

7.2.2 野外地磁测量 …………………………………………… 202

7.2.3 其他地磁测量方法 ……………………………………… 207

7.2.4 地磁数据下载 …………………………………………… 208

7.3 磁力测量作业 ……………………………………………… 209

7.3.1 地磁测量设备 …………………………………………… 209

7.3.2 地磁测量仪器检验与标定 ……………………………… 211

7.3.3 地磁场强度 ……………………………………………… 214

7.3.4 磁偏角与磁倾角 ………………………………………… 215

7.3.5 三分量同时测量 ………………………………………… 218

7.3.6 地磁测量相关误差 ……………………………………… 219

7.3.7 地磁测量精度 …………………………………………… 220

第8章 测量数据处理 …………………………………………… 223

8.1 数据处理一般流程 ………………………………………… 223

8.2 水平控制网数据处理 ……………………………………… 224

8.2.1 水平控制网概算 ………………………………………… 225

8.2.2 大地问题解算 …………………………………………… 235

8.2.3 高斯投影正反算 ………………………………………… 235

8.2.4 平差计算 ………………………………………………… 236

8.3 高程控制网数据处理 ……………………………………… 237

8.3.1 水准测量外业高差改正数计算 ………………………… 237

8.3.2 三角高程测量高差验算 ………………………………… 240

8.3.3 平差计算 ………………………………………………… 241

8.3.4 正高、正常高与大地高之间的关系 …………………… 241

8.4 GNSS 控制网数据处理 ·················· 242
    8.4.1 数据预处理 ·················· 242
    8.4.2 基线解算 ·················· 245
    8.4.3 网平差 ·················· 248
    8.4.4 成果输出 ·················· 249
8.5 重力测量数据处理 ·················· 250
    8.5.1 测线计算 ·················· 250
    8.5.2 重力异常归算 ·················· 253
    8.5.3 精度评定 ·················· 253
    8.5.4 算例说明 ·················· 254

第 9 章 成果质量控制 ·················· 255

9.1 概述 ·················· 255
9.2 检查验收与质量评定 ·················· 257
    9.2.1 术语和定义 ·················· 257
    9.2.2 基本规定 ·················· 258
    9.2.3 检查验收的项目内容 ·················· 260
    9.2.4 检查验收的方法步骤 ·················· 260
    9.2.5 单位成果质量评定 ·················· 261
    9.2.6 抽样检查程序 ·················· 263
9.3 检查验收报告 ·················· 265

参考文献 ·················· 267

第1章 基础知识

测绘基准和测绘系统是测绘学科的基础性问题,在测绘工程中具有十分重要的地位和作用。测绘基准是指进行测绘工作的各类起算面、起算点及其相关的参数,包括大地基准(坐标基准)、高程基准、深度基准和重力基准等,它们是国家测绘工作的起算依据,是建立各个测绘系统的基础。测绘系统是利用测绘技术建立起来的各种观测、处理与应用的地球科学系统。对于大地测量来说,主要是通过布设全国范围的各类大地控制网而实现的各类基准的延伸,包括大地坐标系统、平面坐标系统、高程系统、地心坐标系统和重力测量系统等,它们是各类测绘成果的依据。

大地测量学是测绘学和地球科学的分支学科,在国家经济建设、国防建设、地学研究和社会信息化进程中具有重要作用。随着现代科学技术的发展,大地测量学经历了革命性转变,突破了经典大地测量学的时空局限,进入了以空间大地测量为主的现代大地测量学发展新阶段。

1.1 大地测量学概念

德国大地测量学家赫尔默特在1880年给出大地测量学的经典定义:大地测量学是测量和描绘地球表面的科学。这一定义也包括了确定地球外部重力场,因为从大范围看地球形状是由地球重力确定的,大多数大地测量观测量也都与地球重力场有关。因此,可将大地测量学的学科任务表述为:一是精确确定地面点的位置及其变化;二是研究地球形状大小、地球重力场和地球动力学现象。通常,前者称为大地测量学的技术任务,后者称为大地测量学的科学任务,二者密切相关。

1.1.1 大地测量学作用

1. 大地测量在地形图测绘中的作用

(1)控制测图误差的积累。在测图工作中难免存在误差,虽然这些误差在小范围内并不明显,但在大面积测图中将逐渐传递和积累起来,使地物地貌在地形图上的位置产生较大偏差。如果以大地控制网作为测图控制基础,就能把误差限制在相邻控制点之间而不是累积传播,从而保证成图精度。

(2)统一坐标系统。国家基本地形图通常是在不同时期、不同地区分幅测绘的。由于大地控制网的坐标系统是全国统一的,精度均匀,因此不管在任何地区任何时间开展测图工作都不会出现漏测或重叠,从而保证相邻图幅的良好拼接,形成统一整体。

(3)解决曲面和平面的矛盾。地图是平面的,而真实的地球自然表面是极其复杂且不规则的曲面,为了将地球自然表面上的要素描述在平面上,首先需要将地球自然表面近似成旋转椭球面,然后用一定的数学方法将其转化为投影平面上的位置,并根据这些平面点开展地图测绘。

2. 大地测量在国防建设中的作用

航天器(包括卫星、导弹、载人飞船和星际探测器等)的发射、制导、跟踪、遥控以至返回都需要两类基本的大地测量保障:一是有一个精密的大地坐标系以及地面点(如发射点和跟踪站)在该坐标系中的精确坐标,由测控站组成的航天测控网可以精确测定航天器的运动状态(轨道和姿态)和工作状态,对航天器进行控制、校准,实现对航天器的长期管理;二是有一个精密的全球重力场模型和地面点的准确重力场参数(重力加速度、垂线偏差等),建立航天器在地球表面和外部空间的力学行为的先验重力场约束,为精确确定航天器轨道提供技术支撑。

洲际导弹是当今主要战略武器,射程超过 7000km 且命中精度要求为几十米,影响落点精度的主要因素是扰动重力场,包括扰动重力和垂线偏差,其中:扰动重力对 10000~15000km 的洲际导弹可产生 1~2km 的落点偏差,对 3000~5000km 的中远程导弹可产生 200~500m 的落点偏差;垂线偏差在这一射程上也可产生 1km 左右的落点偏差。因此,无论是在导弹飞行的主动段(火箭推动段)还是被动段(弹头离箭段)都必须给制导系统输入扰动重力场参数以校正对预定弹道的偏离,这主要靠制导系统中的重力场模型来实现。另外,确定发射方位角也很重要,5″的方位偏差对 10000km 射程的导弹可产生约 200m 的落点偏差,故需要精确的方位角来限制这一误差。

军事大地测量还为中近程导弹阵地、巡航导弹阵地、炮兵阵地、雷达阵地、机场、港口、边防、海防、重要城市等重点军事地区和军事设施的联测建立基础控制网点,并为这些应用提供地球重力场模型和坐标转换模型。

3. 大地测量在地球科学研究中的作用

地球科学的众多分支都是从不同的侧面采用不同的手段去观测揭示地球系统的组成、运动和发展。大地测量学着重于研究地球空间的几何特征和物理特征(重力和磁力),并描述其变化。对于地球科学研究,现代大地测量的贡献主要表现在:

(1)为研究板块运动、地壳形变提供精密的大地测量信息,使建立精确的板块运动模型和地壳形变模型有了新手段。

(2)极移和地球自转速率的变化包含了提取地球构造和多种地球动力学过程的信息,空间大地测量测定地球自转参数的精密性已成为提取分辨这些信息最有效的工具。

(3)通过一系列的卫星重力测量计划和陆地、海洋的大规模重力测量,提供更精细的地球重力场,这对解决地球构造和动力学问题提供了重要的分析资料。

(4)应用空间大地测量技术(特别是卫星测高)可以高精度监测海平面变化,并确定海面地形及其变化,这些信息可用于研究地球变暖、大气环流和海洋洋流等气象学和海洋学问题。

地球作为一个动态系统,存在着极其复杂的各类动力学过程,大地测量学以其本身独特的理论体系和测量手段,提供了有关动力学过程在各种时空尺度上定量和定性的信息,联合其他有关的地球科学学科,共同揭示其本质。

1.1.2 大地测量学发展

大地测量学从形成到现在已有三百多年的历史,在研究地球形状、地球重力场和测定地面点位置等方面取得了可观的成就。当前大地测量学呈现出新的发展趋势。

1. 以空间大地测量为主要标志的现代大地测量学已经形成

现代科学技术的成就,特别是激光技术、微电子技术、人造卫星技术、河外射电源干涉测量技术、信息技术和高精度原子计时频标技术的飞跃发展,促使大地测量出现了重大突破,产生了以人造卫星(信号)或河外射电源(信号)为观测对象的空间大地测量。这一突破,使距离和点位测定能在全球任意空间尺度上达到$10^{-6} \sim 10^{-9}$的相对精度,并能以数小时或数分钟,乃至实时的高效率确定一个地面点的三维位置,从根本上突破了经典大地测量的时空局限性。大地测量学经历了一次跨时代的革命性转变,进入了以空间大地测量为主要标志的现代大地测量学科发展的新阶段。这一转变的主要体现是：

(1) 从分离式一维（高程）和二维（水平）大地测量发展到三维和包含时间信息的四维大地测量。

(2) 从测定静态刚性地球假设下的地球表面几何和重力场元素发展到监测研究非刚性（弹性、流变性）地球的动态变化。

(3) 局部参考坐标系中的地区性（相对）大地测量发展到统一地心坐标系中的全球性（绝对）大地测量。

(4) 测量精度提高了 2~3 个量级。

2. 向地球科学基础性研究领域深入发展

现代大地测量的发展方向将主要面向和深入地球科学，其基本任务是：

(1) 建立和维持高精度的惯性和地球参考系，建立和维持地区性和全球的三维大地控制网（包括海底大地控制网），以一定的时间尺度长期监测这些大地控制网随时间的变化，为大地测量定位和研究地球动力学现象提供一个高精度的地球参考框架和基准点网。

(2) 监测和解释各种地球动力学现象，包括地壳运动、地球自转运动、地球潮汐、海面地形和海平面变化等。

(3) 测定地球形状和外部重力场的精细结构及其随时间变化情况，对观测结果进行地球物理学解释。

3. 空间大地测量主导着学科未来的发展

就常规测图和一般工程控制目的来说，卫星定位技术已经基本取代了以经纬仪和测距仪为工具的地面测量技术，这是因为卫星定位技术的精度、效率和成本投入都优于地面测量技术。就大地测量学来说，监测和研究各种地球动力学和地球物理学现象及过程将成为其主要任务，这就要求大地测量技术在空间和时间尺度两方面都具备实现这一科学目的的能力，能达到足够高的时空采样率。其中：在空间尺度上，要求有进行地区/全球尺度高精度定位和确定高精度高分辨率全球重力场的能力；在时间尺度上，要求能够监测从地震突发地壳形变到板块长期缓慢运动，在构造活动强烈、人口密集的地震带还要求能自动连续监测，位移监测精度要求达到 $10^{-8} \sim 10^{-9}$（相当于 ±1mm），重力异常的测量要求能以小于 30km 的分辨率达到 1~3mGal 的精度。要达到这些要求，从现今科学技术水平来看，只有大力发展以卫星大地测量为主的空间大地测量才是可行的。

另外,卫星定位技术也扩展了大地测量学科的应用面,走进了人们的日常生活,成为社会经济活动和日常生活的必需品。

1.2 地球椭球理论

在地球上建立坐标系,用严密的数学理论来描述地球空间点的几何位置,就需要研究地球的形状和大小,确定大地坐标系的原点、坐标轴指向以及测量尺度等问题。通常将地球的自然表面理解为地球的真实形状,但自然表面极其复杂,包括了高山、湖泊、峡谷、河流等,因此把平均海水面及其延伸到大陆内部所形成的大地水准面来代替地球真实形状,这就是大地测量所研究的地球形状。大地水准面具有明显的物理意义,但仍不是规则的几何形状,无法满足地面点位置计算需求,因此在经典大地测量中处理地面观测数据时,采用规则的几何椭球面来代替大地水准面。

1.2.1 大地水准面

人类生活的地球在不停做着自转运动,地球上每一点都存在一个惯性离心力;同时,地球本身具有巨大的质量,对地球上每一点又都存在一个吸引力。因此,地球上每一点 P 都受到惯性离心力 P 和地球引力 F 的作用(图1.1),这两个力的合力 G 称为重力。重力的作用线称为铅垂线,重力方向称为铅垂线方向。

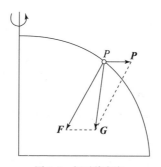

图1.1 铅垂线方向

当液体处于静止状态时,其表面必处处与重力方向正交,否则液体就要流动。这个液体静止表面就是水准面,因为在局部范围内呈现为一个平面,有时也称为水平面。由于地球空间处处都有重力存在,因此通过不同高度的点就有不同的水准面。测量仪器野外作业是在仪器整平的前提下进行的。例如,用经纬仪进行水平角观测时,水准器气泡要居中,这时气泡中央的切线就是一条水平线,仪器垂直轴方向就与铅垂线方向一致,水平度盘就处于和水准面相切的水平面上,因此实际测得的水平角是在高低不同的水准面上的角度;按水准测量方法测定的高差就是水准面间的铅垂线长。同样,天文经纬度和天文方位角也是以水准面和铅垂线为基准定义的。因此,水准面和铅垂线是测量仪器野外作业的基准面和基准线。

在无穷多个水准面中,将其中一个具有特别意义的水准面定义为大地水准面。大地水准面是与平均海水面重合并伸展到大陆内部形成的水准面。大地水准面包围的形体称为大地体。因为海洋面积占地球总面积的71%,而大陆高出海洋部分的平均高度约为800m,大致是地球半径的万分之一,所以大地体非常接近于地球自然表面,同时大地水准面又具有长期稳定性,采用大地体来代表地球是很自然的。因此,可以将大地水准面作为高程的起算面,即研究地球自然表面形状的参考面,还可以将大地水准面作为天文经纬度、天文方位角和重力值归算的基准面。

大地水准面是一个不规则的曲面。因为地球表面起伏不平,内部质量分布不匀,使得地面各点所受的吸引力大小和方向各不相同,从而引起地面各点铅垂线方向发生不规则变化。于是处处与铅垂线正交的大地水准面,也就随之成为略有起伏的不规则曲面,因此大地水准面是一个物理曲面而不是数学曲面。

1.2.2 地球椭球

大地水准面是接近地球真实形状的一个不规则曲面,在大地坐标计算时无法用简单且严密的数学曲面来表达。这种不规则性很微小,因为它的起伏主要是地壳层的物质质量分布不均匀引起的,而地壳质量仅占地球总质量的1/65,所以大地水准面在总体上应非常接近于一个规则形体。17世纪以来的大地测量观测结果表明,这个规则形体是一个南北稍扁的旋转椭球体。

旋转椭球是由一个椭圆绕其短轴旋转而成的几何形体。图1.2表示以O为中心、以$P_N P_S$为旋转轴的椭球。

在大地测量中,用来代表地球形状和大小的旋转椭球称为地球椭球。地球椭球可以用表征地球几何特征的椭球长半轴a、扁率f,以及表征地球物理特征的地心引力常数(即椭球总质量与万有引力常数的乘积)GM、椭球绕其短轴旋转的角速度ω等4个参数来表示。

地球椭球中常用的有以下6个几何参数,分别为长半径a、短半径b、极曲率半径c、扁率f、第一偏心率e、第二偏心率e',且有

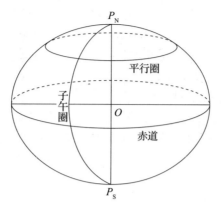

图 1.2 旋转椭球

$$\begin{cases} c = \dfrac{a^2}{b} \\ f = \dfrac{a-b}{a} \\ e = \dfrac{\sqrt{a^2-b^2}}{a} \\ e' = \dfrac{\sqrt{a^2-b^2}}{b} \end{cases} \quad (1.1)$$

以上6个参数中,只要给定一个长度参数和其他任意一个参数,就可确定椭球的形状和大小。大地测量中常用 a 和 f 来表示地球椭球。为了简化书写和便于运算,引入第一辅助函数 W 和第二辅助函数 V,即

$$\begin{cases} W = \sqrt{1-e^2\sin^2 B} \\ V = \sqrt{1+e'^2\cos^2 B} \end{cases} \quad (1.2)$$

式中:B 为大地纬度;W,V 都属于椭圆函数。

从各参数的定义出发,很容易导出各参数间的关系式,分别为

$$\begin{cases} b = a\sqrt{1-e^2} \\ a = b\sqrt{1+e'^2} \end{cases} \quad (1.3)$$

$$\begin{cases} e = e'\sqrt{1-e^2} \\ e' = e\sqrt{1+e'^2} \end{cases} \quad (1.4)$$

$$\begin{cases} a = c\sqrt{1-e^2} \\ c = a\sqrt{1+e'^2} \end{cases} \quad (1.5)$$

$$\begin{cases} W = V\sqrt{1-e^2} \\ V = W\sqrt{1+e'^2} \end{cases} \quad (1.6)$$

比较以上各对参数中两个参数值的大小,可归纳出以下规则,即

$$\begin{cases} 小值 = 大值 \times \sqrt{1-e^2} \\ 大值 = 小值 \times \sqrt{1+e'^2} \end{cases} \quad (1.7)$$

在实际计算过程中,由于椭球几何参数中仅有 a 和 f 是独立的,其他参数都是这两个值计算得出的,因此,经常需要由 a 和 f 来求解其他参数,在此一并给出相应的计算公式,即

$$\begin{cases} b = a(1-f) \\ c = \dfrac{a}{1-f} \\ e^2 = 2f - f^2 \\ e'^2 = \dfrac{2f - f^2}{(1-f)^2} \\ W = \sqrt{1 - f(2-f)\sin^2 B} \\ V = \sqrt{\sin^2 B + \dfrac{\cos^2 B}{(1-f)^2}} \end{cases} \quad (1.8)$$

在经典大地测量中,地球椭球的几何参数是根据陆地局部地区的天文、大地和重力测量资料推算出来的,精度相对较低,只能代表地球上局部地区的几何形状。20 世纪 60 年代以后,应用全球的地面大地测量和卫星大地测量成果,推算出许多更精确的地球椭球,精度比 50 年代之前提高了两个数量级,如 GRS80 椭球长半径 a 的误差小于 2m。常用的地球椭球参数如表 1.1 所列。

表 1.1 常用的地球椭球参数

椭球类型	长半轴 a/m	扁率 f	地心引力常数 $GM/(\times 10^{14})$	自转角速度 $\omega/(\times 10^{-5}\text{rad/s})$
克拉索夫斯基椭球	6378245	1∶298.3	—	
IUGG75 椭球	6378140	1∶298.257	3.9860047	7.292115
CGCS2000	6378137	1∶298.257222101	3.986004418	7.292115
WGS84	6378137	1∶298.257223563	3.986004418	7.292115
GRS80	6378137	1∶298.257222101	3.986005	7.292115

1.2.3 正常椭球

正常椭球是一个假想的形状和质量分布很规则的地球椭球,是大地水准面的规则形状,用以代表地球的理想形体。由正常椭球产生的重力场称为正常重力场,相应的重力、水准面分别称为正常重力和正常水准面。由于正常椭球是人为选定的,因此正常重力场是实际地球重力场的近似。为了使两者差别较小,通常按以下要求选择正常椭球。

（1）正常椭球的旋转轴与实际地球的自转轴重合,且两者的旋转角速度相等。

（2）正常椭球的中心重合于地球质心,坐标轴重合于地球的主惯性轴。

（3）正常椭球的总质量与实际地球的总质量相等。

（4）正常椭球表面与大地水准面的偏差的平方和为最小。

只要满足以上条件,即可确定正常椭球的 4 个基本参数:椭球的长半轴 a;扁率 f;椭球的总质量 M 或者地心引力常数 GM（G 为万有引力常数）;椭球绕其短轴旋转的角速度 ω。前两个参数确定了椭球的几何形状,后两个参数确定了椭球的物理特征,其中 M 或者 GM 可用赤道上的正常重力值 γ_a 代替,扁率 f 也可用二阶带谐系数 J_2 代替。

由于正常椭球的规则性,正常重力值对称于赤道,南北同一纬度上的正常重力值是相等的,与经度无关。

1.2.4 参考椭球

具有确定的参数和定位的地球椭球称为参考椭球。在经典大地测量中,地球椭球的形状和大小（参数 a 和 f）是根据个别国家和局部地区的大地测量成果推算得到的,具有一定的局限性,只能作为地球形状和大小的参考,故称之为参考椭球。参考椭球是地球具有区域性质的数学模型,仅有数学性质而不具备物理特性。

为研究全球性大地测量问题,需要一个与整个大地体最为密合的地球椭球,称为总地球椭球。总地球椭球的中心一定与地心重合。如果要从几何和物理两个方面来研究全球性大地测量问题,则可以把总地球椭球定义为最密合于大地体的正常椭球。但对于国家（或区域）范围的控制测图应用来说,采用其定位最接近于本国或本地区大地水准面的参考椭球就可以了。

参考椭球是为开展局部大地测量工作而建立的,是与局部地区大地水准面最为密合的形体。参考椭球一直为各国经典大地测量所采用,而空间大地测量技术将大地测量的研究范围扩展到全球,这就必须建立一个与大地体最为密合的总地球椭球。

进行野外测量时,采用可直接量测的水准面和铅垂线为基准,由于地球内部质量分布不均匀,铅垂线是一条空间曲线,大地水准面也有高低起伏,这就造成了国家大地控制网的观测基准不一致,需要将野外测量的方向、距离和方位角归算至以椭球面上,并以参考椭球面和法线为基准进行计算。

1. 垂线偏差

垂线偏差是指地面点的铅垂线同其在椭球面上对应点法线之间的夹角,可以用于计算高程异常、大地水准面高,推求总地球椭球或参考椭球的形状、大小和定位,以及天文大地测量观测数据的归算等。垂线偏差通常用两个分量的形式来表达:一是子午分量 ξ;二是卯酉分量 η。这两个分量也称为垂线偏差的南北分量和东西分量。根据选取的椭球不同,垂线偏差可以分为相对垂线偏差和绝对垂线偏差。

相对垂线偏差又称为天文大地垂线偏差,是地面点铅垂线和参考椭球面上对应点法线之间的夹角。因为不同的参考椭球过地面点的法线不同,垂线偏差也各不相同,所以它具有相对意义。如果已知某点的天文经纬度和大地经纬度,则可以算出该点的相对垂线偏差。由于这种垂线偏差是由天文成果求得的,因此也称为天文大地垂线偏差。

绝对垂线偏差又称为重力垂线偏差,是铅垂线同总地球椭球面法线之间的夹角。由于地球内部质量分布不均匀,大地水准面形状也是不规则的,只是近似于球形,因此测量中与大地水准面符合的,最理想的旋转椭球称为总地球椭球。显然,总地球椭球是唯一的,过地面点的法线或正常重力线也是唯一的,因而垂线偏差具有绝对意义,可以利用重力异常数据按韦宁－迈内兹公式计算。

垂线偏差一般用格网模型来表达,在数据库中按子午分量和卯酉分量分别以格网数据结构的形式存储。导弹机动作战需要已知机动区内任意一点的垂线偏差,以使发射的导弹竖直(以铅垂线为准)和导弹设计(以法线为准)的偏差得到改正,故战前需建立机动区垂线偏差的格网模型。

在中国一等三角锁布成的天文大地控制网中,每隔一段距离都要测定天文经纬度和天文方位角,目的就在于内业计算中求解垂线偏差,以满足高等级方向观测归算的需求。但实际上又不可能在每个点进行天文测量,为此可以采用如下方法:当没有重力观测资料时,可根据一部分已知垂线偏差的点进行线性内插。当然,这并不符合客观实际,尤其在山区,垂线偏差有较大的非线性变化,即使在平原地区也会由于地球内部质量分布不均匀而呈现出非线性变化。因此,简单的线性内插结果是不精确的,甚至可能会产生较大的差异。要提高天文大地垂线偏差的精度,就必须应用重力测量资料,以求得重力垂线偏差,再转换成天文大地垂线偏差。因此,地面点的垂线偏差需要综合天文测量、地面测量和重力测量的资料共同解决。

2. 法截线曲率半径

在地面上开展水平方向观测是以铅垂线为准的,如果视铅垂线和法线一致,或者经过改正使它们一致,那么照准面与椭球面的交线就是法截线。过椭球面一点有无穷多条法截线,一般地说,随着它们的方向不同,曲率半径也不同。对于大地方位角为 A 的任意方向法截线,其曲率半径为

$$R_A = \frac{N}{1 + e'^2 \cos^2 B \cos^2 A} \tag{1.9}$$

式中:N 为椭球面测站点的法线长,即法线在椭球面与椭球短轴之间的长度;B 为测站点大地纬度。

过椭球面上一点所有方向的法截线中,有两条特殊方向的法截线:一条是方位角为 0°(或 180°)的法截线,即子午圈;另一条是方位角为 90°(或 270°)的法截线,即卯酉圈。子午圈和卯酉圈的曲率半径在大地测量计算中经常用到。

将 $A = 0°$(或 180°)代入式(1.9)可得子午圈曲率半径为

$$M = \frac{a(1-e^2)}{W^3} = \frac{c}{V^3} \tag{1.10}$$

子午圈半径是大地纬度的增函数,随着纬度的升高而逐渐增大。在赤道上,子午圈曲率半径为 $a(1-e^2)$;在极点处,子午圈曲率半径为 c。

将 $A = 90°$(或 270°)代入式(1.9)可得卯酉圈曲率半径为

$$N = \frac{a}{W} = \frac{c}{V} \tag{1.11}$$

由此可见,卯酉圈的曲率半径也是大地纬度的增函数。在赤道上卯酉圈即为赤道,N 为赤道半径 a;在极点处卯酉圈即为子午圈,N 为极曲率半径 c。

由于 R_A 随着方向的不同,其数值也不同,这就给测量计算带来了不便。在一些计算中,可以根据实际问题的精度要求,将某一范围内的椭球面当成具有适当半径的球面,这个球的半径取所有方向 R_A 的平均值。椭球面上一点所有方向法截线曲率半径的平均值称为该点的平均曲率半径,用 R 表示。按照几何平均的计算方法,将式(1.9)中的 A 从 0° 到 360° 进行积分,可得

$$R = \sqrt{MN} = \frac{a\sqrt{1-e^2}}{W^2} = \frac{c}{V^2} \tag{1.12}$$

椭球面上一点的 M、N、R 均自该点起沿法线向内量取，它们的长度通常是各不相等的，由以上三式比较可知它们有如下的关系，即

$$M \leq R \leq N \quad (1.13)$$

当三者位于极点处达到一致,其大小都为 c。

3. 子午圈弧长与平行圈弧长

如果子午线是一个圆弧，那么半径乘以该弧所对应的圆心角即可得该弧的弧长。但子午线是椭圆弧，求其弧长只能用积分的方法。在微分视角上，将微分弧段近似看作圆弧，则有

$$dX = MdB \quad (1.14)$$

通过对式(1.14)的积分,可以求得同一子午圈上任意两点之间的弧长。实用过程中,通常采用由赤道起算至某纬度处的子午线弧长公式。以 CGCS2000 椭球为例,可以求得从赤道到极点处的子午线弧长为 10001965m,即一象限子午线弧长约为 10000km,进而可知地球周长约 40000km。长度单位"米"的最初定义就是按子午线弧长的千万分之一确定的。1793 年这个长度在法国成为标准,但此后发现,由于未考虑地球扁率,米原器缩短了 1/5mm,因此子午线周长就比40000km 多了 8000m。

当弧长较短时(如当 $X < 45$km 时,计算精确到 0.001m),可将子午线视为圆弧,圆的半径为该弧平均纬度 $B_m = (B_2 + B_1)/2$ 处的子午圈曲率半径 M_m,而圆心角为两端点的纬度差 $\Delta B = B_2 - B_1$。其计算公式为

$$X = M_m(B_2 - B_1) \quad (1.15)$$

对于平行圈弧长,由于平行圈本身就是圆,因此可以直接用半径与圆心角之积求得,即

$$S = r \cdot l = N\cos B \cdot l \quad (1.16)$$

式中:r 为平行圈半径;l 为两点间的经度之差。

结合式(1.14)和式(1.16),可以得出单位子午线弧长和平行圈弧长随纬度的变化情况。在北半球,因为子午圈曲率半径随着纬度的升高而缓慢增长,而平行圈半径随纬度的升高而急剧缩短,所以单位纬差的子午线弧长随着纬度的升高而缓慢增持,呈现"南短北长";单位经差的平行圈弧长随着纬度的升高而急剧缩短,呈现"南长北短"。在南半球刚好相反。子午线弧长和平行圈弧长随纬度的变化如表 1.2 所列。

由表 1.2 可以看出,子午线弧长和平行圈弧长随纬度变化的大致情况:纬度为 1°的子午线弧长约为 110km,1′约为 1.8km,1″约为 30m;而平行圈弧长,仅在赤道附近与子午线弧长大体相同,随着纬度升高,它们的差别越来越大。

表1.2　子午线弧长和平行圈弧长随纬度的变化

B/(°)	子午线弧长/m			平行圈弧长/m		
	$\Delta B = 1°$	1′	1″	$l = 1°$	1′	1″
0	110574	1842.94	30.716	111321	1855.36	30.923
15	110653	1844.26	30.738	107552	1792.54	29.876
30	110863	1847.26	30.795	96488	1608.13	26.802
45	111143	1852.39	30.873	78848	1341.14	21.902
60	111423	1857.04	30.951	55801	930.02	15.500
75	111625	1860.42	31.007	28902	481.71	8.028
90	111694	1861.60	31.027	0	0.00	0.000

由于 M、N 与 R 相差不大,在某些近似计算中,可视地球为球体。球面上的弧长和它所对应的弧心角有下列对应关系:1°弧长≈110km,1′弧长≈1.8km,1″弧长≈30m;1km≈30″弧长,1m≈0.03″弧长,1cm≈0.0003″弧长。

同时,1n mile = 1.852km,正好是1′子午线弧长的值。实际上,海里就是用纬差为1′的子午线平均长度定义的。

4. 相对法截线与大地线

为了提高测量精度,野外测量过程中往往采用对向观测的方案。如图1.3所示,A、B 为椭球面上两点,设它们的法线 AK_A、BK_B 与其相应的铅垂线重合,如果以它们为测站,则照准面就是法截面。由 A 点照准 B 点,则照准面 AK_AB 与椭球面的截线 AaB 即为 A 点对 B 点的法截线。同样,由 B 点照准 A 点,则照准面 BK_BA 与椭球面的截线 BbA,即为 B 点对 A 点的法截线。AaB 和 BbA 这两条法截线通常是不重合的,这两条法截线称为 A、B 两点间的相对法截线,其中:AaB 称为 A 点的正法截线和 B 点的反法截线;BbA 称为 B 点的正法截线和 A 点的反法截线。

可以想象,如果 A、B 两点法线在同一平面上,则对向观测的两个照准面重合,法截线为一条;如果

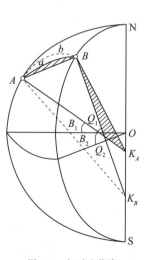

图1.3　相对法截线

A、B 两点法线不在同一平面上,则对向观测的两个照准面就不重合,法截线就为两条。可见,相对法截线产生的原因是 A、B 两点法线不在同一平面上。

相对法截线通常是不重合的,仅当两点经度或纬度相同时才合二为一。正反法截线之间的夹角在一等三角测量中可达 $0.004''$,甚至可达百分之几秒(与距离的平方成正比),对于一等三角测量计算是不容忽视的。

由于相对法截线的存在,会造成地面三角测量的图形破裂,不能依据这种破裂的图形进行计算,必须在两点之间选用一条单一的曲线来代替相对法截线。椭球面上两点间的单一曲线有很多种,但两点间的曲线必须是唯一的,并且具有明显的几何特性(如最短线)以及便于椭球面上的测量计算,这种曲线就是大地线。

大地线是一条曲面曲线,该曲线上各点的相邻两弧素位于该点的同一法截面中。如图 1.4 所示,设 AB 为曲面上的一条大地线,P 为大地线上任一点,dS_1、dS_2 为 P 点相邻两弧素,PK 为 P 点的曲面法线。因为 dS_1 和 dS_2 都是弧素,P_1、P_2 与 P 无限接近,故可用弦线 PP_1、PP_2 来代替 dS_1、dS_2。于是 dS_1 位于法截面 PKP_1 中,dS_2 位于法截面 PKP_2 中。根据定义,上述两个法截面应在 P 点的同一法截面中。或者说,无限邻近的 P、P_1、P_2 三点都在 P 点的同一法截面中。如果一条曲线上各点都具有这个特性,那么这条曲线就是大地线。

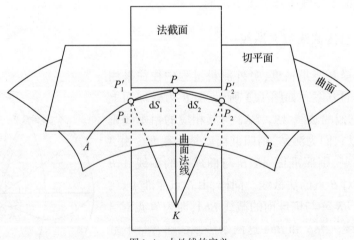

图 1.4 大地线的定义

大地线也可以如此定义:大地线是一条曲面曲线,在该曲线上任一点的曲线主法线与该点的曲面法线重合。基于此可以方便地判断椭球面上的曲线是否为大地线。对于空间曲线,凡是通过曲线一点而垂直于该点切线的直线,都称为曲线在这点的法线。因此空间曲线在给定点具有一束法线,其集合在一起就是法平面。所谓曲线的主法线,是法平面上指向曲线凹侧的一根特殊的法线。这个定义与前一个定义是一致的,因为任取一段弧素便确定了曲线在该点的凹侧,即确定了曲线主法线,而法截面又由曲面法线确定,要求这段弧素位于法截面中,故曲线主法线与曲面法线一致。

大地线是大地测量中特有的曲面曲线,具有4条基本性质。

(1)大地线是椭球面上两点间距离最短的线。在图1.4中,将大地线上P点的相邻两弧素正射投影到该点的椭球面的切平面上,得到$P'_1PP'_2$,因为三点在同一法截面上,所以$P'_1PP'_2$是一直线元素,而平面上两点间直线为最短。大地线上各点相邻两弧素的正射投影都为直线元素,因此大地线为最短线。但是其他曲线弧素,如平行圈等斜截线弧素,在切平面上的投影必定是曲线弧素。

(2)大地线是无数法截线弧素的连线。大地线上一点的相邻两弧素位于同一法截面中,可以把它们看成是该点方向相差180°的两个法截线弧素,于是大地线就是各点法截线弧素的连线。如果在椭球面上作一条直伸导线,令各转折角为180°,各边非常短小,短到两条相对法截线合二为一,这样的短边直伸导线就是大地线。椭球面上的法截线,除子午圈和赤道是大地线外,其他法截线都不是大地线。这是因为法截线只是通过某点的一个法截面,而大地线则是通过沿线各点的所有法截面。

(3)椭球面上的大地线是双重弯曲的曲线。大地线依附在椭球面上,椭球面的弯曲使大地线产生纵向弯曲,这种弯曲由各点的曲率来描述;大地线上各点经纬度不同,各点法线不相交,法截面不重合,又使大地线产生横向弯曲,这种弯曲由各点的挠率来描述。因此椭球面上的大地线,除子午圈和赤道外,是既有曲率又有挠率的曲线。如果在一非常光滑的椭球面上,两点间绷一橡皮筋,那么这条绷紧的橡皮筋就是两点间的大地线。各点上它加于椭球面的压力方向就是曲线主法线,椭球面对这一点的支撑力方向就是曲面法线,橡皮筋在静止状态下两者重合。由于弹性存在,因此橡皮筋在两点间总是表示最短的路径。

(4)大地线位于相对法截线之间。通常情况下,在椭球面上,大地线位于相对法截线之间,靠近正法截线,并将相对法截线的夹角分为2:1。在子午圈和赤道上,大地线和相对法截线重合为一,并且分别与子午圈和赤道重合。在平行圈上,相对法截线虽然合而为一,但大地线、法截线和平行圈三者都不重合。

大地线是一条非常复杂的曲线,其定义和性质都是从微分角度来描述的,因此通常用大地线微分方程从数学角度来定义大地线。所谓大地线微分方程,就是大地线长度S与大地经纬度(B,L)、大地方位角A间的微分关系式,即

$$\begin{cases} dB = \cos A/M \cdot dS \\ dL = \sin A \sec B/N \cdot dS \\ dA = \sin A \tan B/N \cdot dS \end{cases} \quad (1.17)$$

其中：大地经纬度的关系式是在微分条件下，将椭球面三角形近似成平面三角形，把大地线分解成子午圈分量和平行圈分量得到的，适用于椭球面上的任意曲线；大地方位角的关系式是根据大地线的性质得到的专有方程。大地线微分方程是椭球面上大地坐标计算的基础。

椭球面上的大地线还满足克莱劳方程，即

$$r\sin A = C \tag{1.18}$$

式(1.18)表明，大地线上各点的平行圈半径与该点大地线方位角的正弦之乘积为一常数。该式是长距离大地问题解算的基础，是大地线的必要不充分条件。

1.2.5 椭球面到平面的投影

参考椭球面是大地测量计算(计算大地坐标、大地方位角、大地线长等)、研究地球形状和大小(计算垂线偏差、高程异常)等工作的基准面，椭球面上的大地坐标是大地测量的基本坐标。大地测量的任务之一是测定地面点的坐标以控制地形测图。地图是平面的，用于控制测图的大地点坐标也必须是平面坐标；否则，平面系统和椭球面系统各不相干，无法发挥控制作用，必须建立大地坐标与平面坐标间的对应关系，这就是投影。地球在小范围内可看成平面，但大范围内用平面表示会产生变形，投影实质上就是通过构建函数模型来合理地分配这种变形。

投影是按照一定的数学法则，建立起椭球面上的大地测量元素和平面上相应元素的一一对应关系。椭球面上的大地测量元素包括大地坐标、大地线方向与长度、大地方位角等。显然，点位坐标的关系确定后，其他元素的对应关系也就确定了，因此确定投影关系的关键是确定点位坐标的对应关系。这里所说的"一定的数学法则"，可以表示为

$$\begin{cases} x = F_1(B, L) \\ y = F_2(B, L) \end{cases} \tag{1.19}$$

式中：(B, L)为椭球面上某点的大地坐标；(x, y)为该点投影后在平面上的直角坐标。显然，式(1.19)是单值、有限和连续的，表示椭球面上的点与投影平面上对应点之间的解析投影关系，并无几何意义。各种不同的投影实际上就是按其特定的条件来确定式中的函数形式F_1, F_2。

1. 正形投影

投影就是将椭球面上的量表示成平面上的量，必然会带来变形问题，即投影前后的角度、距离或面积发生变化。圆柱面、椭圆柱面、圆锥面可以直接展开成

平面，把这些曲面上的量表示在平面上不会发生变形；而球面、椭球面是不可展曲面，强行展开势必会产生褶皱和裂缝。投影变形当然是不利的，但通过确定式(1.19)的 F_1 和 F_2，可以合理分配和控制变形。

投影变形可分为角度变形、长度变形和面积变形三种。对于各种变形，可以根据具体需要进行控制，使某一种变形为零，如等角、等面积、等距离等；也可以使全部变形都存在，但整体控制在某一适当程度。要使全部变形同时消失，显然是不可能的，因为椭球面不可展平，产生投影变形是必然的。

对于大比例尺地形测图，如果能在一定范围内使地图上的图形同椭球面上的原形保持相似，即投影前后角度不发生变形，此时地图上的各种地形、地物与实地是完全相似的，给使用带来很大的便利。这种角度不发生变形的投影称为等角投影或正形投影。

令椭球面上存在一个微小的中点多边形 $OABCDE$，正形投影到平面上为 $O'A'B'C'D'E'$，椭球面上各线段的微分线段(弧素)可近似为直线，投影后在平面上仍是微分线段，即直线。根据正形投影的定义可知，投影前后各三角形的内角不变，三角形相似，则三角形对应边成比例，有

$$\frac{O'A'}{OA} = \frac{O'B'}{OB} = \frac{O'C'}{OC} = \frac{O'D'}{OD} = \frac{O'E'}{OE} = m = 常数 \quad (1.20)$$

式中：m 为长度比。由此可见，在正形投影中，对于确定的点，长度比 m 与方向无关。正形投影的这个特性是有条件的，只能在微小范围内才能成立。在大面积上保持地图与实地相似是不可能的，否则椭球面可以不变形地展开在平面上。因此，在大范围内，各点的长度比 m 是不一样的，即 m 与点的位置有关。综上所述，正形投影的特点就是在微小范围内，长度比 m 与方向无关，而与点位有关。

正形投影是地图投影中的一种，而高斯投影又是正形投影中的一种。为了公式表示的方便，引入等量坐标 (q, l)，其中：$l = L - L_0$；$\mathrm{d}q = M/r \cdot \mathrm{d}B$。正形投影的一般性通用条件可以用柯西-黎曼微分方程表示为

$$\begin{cases} \dfrac{\partial x}{\partial q} = \dfrac{\partial y}{\partial l} \\ \dfrac{\partial x}{\partial l} = -\dfrac{\partial y}{\partial q} \end{cases} \quad (1.21)$$

柯西-黎曼微分方程是正形投影的充分必要条件。因此，从投影平面到椭球面的投影也满足类似公式。

2. 高斯投影

高斯投影又称为等角横切椭圆柱投影，是一种从椭球面到平面的正形投影，

由德国的数学家、物理学家、天文学家、大地测量学家高斯首先提出。高斯在1820—1830年间处理德国汉诺威地区的三角测量成果时就使用了该方法,但并未整理成文,后来克吕格对高斯投影理论进行了补充和完善,故称为高斯－克吕格投影,简称为高斯投影。

从几何角度看,高斯投影就是用一个椭圆柱横套在地球椭球体的外面,与椭球面上某一子午线相切,椭圆柱的中心轴线通过椭球中心,如图1.5(a)所示。与椭圆柱面相切的子午线称为投影带的中央子午线,中央子午线两侧一定经差范围内的椭球面元素,首先按正形投影方法投影到椭圆柱面上,然后将椭圆柱面沿着通过椭球南极和北极的母线展开,即得到投影后的平面元素。这就是高斯投影的几何描述,该平面称为高斯投影平面。在此平面上,中央子午线和赤道的投影都是直线,其他子午线和纬线的投影都是曲线。

高斯投影的中央子午线与椭圆柱面相切,这样椭圆柱面沿母线展开成平面后,中央子午线变成一条直线,并且长度保持不变,如图1.5(b)所示。另外,保证投影前后图形的相似性,对研究大地测量中的地图投影问题是非常有利的,因此高斯投影是正形投影。高斯投影应具备如下三个条件:

(1)正形条件。

(2)中央子午线投影为一直线。

(3)中央子午线投影后长度不变,即长度比 $m=1$。

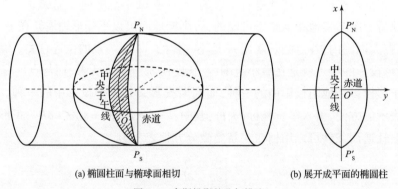

(a) 椭圆柱面与椭球面相切　　(b) 展开成平面的椭圆柱

图1.5　高斯投影的几何描述

在高斯投影中,除了中央子午线外,其他任何线段投影后都产生长度变形,而且离中央子午线越远,变形越大。为了限制长度变形,一般采用"分带"投影,即将整个椭球面沿子午线划分成若干个经差相等的狭窄地带,各带分别进行投影,于是得到若干不同的投影带,每个投影带单独建立平面直角坐标系。位于各带中央的子午线称为中央子午线,用以分带的子午线(投影带边缘的子午线)称为分带子午线。

在我国,投影分带主要有六度带(每隔经差 6°分一带)和三度带(每隔经差 3°分一带)两种分带方法(图 1.6)。六度带可用于中小比例尺测图,三度带可用于大比例尺测图。我国规定:所有国家大地点均按高斯正形投影计算其在六度带内的平面直角坐标。在 1∶10000 和更大比例尺测图的地区,还应加算其在三度带内的平面直角坐标。

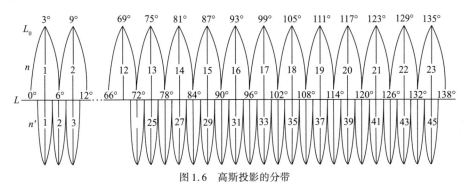

图 1.6　高斯投影的分带

高斯投影六度带自 0°子午线起向东划分,每隔经差 6°为一带,带号依次编为第 1,2,3,…,60 带。各带中央子午线的经度依次为 3°,9°,…,357°。设带号为 n,中央子午线经度为 L_0,则有

$$L_0 = 6n - 3$$

或

$$n = \frac{L_0 + 3}{6} \tag{1.22}$$

已知某点大地经度 L 时,计算该点所在六度带的带号为

$$n = \frac{L}{6}\text{的整数商} + 1(\text{如果有余数})$$

三度带是在六度带的基础上划分的,其中:奇数带的中央子午线与六度带中央子午线重合;偶数带的中央子午线与六度带的分带子午线重合。具体的分带是自东经 1.5°子午线起,向东划分,每隔经差 3°为一带。带号依次编为三度带第 1,2,3,…,120 带。设带号为 n',则各带中央子午线的经度 L_0' 为

$$L_0' = 3n'$$

或

$$n' = \frac{L_0'}{3} \tag{1.23}$$

已知某点大地经度 L 时,计算该点所在的六度带投影带的带号为

$$n = \frac{L - 1.5}{3}\text{的整数商} + 1$$

分带投影后,相邻两带的平面直角坐标系是相互独立的。为了进行跨带控制网平差、跨带地形图的测制和使用、图幅外控制点的展点等,相邻投影带应有一定的重叠。所谓投影带的重叠,就是在一定范围内控制点有相邻两带的坐标值,在该范围内的地形图上有两套方里网,分别是本带和邻带坐标系的方里网。

我国对投影带重叠做如下规定:西带向东带重叠经差为 30′ 的范围(相当于 1∶10 万比例尺图幅的经幅),东带向西带重叠经差为 15′ 的范围(相当于 1∶5 万比例尺图幅的经幅)。也就是说,每个投影带向东扩延 30′,向西扩延 15′,这样在分带子午线附近构成 45′ 的重叠范围。

分带投影限制了高斯投影的长度变形,但也将椭球面上统一的坐标系分割成各带独立的平面直角坐标系,位于相邻两带点分属于两个坐标系。为了将它们转化为同一个坐标系,需要将一个带的高斯坐标换算为相邻带的高斯坐标,这就是高斯坐标的邻带换算。

生产实践中有以下情况需要邻带换算。

(1)大地控制网分跨于不同的投影带,平差计算时要将邻带的部分或全部坐标换算到同一带中。

(2)在投影带边缘地区测图时,往往需要用到另一带的三角点作为控制,必须将这些点换算到同一带中。

(3)大比例尺测图(1∶1 万及更大比例尺)要求采用三度带,而国家控制点通常只有六度带的坐标,因此还产生三度带和六度带相互之间的换算。

基于高斯投影正反算公式,邻带换算问题就很容易解决。邻带换算的基本方法就是:首先按照高斯投影反算公式,依据该点在 Ⅰ 带的高斯平面坐标 $(x,y)_Ⅰ$ 求得该点的大地坐标 (B,L);然后按照高斯投影正算公式,以 Ⅱ 带的中央子午线经度 $(L_0)_Ⅱ$ 为准,算得该点在 Ⅱ 带的高斯平面坐标 $(x,y)_Ⅱ$。

3. 高斯投影的长度变形

高斯投影是一种正形投影,没有角度变形,但除中央子午线之外,均存在长度变形。将投影平面上某点的弧素与椭球面上相应弧素之比定义为长度比 m。长度比可以由该点的大地坐标计算得出,也可以由平面坐标和平均曲率半径 R 得到,即

$$m = 1 + \frac{y^2}{2R^2} + \frac{y^4}{24R^4} \tag{1.24}$$

将某点长度比与 1 之差即 $(m-1)$ 称为该点处的长度变形。式(1.24)表明长度比 m 随点位置不同而变化,但在同一点上与方向无关。当 $y=0$ 时,$m=1$,即中央子午线投影后长度不变;当 $y\neq 0$ 时,不论 y 的值是正还是负,m 恒大于 1,

即离开中央子午线后,任意弧段投影后均变长了。另外,长度变形$(m-1)$与y^2成比例地增大,说明对任一子午线来说,离开中央子午线越远,长度变形越大。这也说明,对于除中央子午线之外的任意子午线,在赤道处有最大变形。

长度变形是有害的,但它是客观存在的,不能违背这个规律使其完全消失。为此,在实际作业过程中,只好对长度变形加以限制,使其在测图和用图时的影响很小,甚至可以忽略。限制长度变形的基本方法就是分带投影。

对于1∶2.5万至1∶10万比例尺的国家基本图采用6°带投影,在1∶1万和更大比例尺地形图采用3°带投影。鉴于长度变形在低纬度地区比较大的情况,在中国南部北纬20°及其以南地区,在测图和用图时应注意这种影响。例如,在北纬20°位于6°带的边缘地区,其长度变形可达1/820,对于10km的边长会有12.2m的长度变形,这个值对于1∶2.5万比例尺和1∶5万比例尺图都不能忽视,在测图和用图中必须顾及这种影响。

对于3°带,在北纬20°及其以南地区,3°带边缘的长度变形仍达1/3300,这对于1∶5000及更大比例尺的测图和用图来说仍不能忽视,为此也必须加以改正。可以采用1.5°或更窄的投影分带,也可以将中央子午线选定在该地区平均经度,建立独立的高斯平面直角坐标系,从而使长度变形满足测图需求。

1.3 大地测量坐标系

大地测量的主要任务之一就是精确确定地面点的位置及其变化,这就需要在数学上建立一个与地球相对固定的测量坐标系,以描述点位的运动规律。这种数学上的坐标系可以采用笛卡儿直角坐标系,也可以采用球面坐标系或其他坐标系。这些测量坐标系之间相对静止,因而所描述的空间位置是完全相同的,不会因选用坐标形式的不同而变化,这就形成了很多本质上相同的测量坐标系,可称为等价同类坐标系,如大地空间直角坐标、大地坐标、平面直角坐标,从中任意选取一个坐标系都不会影响对客观规律的描述。

1.3.1 天文坐标系

天文坐标系是以大地水准面和铅垂线为基准建立的。通过大地天文测量可测定地面点的天文经度λ、天文纬度φ和天文方位角α,(λ,φ,α)共同构成天文坐标系的基本要素。天文坐标系是基于野外测量得到的坐标系,某点的天文经纬度可以表示出该点的地理位置。

如图1.7所示,NS为地轴,它与地球相交的点N,S分别为北极和南极;O为地心;通过地心垂直于地轴的平面 $OWG'P'E$ 为地球赤道面;P 为地面点,PK' 为 P 点的铅垂线方向;包含 P 点铅垂线方向的平面称为 P 点的垂直面,其中平行于地轴的垂直面 $N'PP'S'K'$ 称为 P 点的天文子午面。$NGG'S$ 为起始天文子午面,起始天文子午面与地球面的交线称为起始子午线。这里的起始是人为约定的,1884 年国际经度会议决定,以通过英国格林尼治天文台(埃里中星仪十字丝中心)的子午线作为起始子午线,称为本初子午线或首子午线。

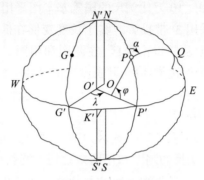

图 1.7 天文坐标系

地面点的天文经度是该点天文子午面与起始天文子午面的夹角,以 λ 表示。由起始子午面向东、向西分别量度,各自为 $0°\sim 180°$。向东称为东经,向西称为西经。东经为正,西经为负。天文纬度是该点铅垂线与地球赤道面的夹角,以 φ 表示。由地球赤道面向南北两极分别量度,各自为 $0°\sim 90°$。向北称为北纬,向南称为南纬。北纬为正,南纬为负。

设 P 为测站点,Q 为照准点,则包含 P 点铅垂线和 Q 点的垂直面,就是 PQ 方向的照准面。PQ 方向的天文方位角就是 P 点的天文子午面与包含 Q 点的垂直面间的夹角,以 α 表示,其值在测站的水准面上,从正北方向起,顺时针方向量度,范围为 $0°\sim 360°$。

用天文测量方法确定经度和纬度的点称为天文点,同时进行大地测量和天文测量的点称为天文大地点。在天文大地点上同时测定方位角的点称为拉普拉斯点,经垂线偏差改正后的天文方位角称为大地方位角,在拉普拉斯点上确定的大地方位角称为拉普拉斯方位角,以区别于用大地测量计算得到的方位角。

1.3.2 大地坐标系与大地空间直角坐标系

大地坐标系有时也称为地理坐标系,是以参考椭球面为基准面、以参考椭球为基础建立的用于表示空间点几何位置的三维坐标系。地表各种形态的测绘,地球物理过程、地球形状及其外部重力场的研究,天体、飞行器、地(海)面运动载体的空间位置描述等,都需要以大地坐标系为基准。

大地坐标系是以大地经度 L,大地纬度 B 和大地高 H 来表示空间一点 P 几何位置的坐标系统(图1.8)。

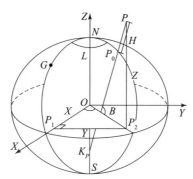

图1.8 大地坐标系与大地空间直角坐标系

P_0 点的大地子午面 NP_0S 与起始大地子午面(过格林尼治平均天文台的子午面)所构成的二面角 L,称为 P_0 点的大地经度。大地经度由起始大地子午面起算,向东量度,为 $0°\sim360°$;亦可向东向西分别量度,各自为 $0°\sim180°$,分别称为东经和西经,东经为正,西经为负。显然,同一子午线上各点的大地经度相同。

P_0 点的法线 P_0K_P 与赤道面的夹角 B 称为 P_0 点的大地纬度,由赤道面起算,向南、北两极分别量度,各自为 $0°\sim90°$,分别称为南纬和北纬,北纬为正,南纬为负。显然,同一平行圈上各点的大地纬度相同。地面点 P 沿法线到参考椭球面的距离称为该点的大地高(图1.8中 PP_0 的长度 H),从椭球面起算,向外为正,向内为负。

大地经度 L、大地纬度 B 和大地高 H 构成了三维大地坐标系,这三个坐标值可以唯一地确定地球空间一点的位置。如果点在椭球面上,显然有 $H=0$,那么由大地经度 L 和大地纬度 B 即可唯一确定椭球面上一点的位置,这是二维大地坐标系。

椭球面上曲线的方向用大地方位角表示。过 P 点法线与椭球面上另一点 M 构成的法截面,它与 P 点大地子午面的夹角 A 称为 PM 方向的大地方位角,由 P 点的正北方向起,$0°\sim360°$ 顺时针方向量取。

大地空间直角坐标系是与大地坐标系相对应的一种三维笛卡尔坐标系。以椭球中心 O 为坐标原点,以起始大地子午面与赤道面交线为 X 轴,在赤道面上与 X 轴正交的方向为 Y 轴,椭球的旋转轴为 Z 轴,构成右手坐标系 $O-XYZ$。P 点的位置用 (X,Y,Z) 表示。

对于大地坐标系和大地空间直角坐标系,做以下几点说明:大地测量学中地面点的大地坐标和大地空间直角坐标都隐含着一个参考椭球,没有参考椭球也就没有这些坐标;相对参考椭球的坐标系称为参心坐标系或相对坐标系,相对总地球椭球的坐标系则称为地心坐标系或绝对坐标系;地面点沿法线在参考椭球面上都有一个投影点,这两点的(B,L)相同,如果知道了投影点的(B,L),也就知道了地面点的水平坐标,因此经典地面边角测量可直接计算椭球面上点的大地坐标。

大地坐标系与天文坐标系在定义上很类似,都属于球面坐标系,但它们是两个不同的概念。

(1)基准面线不同,大地坐标系是以参考椭球面及其法线为基准面和基准线,而天文坐标系是以大地水准面和铅垂线为基准面和基准线。

(2)大地坐标是人为定义的数学坐标,而天文坐标则具有物理意义,它受到了铅垂线的不规则影响。

(3)λ、φ是由经纬仪直接测定的,而L、B是在椭球面上依据方向、距离等观测量计算得到的。虽然空间大地测量技术可以直接输出大地坐标,但也是由大地空间直角坐标转换而来的,并非直接观测得到。

1.3.3 测站坐标系

测站坐标系是指坐标原点在测站的坐标系,是各类测量工作中应用最为广泛的基本坐标系。在地面测量过程中,实施测量的第一步就是以水准面和铅垂线为基准进行仪器架设,一旦完成对中整平,即确定了站心坐标系,其原点为控制点标志中心,坐标纵轴指向铅垂线方向或天顶方向。

站心坐标系包括站心空间直角坐标系和站心极坐标系两大类。

1. 站心空间直角坐标系

站心空间直角坐标系包括站心赤道直角坐标系、站心地平(法线)直角坐标系和站心天文(垂线)直角坐标系,如图1.9所示。

站心赤道直角坐标系以测站P为原点,其坐标轴指向与大地空间直角坐标系$O-XYZ$的坐标轴完全平行。显然,站心赤道直角坐标系和大地空间直角坐标系之间仅存在坐标原点的差异。

站心地平直角坐标系是以测站P为原点,P点法线向上的方向为U轴,以过P点的大地子午线切线东方向为E轴,N轴构成左手坐标系,通常用(E,N,U)来描述,简称为东北天坐标系;有时也以过P点的大地子午线切线东方向为N轴,E轴构成右手坐标系,用(N,E,U)来描述。两种定义之间稍有差异,但无本质区别。另外,有时也将U方向指向地下,则构成(E,N,D)形式的站心地平直角坐标系。

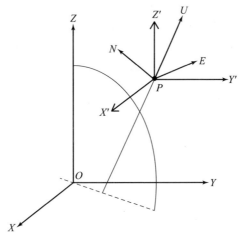

图 1.9 测站空间直角坐标系

如果将站心地平直角坐标系中的法线改为铅垂线,另外两轴指向保持不变,则可建立站心天文坐标系。

2. 站心极坐标系

站心极坐标系是以测站为坐标极点,以测站水准面为基准面,以东向轴为极轴,测站到空间目标的距离为极径,北方向与极径在水准面上的夹角为方向角,极径与水准面之间的夹角为仰角。

站心极坐标系是经典地面边角测量的理论基础。在测站点架设仪器,选择某一方向为零方向,当照准某一目标时,从仪器到目标的照准视线就是极径,通过全站仪测得的距离就是极径的长度;将照准视线投影到测站水准面上,它与零方向视线在水准面上投影之间的夹角就是水平方向值,由于零方向选择的不一致,因此通常归算到以北方向为起算的方位角;而照准视线与测站水准面之间的夹角就是垂直角(仰角)。地面边角测量就是通过测量测站和目标点之间的距离、水平方向值和垂直角来推算未知点坐标的。当然,站心极坐标系也可用于空间大地测量中,主要是用于计算卫星在用户处的观测矢量和仰角。

当测站位于椭球面上时,站心坐标系就是一种大地极坐标系,此时椭球面上点的位置就可以用极点至该点的大地线长 S 和大地方位角 A 表示,如图 1.10 所示。以椭球面上某一已知点 P_1 为极点,以过 P_1 点的子午线 P_1N 为极轴,以连接 P_1 和所求点 P 的大地线长 S 为极径,以大地线 S 的大地方位角 A 为极角,则椭球面上 P 点的位置可用 (S,A) 表示。大地极坐标系和大地坐标之间的转换关系可以由大地问题解算来完成。将地面观测的距离和方位角归算至椭球面的大

地线长 S 和大地方位角 A 以后,由已知点坐标 (B_1,L_1) 和观测值 (S,A) 推算未知点坐标 (B_2,L_2) 的过程称为大地问题正解;反之,由 (B_1,L_1) 和 (B_2,L_2) 推算 (S,A) 的过程称为大地问题反解。

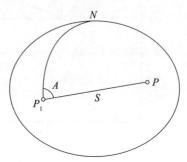

图 1.10　大地极坐标系

大地极坐标系是表示椭球面上两点间相对位置的坐标系,通常应用于远程武器发射、航海等需解算相对位置的场合。

1.3.4　投影平面直角坐标系

由于高斯投影是分带进行投影的,每个投影带都有各自不同的中央子午线,投影带间互不相干,因此在每个投影带中均可以建立独立的平面直角坐标系。由高斯投影条件可知,中央子午线与赤道投影后均为直线且正交。如果以投影后的中央子午线为纵坐标轴(x 轴),投影后的赤道为横坐标轴(y 轴),中央子午线与赤道的交点 O 投影为原点 o,于是构成了高斯投影平面直角坐标系 $o-xy$（图 1.11）。

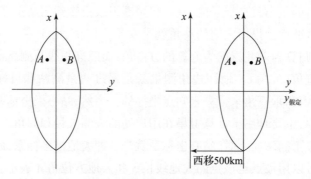

图 1.11　高斯平面直角坐标系

由于高斯平面坐标系的建立,严格地说,高斯投影中的第二个投影条件应改为"中央子午线投影为纵坐标轴",因此中央子午线又称为轴子午线,它是计算经差的零子午线,也是计算等量经度的"假定零子午线"。

由于中国位于北半球,分带投影后高斯坐标的 x 值均为正值,而 y 值则有正有负。为了防止在抄写过程中遗漏负号,则规定将 y 值加上 500km,相当于将 y 轴西移了 500km,这样得到的 y 坐标也均为正值。同时,中国东西横跨 11 个六度带,各带分别投影,各自形成相互独立的平面直角坐标系。同一对坐标 (x,y) 在 11 个投影带都有一个与该值对应的点,这就容易引起点位的混淆与错乱。因此,又规定在加了 500km 的 y 值前面再冠以带号。按上述规定形成的坐标,称为通用坐标,用符号 Y 或者下标假定表示。在点的成果表中均写为通用坐标的形式。实际应用时,需要去掉带号,减去 500km,恢复为原来的数值,称为该点的自然坐标。

如图 1.11 所示,在 6° 带第 19 带中,A、B 两点的自然坐标分别为

$$A:\begin{cases} x = 4485076.81\text{m} \\ y = -2578.86\text{m} \end{cases} \quad B:\begin{cases} x = 4485076.81\text{m} \\ y = 2578.86\text{m} \end{cases}$$

则对应的假定坐标分别为

$$A:\begin{cases} x = 4485076.81\text{m} \\ y_{假定} = 19497421.14\text{m} \end{cases} \quad B:\begin{cases} x = 4485076.81\text{m} \\ y_{假定} = 19502578.86\text{m} \end{cases}$$

1.3.5 坐标系的转换

在平面直角坐标系中,如果 $O-XY$ 坐标系与 $O-X'Y'$ 坐标系的原点相同,两坐标轴间存在 θ 角,如图 1.12 所示,那么 P 点在两个坐标系下的坐标值分别为 (x,y) 和 (x',y'),则两对坐标值之间存在如下关系,即

$$\begin{cases} x = x'\cos\theta + y'\sin\theta \\ y = y'\cos\theta - x'\sin\theta \end{cases}$$

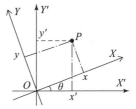

图 1.12　平面坐标系的旋转

写成矩阵形式为

$$\begin{bmatrix} x \\ y \end{bmatrix} = \begin{bmatrix} \cos\theta & \sin\theta \\ -\sin\theta & \cos\theta \end{bmatrix} \begin{bmatrix} x' \\ y' \end{bmatrix}$$

即

$$\begin{bmatrix} x \\ y \end{bmatrix} = \boldsymbol{R} \begin{bmatrix} x' \\ y' \end{bmatrix} \tag{1.25}$$

$$\boldsymbol{R} = \begin{bmatrix} \cos\theta & \sin\theta \\ -\sin\theta & \cos\theta \end{bmatrix} \tag{1.26}$$

式中:$\boldsymbol{R}$ 为平面直角坐标系的旋转矩阵。矩阵 $\boldsymbol{R}$ 是一个正交矩阵,是从 $O-X'Y'$ 到 $O-XY$ 的旋转。如果要描述从 $O-XY$ 到 $O-X'Y'$ 的旋转,则可用 $\boldsymbol{R}^\text{T}$ 来描述,有

$$\begin{bmatrix} x' \\ y' \end{bmatrix} = \boldsymbol{R}^{\mathrm{T}} \begin{bmatrix} x \\ y \end{bmatrix}$$

对于三维坐标系,通常保持一个坐标轴固定不动,将另外两个轴旋转一定角度,从而逐步使坐标轴指向一致。保持 X 轴固定不动,将 Y 轴和 Z 轴同时旋转 θ 角,其旋转矩阵为

$$\boldsymbol{R}_X(\theta) = \begin{bmatrix} 1 & 0 & 0 \\ 0 & \cos\theta & \sin\theta \\ 0 & -\sin\theta & \cos\theta \end{bmatrix} \tag{1.27}$$

同理,有

$$\boldsymbol{R}_Y(\theta) = \begin{bmatrix} \cos\theta & 0 & -\sin\theta \\ 0 & 1 & 0 \\ \sin\theta & 0 & \cos\theta \end{bmatrix} \tag{1.28}$$

$$\boldsymbol{R}_Z(\theta) = \begin{bmatrix} \cos\theta & \sin\theta & 0 \\ -\sin\theta & \cos\theta & 0 \\ 0 & 0 & 1 \end{bmatrix} \tag{1.29}$$

在三维坐标系的旋转中,对于右手坐标系来说,顺时针旋转时旋转角为正值,逆时针旋转则为负值。左手坐标系具有相反的性质。另外,当需要进行多次旋转时,坐标系的旋转关系与各坐标轴的旋转顺序相关。

对于二维坐标旋转,式(1.26)中的旋转角 θ 是指两个坐标轴之间的夹角;而在三维坐标的旋转过程中,当保持某一个坐标轴不变时,并不一定一次性将另外两个坐标轴转动到所需要的方向,而只是将其转动到一个过渡面上。如图1.13所示,整个旋转流程如下:

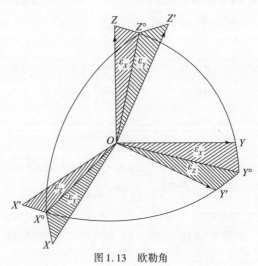

图1.13 欧勒角

(1) 绕 OZ' 轴，将 OX' 轴旋转到 $OX°$ 轴，相应的 OY' 轴旋转到 $OY°$，所转的角为 ε_Z。

(2) 绕 $OY°$ 轴，将 OZ' 轴旋转到 $OZ°$ 轴，相应地 $OX°$ 轴旋转到 OX，所旋的角为 ε_Y。

(3) 绕 OX 轴，将 $OZ°$ 轴旋转到 OZ 轴，相应的 $OY°$ 轴旋转到 OY，所旋的角为 ε_X。

ε_X、ε_Y、ε_Z 是围绕坐标轴依次旋转的三个角，称为欧勒角。欧勒角和两个空间直角坐标系相应轴间的夹角的含义不同，但它们相互间构成一定的解析关系式。在大地测量中，为了研究问题的方便，通常采用欧勒角来描述坐标系之间的差异，称为大地坐标系中的欧勒角，也称为旋转参数。

用欧勒角表示的两个坐标系之间的关系可以表示为

$$\begin{bmatrix} X \\ Y \\ Z \end{bmatrix} = \boldsymbol{R}_X(\varepsilon_X)\boldsymbol{R}_Y(\varepsilon_Y)\boldsymbol{R}_Z(\varepsilon_Z)\begin{bmatrix} X' \\ Y' \\ Z' \end{bmatrix}$$

当欧勒角较小时，忽略旋转矩阵相乘中的二阶小量，则可得微分旋转矩阵表达的坐标旋转公式为

$$\begin{bmatrix} X \\ Y \\ Z \end{bmatrix} = \begin{bmatrix} 1 & \varepsilon_Z & -\varepsilon_Y \\ -\varepsilon_Z & 1 & \varepsilon_X \\ \varepsilon_Y & -\varepsilon_X & 1 \end{bmatrix}\begin{bmatrix} X' \\ Y' \\ Z' \end{bmatrix}$$

如果两个坐标系的坐标轴指向一致，仅存在坐标原点的差异时，只需要通过平移的方式，将两坐标值加上/减去坐标系原点的差值即可，有

$$\begin{bmatrix} X \\ Y \\ Z \end{bmatrix} = \begin{bmatrix} X' \\ Y' \\ Z' \end{bmatrix} + \begin{bmatrix} \Delta X_0 \\ \Delta Y_0 \\ \Delta Z_0 \end{bmatrix}$$

布尔莎七参数模型是一种常用的坐标转换模型，它是以上分析的基础上，引入了尺度因子的概念，忽略二阶小量，可得

$$\begin{bmatrix} X \\ Y \\ Z \end{bmatrix} = \begin{bmatrix} \Delta X_0 \\ \Delta Y_0 \\ \Delta Z_0 \end{bmatrix} + (1+m)\begin{bmatrix} X' \\ Y' \\ Z' \end{bmatrix} + \begin{bmatrix} 0 & \varepsilon_Z & -\varepsilon_Y \\ -\varepsilon_Z & 0 & \varepsilon_X \\ \varepsilon_Y & -\varepsilon_X & 0 \end{bmatrix}\begin{bmatrix} X' \\ Y' \\ Z' \end{bmatrix} \quad (1.30)$$

式中：ΔX_0，ΔY_0，ΔZ_0 为两个坐标系之间坐标原点的差异，称为平移参数；ε_X、ε_Y、ε_Z 为两个坐标系之间坐标轴指向的差异，称为旋转参数；m 为两个坐标系测量尺度的差异，称为尺度参数。式(1.30)中的参数共有7个，故也称为七参数模型。有时根据精度需要，略去部分参数，分别得到三参数模型和四参数模型。

1.3.6 方位角的传递

点的位置信息不只是经纬度坐标,还包括方位角。方位角的定义与北方向是直接相关的,因此需要明确几个概念(图1.14)。

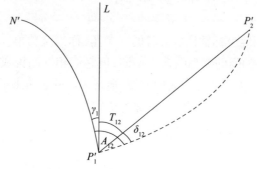

图1.14 方位角的概念

(1)真北方向与坐标北方向。真北方向是指过某点的真子午线(大地子午线)北端 N' 所指的方向,即椭球北极的方向。坐标北方向则是指过高斯平面内一点平行于纵坐标轴的直线北端 L 所指的方向。

(2)真方位角与坐标方位角。真方位角是指真子午线 P'_1N' 与大地线 $P'_1P'_2$ 的夹角,即大地方位角 A。坐标方位角是指真北方向与平面上某一直线方向的夹角 T,从坐标北方向,顺时针度量为正。

(3)子午线收敛角。真北方向与坐标北方向之间的夹角称为子午线收敛角,用 γ 表示。从子午线投影曲线量至纵坐标线,顺时针方向为正,逆时针方向为负。

天文测量的核心任务之一是测定天文方位角,以确定控制网的定向问题。将天文方位角归算成大地方位角时,使用拉普拉斯方位角公式,即

$$A = \alpha - (\lambda - L)\sin\varphi = \alpha - \eta\tan\varphi \tag{1.31}$$

由式(1.31)归算的拉普拉斯方位角也称为起始大地方位角。

大地控制网中各点的大地方位角是通过逐点推算得到的,会受到角度测量误差的积累影响。以经过16条边传递为例,若每条边的方向测量误差为 $\pm 0.5''$,则最后一条边的方位误差为 $\pm 0.5'' \times \sqrt{16} = \pm 2.0''$。按误差传播定理估算,拉普拉斯方位角的中误差约为 $\pm 0.6''$,显然比推算的方位角精度要高。因此,在大地控制网中每隔一定距离都会进行天文测量,计算拉普拉斯方位角,从而达到大地控制网方位误差的控制目的。

在进行坐标计算前,需要将椭球面两点间大地线方向归算成投影平面上相

应投影点间的弦线方向,所加的改正称为方向改正,用 δ 表示。由于高斯投影的正形特性,大地线投影曲线的方向与原大地线方向一致,故方向改正可以看作大地线的投影曲线与相应两点间弦线的夹角。这个夹角是由大地线投影曲线的弯曲而产生的,其大小和曲线曲率有关,因此又称为曲率改正。曲率改正计算公式为

$$\begin{cases} \delta_{12} = -\dfrac{1}{6R_m^2}(x_2-x_1)\left(2y_1+y_2-\dfrac{y_m^3}{R_m^2}\right) - \dfrac{\eta_m^2 t_m}{R_m^3}(y_2-y_1)y_m^2 \\ \delta_{21} = \dfrac{1}{6R_m^2}(x_2-x_1)\left(2y_2+y_1-\dfrac{y_m^3}{R_m^2}\right) + \dfrac{\eta_m^2 t_m}{R_m^3}(y_2-y_1)y_m^2 \end{cases} \quad (1.32)$$

式中,R_m 为 P_1、P_2 中纬度 B_m 处的平均曲率半径;$t=\tan B$;$\eta=e'\cos B$,δ_{12} 与 δ_{21} 大小相等,符号相反,这是为了符合改正数以代数和形式出现的习惯,使得计算所得的 δ 是加到观测方向上的改正数。方向观测值是顺时针方向增加的,由大地线方向 $\widehat{P_1'P_2'}$ 归算至弦线方向 $\overline{P_1'P_2'}$ 时,其方向改正值 δ_{12} 的符号为负。

子午线收敛角既可以由大地坐标求得,也可以由高斯平面坐标求得,即

$$\begin{cases} \gamma = \sin B\left[l + \dfrac{\cos^2 B}{3}(1+3\eta^2+2\eta^4)l^3 + \dfrac{\cos^4 B}{15}(2-t^2)l^5\right] \\ \gamma = \dfrac{yt_f}{N_f} - \dfrac{y^3 t_f}{3N_f^3}(1+t_f^2+\eta_f^2) + \dfrac{y^5 t_f}{15N_f^5}(2+5t_f^2+3t_f^4) \end{cases} \quad (1.33)$$

式中下标 f 表示该变量在底点 F 处的值。由式(1.33)可以看出,子午线收敛角具有一些特性。

(1)当 $l=0$ 时,有 $\gamma=0$;当 $B=0$ 时,有 $\gamma=0$。也就是说,在中央子午线和赤道上,子午线收敛角均为 0。

(2)γ 为 l 的奇函数。当 P 点在中央子午线以东时,l 为正,γ 也为正;当 P 点在中央子午线以西时,l 为负,γ 也为负。

(3)当纬度 B 不变时,P 点与中央子午线的经差 l 越大,γ 也越大。

(4)当 l 不变时,纬度越高,γ 越大,在极点处达到最大。

椭球面三角网归算至高斯平面时,在起算边按式(1.31)计算出大地方位角,再求出坐标方位角为

$$T_{12} = \alpha_{12} - (\lambda_1 - L_1)\sin\varphi_1 - \gamma_1 + \delta_{12} \quad (1.34)$$

1.4 常用大地基准

大地基准是从理论上定义的参考点、参考面和一些相关参数,最终需要通过大地测量技术建立一系列地面点,并给出这些测站点的坐标及速度场来实现。

国际地球参考框架（ITRF）是目前协议地球参考系统在全球范围内的最好实现，是国际公认、应用最广的高精度地球参考框架，其站点均匀分布于全球，综合利用了当前各种空间大地测量技术。另外，1954 北京坐标系、1980 西安坐标系、2000 中国大地坐标系（CGCS2000）、北斗坐标系、1984 世界大地系统（WGS84）都是常用的大地基准。

1.4.1 国际地球参考框架

ITRF 是国际地球参考系统（ITRS）的实现，建立在多种空间大地测量技术的基础上，利用 IGS、ILRS、IVS、IDS 等组织提供的测站坐标与速度、地球定向参数、地球自转参数和大气参数，组合建立起的最优的协议地球参考框架。为此，国际地球自转服务机构（IERS）为建立 ITRF 制定了相关协议，包括地壳形变、对流层改正、电离层改正等模型，以及松弛约束、最小约束、内在约束等约束条件。

ITRF 是 IERS 的三种产品之一，是基于一系列站坐标集和速度来完成的。这些点的坐标和速度通过 VLBI、SLR、LLR、GPS（起于 1991 年）和 DORIS（起于 1994 年）等空间大地测量观测量来计算，综合各数据分析中心的解算结果，由 IERS 进行综合分析，得出 ITRF 的最终结果（一组全球站坐标和速度场）。计算的 ITRF 解发表在 IERS 的年度报告上，已有的 ITRF 解有 ITRF0、ITRF88、ITRF89、ITRF90、ITRF91、ITRF92、ITRF93、ITRF94、ITRF96、ITRF97、ITRF2000、ITRF2005、ITRF2008、ITRF2014 和 ITRF2020。

ITRF 的原点定义为包括固体地球、海洋和大气的地球整体的质量中心。ITRF 的尺度是由在广义相对论框架下局部地球框架内的尺度来定义的。实用中通常由光速 c、地心引力常数 GM 以及在数据处理中采用的相对论改正模型共同确定。ITRF 定向随时间的演变相对于地球表面的水平运动应符合无整网旋转条件，即相对于地壳整体无残余旋转。

ITRF 站点具有高精度的坐标值，在选择时应满足下列条件：
（1）连续观测至少 3 年。
（2）远离板块边缘及变形区域。
（3）速度的精度优于 3mm/年。
（4）至少 3 个不同解的速度残差小于 3mm/年。

ITRF 站点坐标主要采用大地空间直角坐标形式，也可以采用大地坐标形式。IERS 推荐全球通用的 GRS 大地测量基本常数，目前采用 GRS80 椭球。

随着国际 GNSS 服务（IGS）的成立，ITRF 与 GNSS 的关系变得更加密切：IERS 负责建立和维持 ITRF 的测站坐标、速度和地球自转参数；IGS 提供全球 GNSS 观测数据并改进 ITRF 解。

ITRF 提供了一个全球统一、地心、高精度、三维动态的地面坐标参照基准,在全球范围的精密定位、地壳形变监测、地球动力学研究以及建立精密数字地球等领域得到了广泛应用。由于 ITRF 是一个全球性的坐标参考框架,点的分布密度还不能满足区域大地测量应用的需求,因此,自 20 世纪 90 年代以来,一些国家和地区通过高精度 GNSS 会战建立区域性的、与 ITRF 相一致的局部地心参考框架。

1.4.2　1954 北京坐标系

在 20 世纪 50 年代建国初期,为了建立中国天文大地控制网以满足经济建设和国防建设对测图和大地测量的迫切需求,鉴于当时的实际情况,没有进行椭球定位。1954 年,原总参谋部测绘局在有关方面的建议与支持下,先将中国一等锁与苏联远东一等锁相联接,然后以联接处呼玛、吉拉林、东宁基线网扩大边端点的苏联 1942 年普尔科沃坐标系的坐标为起算数据,以角度为元素在高斯平面上分三次平差传算坐标,利用当时中国东北地区部分一等三角锁进行局部平差计算,这样计算来的坐标系定名为 1954 北京坐标系(BJS54)。因此,1954 北京坐标系可以认为是苏联 1942 年普尔科沃坐标系在中国的延伸。

1942 年普尔科沃坐标系的大地原点在苏联列宁格勒普尔科沃天文台圆柱大厅中央,在苏联境内进行多点定位建立的,采用克拉索夫斯基椭球,椭球基本元素为

$$\begin{cases} a = 6378245 \text{m} \\ f = 1:298.3 \end{cases}$$

1954 北京坐标系虽然是 1942 年普尔科沃坐标系的延伸,但在严格意义上又和 1942 年普尔科沃坐标系还存有一些小的差异,例如:高程异常是以苏联 1955 年大地水准面重新平差结果为起算值,按中国天文水准路线推算出来的;大地点高程是以 1956 年青岛验潮站求出的 1956 年黄海平均海水面为基准的。

1954 北京坐标系的要点是:

(1) 属于参心坐标系。

(2) 采用克拉索夫斯基椭球。

(3) 采用多点定位方式进行椭球定位,由苏联境内的 900 多个点解算得到。

(4) 大地原点在苏联的普尔科沃。

(5) 1954 北京坐标系建立后,提供的大地点成果是局部平差结果。

1954 北京坐标系建立后,中国天文大地控制网采取边布设边平差的方式,先后划分十多个地区对全国一等三角锁进行了局部平差。在此基础上又按坐标平差法对二等三角网 309 个测区逐年进行了平差,获得了约 4 万点的局部平差

坐标值,从而构成了 1954 北京坐标系的基本参考框架。基于 1954 北京坐标系,我国完成了大量的测绘工作,15 万个国家大地点以及数万个军控点、炮控点、测图控制点均按此坐标系计算。以 1954 北京坐标系为基础的测绘成果也全面应用到国家的经济建设和国防建设,特别是采用 1954 北京坐标系测制了全国范围的 1∶1 万、1∶5 万、1∶10 万等多个系列比例尺地形图。

在三角测量方法建立的国家大地控制网中,主要误差是角度测量误差。三角网推进越远,误差积累越大,边长和方位角的精度随着推进距离的增加而逐渐降低。除起始点的大地坐标、起始边长和方位角外,必须每隔一定的距离重新测设新的起始边长和方位角,以控制误差累积。国家大地控制网采用纵横锁系布网法,通常首先在纵横三角锁段的交叉处布设起始边,测量其长度,并在其两端点测定天文经纬度和天文方位角;然后在每一锁段中央的一个大地点上测定天文经纬度,以获得方向改正所需的垂线偏差。

随着科学技术的发展,1954 北京坐标系逐渐暴露出以下问题:

(1) 采用的克拉索夫斯基椭球与现代地球椭球 GRS80 相比,长半轴 a 大了 108m,扁率倒数大了 0.04。

(2) 椭球定位定向有较大偏差,与中国大地水准面存在着自西向东明显的系统性倾斜,最大倾斜量达 65m,全国平均 29m;同时,椭球短轴的定向也不明确。

(3) 坐标系的大地原点不在北京而在普尔科沃,"北京坐标系"显得名不符实。

(4) 几何大地测量与物理大地测量采用的椭球不统一,给实际使用带来诸多不便。

(5) 坐标精度偏低,相对精度为 5×10^{-6} 左右。

(6) 由于采用了分区局部平差法,不可避免地导致大地控制网产生扭曲和变形,区与区之间产生裂隙。

(7) 较低精度的二维经典大地测量成果与高精度的三维卫星大地测量成果不相匹配,容易引起使用上的麻烦。

当然应该指出,这些问题是由于历史原因造成的,对于一个初建天文大地控制网的国家来说是难以避免的。

1.4.3　1980 西安坐标系

为了适应大地测量发展的需要,解决 1954 北京坐标系中存在的问题,1978 年 4 月我国在西安召开了"全国天文大地控制网整体平差会议"。与会专家学者对建立新的大地坐标系做了充分的讨论和研究,认为 1954 北京坐标系在技术上存在椭球参数不够精确、参考椭球与中国大地水准面拟合不好等缺点,因此建立中国新的大地坐标系是必要的、适时的。考虑到经典大地测量和空间大地测量的不同需求,本着独立自主、自力更生、有利保密、方便使用的原则,建立两套坐标系,即1980西安坐标系和地心坐标系。

1980西安坐标系(XAS80)是在1954北京坐标系的基础上完成的,大地原点位于陕西泾阳县永乐镇,简称为西安原点,位于全国的中心地区,地质构造稳定,地形平坦。椭球参数是IUGG在1975年第16届大会推荐的值,椭球参数包括几何参数和物理参数,具体数值如表1.1所列。1980西安坐标系的要点是:

(1)属参心坐标系。

(2)采用包含了几何参数和物理参数的IUGG75椭球。

(3)在中国境内按照1°×1°间隔均匀选取了922个点进行多点定位。

(4)坐标轴定向明确,椭球短轴平行于地球质心指向$JYD_{1968.0}$,起始大地子午面与中国起始大地子午面平行。

(5)大地原点在中国中部地区,推算坐标的精度比较均匀。

(6)1980西安坐标系建立后,对全国5万多个天文大地点进行了整体平差。

1980西安坐标系是对中国天文大地控制网整体平差后建立的另一个参心坐标系,相比1954北京坐标系,其完全符合建立经典参心坐标系的原理;地球椭球的参数个数和数值大小更加合理准确;坐标轴的指向明确合理;参考椭球面与我国的大地水准面密合较好,高程异常的平均差值由1954北京坐标系的29m减小到10m,大多数地区都在15m以内,最大值位于西藏地区的西南角。

通过全国天文大地控制网整体平差,消除了1954北京坐标系分区局部平差不合理的逐级控制造成的影响,提高了平差结果的精度。平差后获得约5万点的坐标值,构成了1980西安坐标系的基本参考框架。在全国天文大地控制网整体平差时,采用了大地原点固定的、以天文方位角与起始边作控制的单点自由网平差法,天文方位角与起始边的系统误差无条件地代入整网平差结果中,整体平差后的全国天文大地控制网存在较大的系统性扭偏。

1980西安坐标系仍然存在以下问题:

(1)只能提供二维坐标,不能提供高精度三维坐标。

(2)采用IUGG 1975椭球,与IERS推荐的GRS80椭球相比,长半轴大了3m,这会引起约5×10^{-7}量级的长度偏差。

(3)椭球短轴指向JYD 1968.0,与国际上通用的椭球短轴指向不一致。

(4)椭球定位没有顾及占中国全部国土面积近三分之一的海域范围。

1980西安坐标系虽然比1954北京坐标系有所改善,但并没有发生实质性的变化。由于两套坐标系的椭球参数和定位不同,大地控制点在两套坐标系中的坐标值相差较大,个别位置甚至达到100m,这就使得基于1954北京坐标系的测绘成果无法使用。考虑到不影响已有基本比例尺地形图的使用,最终决定通过对1980西安坐标系进行平移转换,这就产生了作为过渡的新1954北京坐标系,又称为1954北京坐标系(整体平差转换值)。从坐标系的建立原理上讲,新1954北京坐标系的建立方法是有差别的。新1954北京坐标系(NBJ54)采用了与1954北京坐标系相同的克拉索夫斯基椭球,其坐标是整体平差全国大地控制网,从1980西安坐标系坐标转换得到的,精度与1980西安坐标系完全一致。新1954北京坐标系的使用,避免了1954北京坐标系局部平差带来的矛盾,在测制新的1:5万以下比例尺地形图时也不会和旧地形图产生明显的裂隙,具有重要的经济效益。

1.4.4 地心一号与地心二号

1978地心坐标系是将1954北京坐标系通过地心一号(DX-Ⅰ)坐标转换参数得到的地心坐标系。DX-Ⅰ共有三个参数,即平移参数(ΔX_0、ΔY_0、ΔZ_0),是在1978年11月在有关会议上确定建立的。鉴于当时卫星大地测量技术刚起步,无法直接测得地心坐标。DX-Ⅰ是通过5种方法建立的,包括天文重力法、全球天文大地水准面差距法、天文大地水准面和重力大地水准面差值之差法、用 MX-702A 和 CMA-722B 等型号多普勒接收机测定子午卫星导航系统建立地心坐标等,将这些方法取得的平移参数进行加权平均,得到了最终的三个平移参数。

ΔX_0、ΔY_0、ΔZ_0 三个平移参数表示1954北京坐标系中心相对于地心坐标系中心的位移,即1954北京坐标系中心在地心坐标系中的三个坐标分量。利用这组参数得到的地心坐标系就定名为1978地心坐标系。据估计,1978地心坐标系的坐标分量中误差约±10m。

从1979年起,有关部门在开展空间大地测量方面又做了大量的工作。在经过多年准备的基础上,1987年5月成立了地心二号(DX-Ⅱ)数据综合处理领导小组,最终于1988年底完成了地心坐标转换参数的确定工作。

DX-Ⅱ是按三种方法建立地心参数的综合结果,包括:①用 MX-1502 多普勒接收机测定子午卫星系统得到的地心坐标(全国37个多普勒点);②卫星动力测定得到的地心坐标(全国7个点);③全球天文大地水准面差距法。

DX-Ⅱ由7个转换参数组成,利用该参数可以将原有坐标系坐标换算成地心坐标系坐标,所对应的坐标系定名为1988地心坐标系。1988地心坐标系的原点是地球质心,Z轴指向国际协议原点(BIH 1968.0),X轴指向国际经度原点(BIH 1968.0),Y轴和Z轴、X轴构成右手坐标系。

据估计，1988 地心坐标系的坐标分量中误差优于 ±5m。

1.4.5 2000 中国大地坐标系

20 世纪 80 年代以后，在国家测绘局、总参谋部测绘局、中国地震局和中国科学院等单位的共同努力下，中国先后建立了全国 GPS 一、二级网，GPS A、B 级网，GPS 连续运行基准站网，建成了卫星定位服务系统和中国地壳运动观测网络，开展了大规模地面网和空间网联合平差工作，这些成果标志着构建中国新的地心坐标系基本框架的技术条件已经成熟。由此建立起的新一代国家大地参考系为"2000 中国大地坐标系"，缩写为 CGCS2000。其定义与协议地球参考系的定义一致。

(1) 原点为包括海洋和大气的整个地球的质量中心。
(2) 初始定向由 1984.0 时国际时间局(BIH)定向给定。
(3) 定向的时间演化使得地壳无整体旋转。
(4) 尺度为引力相对论意义下局部地球框架中的"米"。

CGCS2000 的参考历元为 2000.0。参考椭球采用 2000 椭球，其基本常数如表 1.1 所列。正常椭球与参考椭球一致。需要说明以下几点：

(1) 2000 椭球的 4 个常数中，a 和 ω 是 GRS80 值，f 是 GRS80 的动力形状因子 $J_2 = 0.00108263$ 的换算值，GM 是 IERS 的推荐值。也就是说，2000 椭球的 3 个常数 a、f、ω 实际上与 GRS80 是一致的，世界上其他地心椭球也多是如此。

(2) 2000 椭球的 a、f 值与 IERS 推荐值（$a = 6378136.6m, f = 1:298.25642$）有微小差异，但在实用上不会造成影响。

(3) 2000 椭球与 WGS84 椭球的区别仅在其 f 值有微小差异（在赤道上仅差 1mm），可以认为两个椭球实际上是一致的。

CGCS2000 由 3 个层次的站网坐标和速度具体实现。

(1) 第一层次为连续运行参考站(CORS)，这是 CGCS2000 的基本骨架，在 2003 年平差计算时仅有 34 个国家级 CORS 站，而其中只有 25 个站观测数据参与了 2000 国家 GPS 大地控制网平差，其坐标精度为毫米级，速度精度为 1mm/年。

中国地壳运动观测网络于 1998 年开始布测，是以地震预报为主要目的并兼顾测量需要的监测网，网点布设主要分布在中国的大板块和地震活跃区附近。全网包括基准网点、基本网点和区域网点共 1081 点。其中，基准网点间距 1000km 左右，为 GPS 常年连续观测点；基本网点间距约 500km，为定期复测点。基准网和基本网主要分布于国内较大的板块，区域网点间距几十到几百千米，为不定期复测点，全国范围内分布不均，较密集地分布在地壳运动活跃地区。

CORS 站还为静态、动态定位和导航提供坐标基准。

(2)第二层次为空间大地控制网(GPS2000 网),包括中国全部领土和领海内的高精度 GPS 网点,其三维地心坐标精度为厘米级,速度精度为 2~3mm/年。

GPS2000 网是指 2003 年完成平差计算(三网平差)的 2000 国家 GPS 大地控制网。所谓"三网",是指由总参谋部测绘局建设的 GPS 一、二级网,国家测绘局建设的 GPS A、B 级网,以及中国地震局等部门建设的 GPS 地壳运动监测网(包括攀登项目网以及若干区域性的地壳形变监测网)和中国地壳运动观测网络组成,共约 2600 个点。平差后统称为 2000 国家 GPS 大地控制网,简称为 GPS2000 网。

国家 GPS A 级网于 1992 年结合国际 IGS92 会战,由国家测绘局、中国地震局等单位布测,共 27 个点,平均边长约 800km。1996 年国家测绘局进行了 A 级网复测,经全网整体平差后,地心坐标精度优于 0.1m,点间水平方向的相对精度优于 2×10^{-8},垂直方向优于 7×10^{-8}。B 级网由国家测绘局于 1991—1995 年布测,含 A 级点 818 个。B 级网在东部地区为连续网,点位较密集;在中部地区为连续网与闭合环结合,点位密度适中;在西部地区为闭合环与导线,点位密度较稀疏。B 级网中 60% 的点与一、二等水准点重合,其余进行了水准联测。B 级网点间精度水平方向优于 4×10^{-7},垂直方向优于 8×10^{-7}。

GPS 一、二级网于 1991—1997 年由总参谋部测绘局布测,共 534 个点,在全国陆地(除台湾省)、海域均匀分布,还包括南沙重要岛礁。一级网 44 点,平均边长约 800km,于 1991 年 5 月至 1992 年 4 月观测;二级网分南海岛礁、东北测区、华北测区、西北测区、华东测区、东南测区、青藏云贵川等 6 个测区观测,先后于 1992—1997 年施测。二级网在一级网基础上布测,平均边长约 200km,一、二级网点均进行了水准联测。经平差计算后,一级网的精度约为 3×10^{-8},二级网精度为 1×10^{-7}。

空间大地控制网和连续运行参考站共同构成 CGCS2000 的框架。

(3)第三层次为天文大地控制网,包括经空间网与地面网联合平差的约 5 万个天文大地点,其大地经纬度误差不超过 0.3m,大地高误差不超过 0.5m。

从定义上看,CGCS2000 与 ITRS 属同一坐标系。CGCS2000 的坐标通过 GPS 相对定位技术确定,而基准站坐标属于 ITRF 框架,因此,CGCS2000 与 ITRF 应属同一参考框架。通过合理的观测和计算,可以尽量使 CGCS2000 与 ITRF 的一致性保持在 2cm 以内。于是,CGCS2000 相当于 ITRF 在中国的加密,在厘米量级上可忽略 CGCS2000 与 ITRF 的差异。需要说明的是,这里的坐标差异和一致性是指在参考历元 2000.0 上 CGCS2000 与 ITRF97 之间的差异,由于 ITRF 在不断演进,因此并非任意版本的 ITRF 框架。

CGCS2000 坐标系与原有的 1954 北京坐标系、1980 西安坐标系等参心坐标系有着本质的不同,主要体现在:①椭球定位方式不同,参心坐标系是通过多点定位建立起局部区域大地水准面与参考椭球面之间的密合关系,而 CGCS2000 则用空间大地测量技术手段实现的椭球中心与地球质心重合,与全球大地水准面最为密合。②实现技术不同,参心坐标系通过经典的地面边角测量实现,而 CGCS2000 是以空间大地测量为主实现的。③坐标系维数不同,实现了从经典的 2+1 维模式到三维一体的跨越。④坐标系原点不同,一个是在参考椭球中心,另一个是在地球质量中心。⑤实现精度不同,相比参心坐标系,点位精度提高了 10 倍。

CGCS2000 坐标系建成后,通过周密计划和妥善实施实现新老坐标系的平稳过渡。测绘法规定,2008 年 7 月 1 日正式启用 CGCS2000 坐标系(军事测绘部门于 2007 年 8 月 1 日启用),并设立 8 到 10 年的过渡期,2018 年 7 月 1 日起正式停止使用 1954 北京坐标系和 1980 西安坐标系,所有测绘成果都基于 CGCS2000 进行汇交和发布。

1.4.6 北斗坐标系

北斗坐标系(BDCS)是北斗卫星导航系统(BDS)的大地基准,通过参考历元的地面监测站坐标和速度实现。BDCS 通过重新实现使参考框架达到最现时化和精度最佳化。坐标系的每次实现,对应产生一个新的参考框架。

随着时间的推移,北斗坐标系将出现多个参考架。不同参考架的标识是 BDCS(W×××),括号内 W××× 表示该参考架开始执行的北斗系统时(BDT)第 ××× 周的 0s。例如,BDCS(W465)、BDCS(W1002)分别表示从 BDT 时第 465 周和第 1002 周 0s 开始执行的参考框架。

北斗坐标系的原点、尺度与定向的定义与 IERS 规范一致。

(1)原点为包括海洋和大气的整个地球的质量中心。

(2)长度单位是国际单位制米。

(3)在 1984.0 时初始定向与 BIH 的定向一致。

(4)定向时间演变使得整个地球的水平构造运动无整体旋转。

BDCS 为一个右手直角坐标系,原点为地球质量中心,Z 轴指向 IERS 参考极方向,X 轴为 IERS 参考子午面与通过原点且同 Z 轴正交的赤道面的交线,Y 轴构成右手直角坐标系。

BDCS 采用 CGCS2000 椭球,其几何中心与坐标系原点重合,旋转轴与坐标系 Z 轴一致。CGCS2000 椭球为一等位旋转椭球,参考椭球面既是大地经纬度、高程的几何参考面,又是地球外部正常重力场的参考面。

BDS 早期不具备全球观测能力,为了实现并维持其坐标系,到 2016 年在 BDS 地面监测站共进行了 4 期 GNSS 观测。第一期为 2007—2009 年,各站观测依次单独进行;第二期从 2011 年 12 月 16 日至 12 月 31 日,连续观测 15 天,8 个监测站同步联测;第三期从 2014 年 4 月 24 日至 5 月 8 日,连续观测 15 天,8 个监测站同步联测;第四期于 2016 年 5 月至 11 月单独观测完成。

建立 BDCS 的数据处理分 3 个步骤:①联合处理由全球 IGS 站、国内陆态网基准站和北斗地面监测站组成的全球 GNSS 网数据,得到监测站坐标的单日松弛解;②采用最小约束法,将北斗监测站坐标单日解对准 ITRF 框架;③将框架对准的监测站坐标序列进行线性回归拟合,得到参考历元下的监测站坐标和速度。

北斗坐标系的首次实现,包括了参考历元 2010.0 下 8 个监测站 ITRF2014 框架下坐标和速度,通过 8 个监测站四期 GNSS 数据与 62 个 IGS 站和 27 个国内陆态网络基准站数据的联合处理得到。最终的坐标精度小于 2mm,速度精度小于 1mm/年。

1.4.7 1984 世界大地坐标系

20 世纪 60 年代,为建立全球统一的大地坐标系,美国国防部制图局(DMA)就建立了 WGS60,随后又推出了改进的 WGS66 和 WGS72,到 80 年代中期推出了 WGS84。WGS84 不仅是一个协议地球参考系,还包括参考椭球、基本常数、地球重力场模型和全球大地水准面模型,因此 WGS 直译成"世界大地测量系统"更为贴切。

WGS84 是美国 GPS 卫星使用的国际性大地坐标系,其定义与 ITRS 一致,即:原点为包括陆地、海洋和大气的地球总质量中心,定向由 BIH 1984.0 给出,定向的时间演化为保证相对地壳不产生残余的全球旋转,尺度为引力相对意义下的米。

WGS84 的椭球常数经过几次优化。最初,WGS84 椭球基本常数为 a、GM、C_{20}、ω,与 GRS80 椭球常数(a、GM、J_2、ω)并不一致,WGS84 的 C_{20} 导出的 f 与 GRS80 导出的 f 有微小差异。1993 年,GM 和 C_{20} 被精化。1994 年,GPS 操作控制中心决定采用新的 GM 和 ω 值,从而计算的轨道比之前参数得到的轨道在径向方向差 1.3m。目前 WGS84 采用 GRS80 椭球,其基本常数见表 1.1。

WGS84 坐标框架是由一组分布在全球的地面监测站的坐标来实现,从建立到现在经历了 7 次更新实现。在 1987 年建立之初,WGS84 是静态的,并不是由 GPS 技术建立的,其精度与北美坐标基准(NAD83)相近。1994 年,引入了完全基于 GPS 观测建立的 WGS84,将其命名为 WGS84(G730)(G 后面的数字是指新的站坐标开始用于计算精密星历的 GPS 周),在实用上可以认为等同于 ITRF92。WGS84(G873)实用上认为等同于 ITRF96,WGS84(G1150)和 WGS84(G1674)实用上认为等同于 ITRF2000,WGS84(G1762)实用上认为等同于 ITRF2008,WGS84(G2139)实用上认为等同于 ITRF2014,WGS84(G2296)实用上认为等同于 ITRF2020。

WGS84 的初始实现是 1987 年 1 月使用多普勒卫星测量技术定义的,由美国空军负责的 5 个监测站和 DMA 负责的 5 个监测站组成,站坐标与 BIH 的地面参照框架(1984.0)的符合度为 1~2m。WGS84 于 1987 年 1 月 23 日正式用作 GPS 卫星广播星历的参考框架。

WGS84(G730)于 1994 年 6 月 29 日作为 GPS 卫星广播星历的参考框架。在实现上,DMA 选择 24 个 IGS 站数据与 10 个 GPS 监测站数据进行联合处理,把其中 8 个 IGS 站的坐标约束到 ITRF92 框架下,利用 NNR-NUVEL-1 模型将测站坐标归算到历元 1994.0,从而得到这 10 个监测站的地心坐标,使 WGS84 与 ITRF92 的一致性达到 10cm。

WGS84(G873)是第 873 个 GPS 周完成的更新,由于监测站发生了一些变化,增加了北京和华盛顿两个监测站,澳大利亚站址也发生了变化。经过精化的 WGS84 监测站坐标与 ITRF94 的一致性达到 5cm,基本等同于 ITRF96,1997 年 1 月 29 日被用作 GPS 卫星广播星历的地球参考框架。

2001 年对 WGS84 再次进行了精化,实现的框架为 WGS84(G1150),历元为 2001.0,并于第 1150 个 GPS 周更新,采用的参考框架为 ITRF2000。2002 年 1 月 20 日作为 GPS 卫星广播星历的地球参考框架持续到 2012 年。本次精化使用了 49 个 IGS 站,并将它们的坐标固定到 ITRF2000 框架下,WGS84(G1150)与 ITRF2000 的符合程度为 ±1cm,比 1996 年的 WGS84(G873)的 ±5cm 精度有了很大提高。

2012 年 7 月 1 日,WGS84 发布框架更新版本 WGS84(G1674),参考历元为 2005.0。G1674 对应 GPS 时的第 1674 周,即 2012 年 2 月 8 日。WGS84(G1674)遵循 IERS Technical Note 21 标准,在历元 2005.0 与 ITRF2008 保持一致。最终得到的 WGS84(G1674)参考框架中每一个站坐标的精度都优于 1cm。

2013 年 10 月 16 日,美国国家地理空间情报局(NGA)发布了 WGS84(G1762),采用了 IERS2010 协议中的方法和模型,提高了与 ITRF 的一致性,精度整体优于 1cm,与 ITRF2008 基本一致,参考历元依旧为 2005.0。

2021 年 1 月 3 日,NGA 发布了 WGS84(G2139),将 WGS84 向最新的 ITRF2014 对齐,参考历元为 2010.0。

2024 年 1 月 7 日,WGS84(G2296)的发布使其对准最新的 ITRF2020,参考

历元更新为2024.0。

1.5 误差理论基础

测量过程中会受到客观存在的各种因素影响,一切测量结果都不可避免地带有误差。例如,对一段距离进行重复观测时,各次观测的长度通常不可能完全相同;对一个平面三角形进行观测,三内角观测值之和一般不等于180°,而理论上应该等于180°。这些差异的存在,恰恰说明了观测值中都含有观测误差。因此,研究观测误差内在规律,对带有误差的观测数据进行数学处理并评定其精确程度,也是大地测量工作中必须解决的重要问题。

1.5.1 测量与误差

测量是观测者在特定的环境中借助仪器获取测量对象物理(几何)信息的过程。由于观测条件不可能尽善尽美,观测者感觉器官的鉴别能力,测量仪器结构的不完善,观测过程所处的客观环境及其变化,观测目标的结构、状态和清晰程度等因素都会对观测结果直接产生影响。因此,观测者、测量仪器、测量环境及观测对象是测量产生误差的主要来源,合称为测量条件。显然,测量条件的好坏直接影响着观测成果的质量。测量条件好,观测中产生的误差就会小,观测成果的质量就会高;测量条件差,产生的观测误差就会大,观测成果的质量就会低;测量条件相同,观测误差的量级就应该相同。因此,测量条件相同的观测称为等精度观测,在相同测量条件下所获取的观测值称为等精度观测值;相反,则称为非等精度观测和非等精度观测值。

测量不可避免地会产生误差,为了检验观测结果的精确性和提高观测结果的可靠性,实践中得出的有效方法是进行多余观测(也称为过剩观测)。事实上不难发现,即使测量足够精细,同一量的多次观测结果通常也会有一定的差异。存在固有关系的几个量的观测结果,通常也会出现某种程度的不符,这就是测量误差存在的反映。测量工作中正是根据这一现象,采取反复观测、多方印证(多余观测)的方法,作为揭示误差、发现错误、提高观测结果质量并进行精度评定的基本手段。

所谓多余观测,就是多于必要观测的观测。确定一个几何或物理问题所需要的最少观测个数,称为必要观测。例如,直接测定某一段距离时,不是只观测一次而是进行多次观测,其中某一次是必要观测,其他观测都是多余观测。在测定一个平面三角形的三个内角时,不只是观测任意两角来推算第三个角,而是对三个角都进行观测,这时对两个角的观测是必要观测,对第三个角的观测则属于多余观测。

多余观测可以揭示测量误差,使观测结果产生矛盾。例如,平面三角形三内角观测值之和不等于180°,即闭合差不等于零。为了消除矛盾,必须对观测结果进行调整。平差就是在多余观测的基础上,依据一定的数学模型和估计准则,对含有误差的观测数据进行合理的调整,从而求得一组没有矛盾的可靠结果,并评定精度。

测量误差按其对观测结果的影响性质可分为以下三类。

1. 粗差

粗差主要是由测量条件异常变化产生的误差,一般表现为异常值或孤值,如测错、读错、记错、算错、仪器故障等所引起的偏差。经典测量中,这类粗差一般采取变更仪器或操作程序、重复观测和检核验算、分析等方式进行检测,并予以剔除。

2. 系统误差

由于测量条件中某些特定因素的系统性影响而产生的误差称为系统误差。同等测量条件下的一系列观测中,系统误差的大小和符号通常固定不变,或呈系统性变化。对于一定的测量条件和作业程序,系统误差在数值上服从一定的函数性规律。

测量条件中能引起系统误差的因素有许多,如天文测量中的人仪差、水准标尺的零点差、GNSS观测中的电离层误差等。总体来看,系统误差对观测结果的影响一般具有累积性,对成果质量的影响也特别显著。因此在测量结果中,应尽量消除或减弱系统误差对观测成果的影响。为此,通常采取如下措施:①找出系统误差出现的规律并设法求出它的数值,对观测结果进行改正,例如尺长改正、经纬仪测微器行差改正、折光差改正、GNSS电离层模型改正等。②改进仪器结构并制订有效的观测方法和操作程序,使系统误差按数值接近、符号相反的规律交错出现,从而在观测结果的综合中基本抵消,例如经纬仪按度盘的两个相对位置读数的装置、测角时纵转望远镜的操作方法、水准测量中前后视尽量等距的设站要求等。③综合分析观测资料,发现系统误差,在平差计算中将其消除。例如,GNSS数据处理中用观测值的线性组合参加平差,以抵消电离层、大气层折射的影响。

测量完全消除系统误差是不可能的。实际上只能尽量使它们的影响减少到最低限度。在经典误差理论中,作为平差对象的观测数据,一般认为已经消除或减弱了系统误差,对观测结果的影响可以忽略不计。

3. 偶然误差

由于测量条件中各种随机因素的偶然性影响而产生的误差称为偶然误差或随机误差。单个偶然误差的出现无论数值和符号都无规律性,而大量偶然误差的总体却存在一定的统计规律。整个自然界都在永不停顿地运动着,即使看起来相同的测量条件,也时刻有不规则的变化,这种偶然性变化就是引起偶然误差的随机因素。偶然误差是许多随机因素影响所致的小误差的代数和。

用经纬仪测角时,测角误差主要是由照准、读数等误差组成的,而照准、读数等误差又是由许多随机因素所致。例如,照准误差就可能是由于脚架或觇标晃动及扭转、风力风向变化、目标背景、大气折光与大气透明度等因素形成的,其中任何一种影响又产生于许多偶然因素。可见,测角误差是许许多多微小误差的代数和,而随着偶然因素影响的不断变化,这些微小误差数值可大可小,符号或正或负。因此,对于测量中受偶然因素影响而产生的小误差,人们既不能控制也不能事先预知它们的大小和正负,当然由它们所构成的偶然误差的大小和正负也是偶然的。

从统计学角度来看,偶然误差具有以下规律:①在一定的测量条件下,偶然误差的数值不超过一定阈值,或者超出一定阈值的偶然误差出现的概率为零。②绝对值小的偶然误差比绝对值大的偶然误差出现的概率大。③绝对值相等的正负偶然误差出现的概率相同。这就是偶然误差的三个概率特性,即界限性、聚中性和对称性,充分揭示了表面上似乎并无规律性的偶然误差的内在规律。

在一切测量中,偶然误差是不可避免的。经典最小二乘平差就是在认为观测值仅含有偶然误差的情况下,调整观测值、消除矛盾,求出最或然值,并进行精度评定。

系统误差与偶然误差在一定条件下是可以相互转化的,在一些条件下是系统误差,而在另一些条件下又可能是偶然误差,反之亦然。例如,水准测量中的水准标尺尺长误差,在某一测段是系统误差,但就整个测线来看,这种误差又变成了偶然误差。又如在尺长检定时,尺长检定误差是偶然误差,以后用此尺子测距,检定误差对距离的影响则变成了系统误差,而当以数根尺子测量同段距离时,通过配尺,检定误差对长度的影响又可变成偶然误差。

1.5.2 真值和真误差

由于测量条件的不完善使观测结果不可避免地含有误差。不难理解,误差是相对于绝对准确而言的。反映一个量真正大小的绝对准确的数值称为真值。通过直接或间接测量得到的一个量的大小称为这个量的观测值。与真值相对应,凡是以一定的精确程度反映这一量大小的数值都统称为近似值或估计值,简称为估值。一个量的观测值或平差值都是此量的估值。

设以 X 表示一个量的真值,L 表示某一观测值,Δ 表示观测误差,则有

$$\Delta = L - X \tag{1.35}$$

显然,Δ 是相对于真值的误差,称为真误差。真值通常是无法测知的,因此真误差也无法获得。但是在一些情况下,有可能预知由观测值构成的某一函数的理论真值。

例如,以 L_1, L_2, L_3 表示平面三角形三内角的观测值,三内角和的理论真值为 $180°$ 是已知的。若以 W 表示三内角和的真误差(三角形闭合差),由式 (1.35) 可得

$$W = L_1 + L_2 + L_3 - 180° \tag{1.36}$$

因为三角形闭合差的真值为 0,仍由式 (1.35) 可得 $\Delta_W = W - 0 = W$,故 W 也可理解为三角形闭合差的真误差。

又如,当对同一个量观测两次,设观测值为 L_1 和 L_2,该量真值为 X,且以 d 表示两次观测的差数的真误差,由式 (1.35) 可得

$$d = (L_1 - L_2) - (X - X) = L_1 - L_2 \tag{1.37}$$

由此可见,两次观测值的差值 d 就是差值的真误差,又称为较差。方向观测中的归零差、水准测量往返观测高差之差都是较差,也是真误差。

1.5.3 精度及衡量标准

精度是反映同一测量条件下测量误差总体大小的数字指标,用于表征观测质量的高低。实际测量成果的精度指标越大,表明观测条件越差,测量成果的质量越低;反之,表明测量条件较好,观测成果的质量较高。

测量领域用于表示精度高低的指标,包括精密度、准确度和精确度。其中,精密度反映测量结果中偶然误差的影响程度;准确度反映测量结果中系统误差的影响程度;精确度反映测量结果中偶然误差和系统误差综合的影响程度。需要说明的是,这里的精度均指同一测量条件下误差的平均接近程度,而非单个误差与真值的接近程度。

精密度是指同一量各观测值之间的密集或离散的程度,表征了观测结果中偶然误差大小的程度。如果各观测值分布很集中,则观测值的精密度高;如果各观测值分布很散,则观测值的精密度低。当观测值中仅含偶然误差时,精密度与精度具有相同的含义,与误差的分布状况有着直接的关联,且均取决于测量条

件。测量条件好,误差分布的离散度小,观测精度高;测量条件差,误差分布的离散度大,观测精度低;同等测量条件下,误差分布的离散度相同,此时所获得的测量结果应视为有同等的精度。

1. 方差与中误差

方差表征的是随机变量离散度的特征值,即随机变量与其数学期望之差的平方的数学期望。由于观测值是随机变量,设以 $D(L)$ 表示观测值 L 的方差,则观测值方差的定义为

$$\sigma^2 = D(L) = E\{(L - E(L))^2\} = \int_{-\infty}^{+\infty} (L - E(L))^2 f(L) dL \quad (1.38)$$

由此可以看出,观测值的全部取值越密集于其数学期望附近,则方差值越小;反之,方差值越大。方差反映的是随机变量总体的离散程度,又称为总体方差或理论方差。在测量中,当观测值仅含偶然误差时,观测值 L 的数学期望 $E(L)$ 即为真值,故方差的大小反映了总体观测结果靠近真值的程度。方差小,观测精度高;方差大,观测精度低。测量条件一定时,误差有确定的分布,方差为定值。

可以证明,当观测值仅含偶然误差时,观测值 L 及其偶然真误差 Δ 具有相同的方差,此方差即为偶然真误差 Δ 平方的数学期望,即

$$\sigma^2 = E(\Delta^2) = \int_{-\infty}^{+\infty} \Delta^2 f(\Delta) d\Delta \quad (1.39)$$

而 σ 称为标准差(也称为均方差),有

$$\sigma = \sqrt{E(\Delta^2)} \quad (1.40)$$

由式(1.39)及式(1.40)计算方差或标准差,必须知道随机变量的总体,实际上这是做不到的。应用中总是依据有限次观测计算方差的估计值,并以其平方根作为标准差的估计值,称为中误差。如果在相同测量条件下得到一组独立的偶然真误差 $\Delta_1, \Delta_2, \cdots, \Delta_n$,偶然真误差平方中数的平方根即为中误差。用 m 表示中误差,则有

$$m = \pm \sqrt{\frac{[\Delta\Delta]}{n}} \quad (1.41)$$

$$[\Delta\Delta] = \Delta_1^2 + \Delta_2^2 + \cdots + \Delta_n^2 \quad (1.42)$$

式中:n 为误差 Δ 的个数;[ ] 为取和。式(1.41)右端"±"号表示按该式计算出中误差值之后,应在数值前加上"±"号,这是测量上约定俗成的习惯。习惯上,通常将标志一个量精确程度的中误差,附写于此量之后,如 83°26′34″ ± 3″,458.483m ± 0.005m 等,此处的 ± 3″ 及 ± 0.005m 分别为其前边数值的中误差,切勿误解为真正的误差大小。

可以证明，当误差个数趋于无穷大时，中误差的平方 m^2 以概率收敛于方差 σ^2，式(1.41)为式(1.40)的估算式。

2. 平均误差

平均误差是一定测量条件下一组独立的偶然真误差绝对值的数学期望，用 θ 表示为

$$\theta = \mathrm{E}(|\Delta|) = \int_{-\infty}^{+\infty} |\Delta| f(\Delta) \mathrm{d}\Delta \tag{1.43}$$

实用中，也总是以估值 t 来代替 θ，有

$$t = \pm \frac{[|\Delta|]}{n} \tag{1.44}$$

式中：t 为平均误差；n 为误差个数，n 越大，此统计值就越能代表理论值。平均误差的数值前也习惯上加"±"。

依定义，平均误差的大小同样反映了误差分布的离散程度。根据概率论相关知识可知，同一测量条件下平均误差的理论值 θ 与标准差 σ 之间相差一常系数 $\sqrt{2/\pi} \approx 0.7979$。因此，以相应估值代换理论值可得

$$\begin{cases} t \approx 0.7979m \text{ 或 } t \approx \frac{4}{5}m \\ m \approx 1.2527t \text{ 或 } m \approx \frac{5}{4}t \end{cases} \tag{1.45}$$

式(1.45)是平均误差与中误差的理论关系式，在同一测量条件下，两者有着完全确定的关系。当误差 Δ 的个数足够多时，由式(1.44)及式(1.41)计算所得的平均误差和中误差应满足关系式(1.45)。因此，可以用平均误差作为精度估计的标准。

3. 或然误差

若有一正数 C，使得在一定测量条件下的误差总体中，绝对值大于和小于此数值的两部分误差出现的概率相等，则称此数值 C 为或然误差，即

$$\int_{-C}^{C} f(\Delta) \mathrm{d}\Delta = 0.5 \tag{1.46}$$

实际应用中，也只能计算或然误差的估计值，通常以 ρ 表示，仍称为或然误差。或然误差的大小同样反映了误差分布的离散程度，可以作为精度估计的标准。

与平均误差类似，或然误差 ρ 与标准差 σ 之间的理论关系为

$$\begin{cases} \rho \approx 0.6745m \text{ 或 } \rho \approx \dfrac{2}{3}m \\ m \approx 1.4826\rho \text{ 或 } m \approx \dfrac{3}{2}\rho \end{cases} \quad (1.47)$$

实用中,由于观测值个数有限,因此也只能得到 ρ 的估计值,仍称为或然误差。或然误差 ρ 的估计值通常按下面的方法求取:将在相同测量条件下得到的 n 个误差,按绝对值大小将它们依次排列,当 n 为奇数时,取位于中间的一个误差值作为 ρ;当 n 为偶数时,取中间两个误差值的中数作为 ρ;当误差的个数 n 较多时,首先计算中误差,然后按式(1.47)求出或然误差。或然误差的数值前也常加"±"。

例 1:某测区的 62 个三角形闭合差如下(单位为秒),试计算三角形闭合差的中误差、平均误差和或然误差。

-5.2	+3.1	0	-0.3	+1.1	+1.7	+0.1	+0.7	+0.4	-0.6	-1.1
-2.8	+2.4	+2.5	+0.9	+1.9	-1.0	-0.7	-0.4	-1.1	+1.4	-1.7
-2.6	+1.1	+2.8	+1.7	-0.3	-0.6	+1.9	-1.1	+2.9	-2.0	-1.9
+0.2	-1.3	+3.8	-5.1	+3.0	-1.2	-3.0	+2.2	-2.7	+2.1	+0.6
-1.2	+1.3	-2.0	+3.9	-1.3	-2.2	+0.5	-0.7	+3.5	-1.0	-0.6
+0.2	+1.5	+1.0	-2.4	+0.5	+3.2	+0.3				

解:三角形闭合差是真误差,直接由公式可算得

$$m = \pm\sqrt{\dfrac{(-5.2)^2 + (3.1)^2 + \cdots + (3.2)^2 + (0.3)^2}{62}} = \pm 2.03''$$

$$t = \pm\dfrac{5.2 + 3.1 + \cdots + 3.2 + 0.3}{62} = \pm 1.65''$$

$$\rho = 0.6745m = \pm 1.37''$$

例 2:在 A、B 两点间分距离大致相等的 5 段进行水准测量,每段均进行了往返测,其各段高差的较差用各段往返高差相减而得,列于表 1.3 之第四列内,试求任一段高差较差的中误差、平均误差和或然误差。

表 1.3 高差较差

编号	往测高差 h/m	返测高差 h'/m	高差之较差 d/mm
Ⅰ	40.1311	40.1278	3.3
Ⅱ	24.3508	24.3528	-2.0
Ⅲ	54.3143	54.3187	-4.4

续表

编号	往测高差 h/m	返测高差 h'/m	高差之较差 d/mm
Ⅳ	10.3999	10.3980	1.9
Ⅴ	35.7432	35.7399	3.3

解:因往返高差较差是真误差,故依公式可得任一往返高差较差的中误差为

$$m = \pm\sqrt{\frac{(3.3)^2 + (-2.0)^2 + (-4.4)^2 + (1.9)^2 + (3.3)^2}{5}}$$

$$= \pm 3.12(\text{mm})$$

平均误差为

$$t = \pm\frac{3.3 + 2.0 + 4.4 + 1.9 + 3.3}{5} = \pm 2.98(\text{mm})$$

按绝对值大小排列为 1.9、2.0、3.3、3.3、4.4,由此得或然误差 $\rho = \pm 3.3$mm。

中误差、平均误差和或然误差都可以作为精密度的标准,需要说明的是:

(1)无论是用中误差、平均误差还是或然误差进行精度估计,只有当观测值个数相当多时,结果才较为可靠。这是因为观测值个数越多,反映的观测条件越全面。

(2)当观测值个数较少时,用中误差估计精度比用平均误差和或然误差要好一些。因为中误差能更灵敏地反映大误差的影响,实际上也正是这些大误差对观测结果影响较大,所以通常采用中误差作为精度标准。

(3)一定的测量条件对应一定的方差。对于标准差估值的中误差可近似表述为:一定的测量条件应有一定的中误差,而一定的中误差也代表一定的测量条件。当然,这里的中误差应是以足够多的观测结果为依据计算所得的。平均误差及或然误差也是如此。

(4)由一列等精度观测结果所求得的中误差(平均误差、或然误差),反映了进行这一系列观测时所处的测量条件,标志着这一系列观测结果的精度,也是其中每个单一观测结果的精度,还可引申为上述相同测量条件下另外系列观测结果或某单一观测结果的精度。需要注意的是,尽管各观测结果的真误差不同,但是中误差(平均误差、或然误差)在理论上应是相同的,因为这是在同一测量条件下获得的等精度观测结果。

1.5.4 相对误差与极限误差

1. 相对误差

对于衡量精度来说,很多情况下仅凭观测值的中误差还不能完全表达观测

精度的高低。例如,测量了两段距离,一段为1000m,另一段为50m,它们的中误差均为±0.2m,尽管两者的中误差一样,但就单位长度而言,两段距离的精度显然并不相同,前者的相对精度高于后者。因此,必须再引入一个衡量精度的标准,即相对误差。

相对误差的定义是误差值与其观测结果的比值。特别是一个量的中误差与此量观测值之比,称为这一量的相对中误差。

相对误差是个无名数,并且一般都将分子化为1,写成1/N的形式。相对误差一般只用于长度测量中,角度测量不采用相对误差。角度误差的大小主要是观测两个方向引起的,并不依赖角度大小而变化。与相对误差对应,真误差、中误差、平均误差、或然误差、极限误差等均属于绝对误差。

在某些情况下,例如导线测量中点位误差是测角误差和量距误差的合并影响,故两者的精度应取得一致。这就要对角度误差与距离误差进行比较,相对误差就是最好的选择。如图1.15所示,导线测量中通过测角和测距来确定P点位置。由角度测量误差$\Delta \alpha$使P点移至P'点,由距离测量误差ΔS使P'点又移至了P''点。由角度测量引起的在垂直于量距方向上的位置误差Δu称为横向误差,由距离测量引起的沿量距方向上的位置误差ΔS称为纵向误差。此时横向相对误差为$\Delta u/S$,纵向相对误差为$\Delta S/S$。

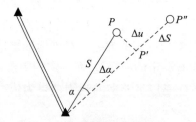

图1.15 导线测量中的点位误差

由图1.15可知,因为$\Delta u \ll S$,故可将Δu近似地视为圆弧,则$\Delta u/S$就是角度误差$\Delta \alpha$的弧度值,即$\Delta u/S = \Delta \alpha$(弧度值),横向误差为$\Delta u = S \cdot \Delta \alpha$,纵横向误差相等,即$\Delta u = \Delta S$,进而有$\Delta \alpha = \Delta S/S$。习惯上,角度误差一般以秒为单位,则纵横向误差相等可表示为

$$\frac{\Delta \alpha''}{\rho''} = \frac{\Delta S}{S}$$

实际测量中,纵横向精度一致是指两者的相对中误差相等,即

$$\frac{m_\alpha''}{\rho''} = \frac{m_S}{S}$$

式中:ρ''为秒化弧度的常数,通常取值为206265。

例3:若量距的相对中误差为 1/200000,角度的中误差为 ±1″,试比较纵横向精度是否一致。

解:以弧度为单位的测角中误差为

$$\frac{m''_\alpha}{\rho''} = \frac{1}{206000}$$

边长的相对中误差为

$$\frac{m_S}{S} = \frac{1}{200000}$$

$$\frac{m''_\alpha}{\rho''} \approx \frac{m_S}{S}$$

可见,纵横向精度是一致的。

2. 极限误差

偶然误差具有一定的界限性,即在一定测量条件下,其大小不会超出一定的界限,超出此界限的偶然误差出现的概率为零。因此,实际工作中通常依据一定的测量条件规定一适当数值,使在这种测量条件下出现的误差不会超出此数值,对于超出此数值者则认为是异常,其相应的观测结果应予以剔除。这一限制数值称为极限误差。

显然,极限误差应依据测量条件来确定。测量条件好,极限误差应规定的小;测量条件差,极限误差应规定的大。在实际测量工作中,通常将标志测量条件的中误差的整倍数作为极限误差。

通常情况下,偶然误差是服从正态分布的。此时,大于3倍中误差的偶然误差出现的是小概率事件。因此,在观测个数有限的情况下,通常认为绝对值大于3倍中误差的误差是不应该出现的。因此,3倍中误差常被用作极限误差,即

$$\Delta_{限} = 3m \tag{1.48}$$

在要求严格时,也可采用2倍中误差作为极限误差。在我国现行作业规范中,以2倍中误差作为极限误差的较为普遍,即

$$\Delta_{限} = 2m \tag{1.49}$$

需要特别注意的是,极限误差是真误差的限值,在测量上只有闭合差、双次观测较差才是真误差,因此一般把极限误差用作计算闭合差、较差的最大允许值。在测量工作中,如果某误差超过了极限误差,就认为它是错误的,那么相应的观测值应舍去。

1.5.5 误差传播定律及应用

在实际测量工作中,待求量往往不是能够直接测量得到的,而是与一个或多个直接观测量之间存在一定的函数关系。此时需要利用误差传播定律来评定间接观测量的精度。

1. 误差传播定律

设有随机变量组成的线性函数为

$$z = k_0 + k_1 x_1 + k_2 x_2 + \cdots + k_n x_n + C \tag{1.50}$$

式中:$x_1, x_2, \cdots, x_n$ 为随机变量,相当于测量中的观测量;$k_0, k_1, k_2, \cdots, k_n$ 为非随机量;C 为常量。自变量与函数之间的真误差关系为

$$\Delta z = k_1 \Delta_1 + k_2 \Delta_2 + \cdots + k_n \Delta_n \tag{1.51}$$

设

$$\boldsymbol{\Delta} = \begin{bmatrix} \Delta_1 \\ \Delta_2 \\ \vdots \\ \Delta_n \end{bmatrix} = \begin{bmatrix} x_1 - \mathrm{E}(x_1) \\ x_2 - \mathrm{E}(x_2) \\ \vdots \\ x_n - \mathrm{E}(x_n) \end{bmatrix}, \quad \boldsymbol{K} = \begin{bmatrix} k_1 \\ k_2 \\ \vdots \\ k_n \end{bmatrix}$$

则有

$$\Delta z = \boldsymbol{K}^\mathrm{T} \boldsymbol{\Delta}$$

两端取平方,有

$$\Delta z^2 = \boldsymbol{K}^\mathrm{T} \boldsymbol{\Delta} \boldsymbol{\Delta}^\mathrm{T} \boldsymbol{K}$$

两端取数学期望得

$$\sigma_z^2 = \boldsymbol{K}^\mathrm{T} \boldsymbol{\Sigma}_X \boldsymbol{K} \tag{1.52}$$

$$\boldsymbol{\Sigma}_X = \mathrm{E}(\boldsymbol{\Delta} \boldsymbol{\Delta}^\mathrm{T}) = \begin{bmatrix} \sigma_1^2 & \sigma_{12} & \cdots & \sigma_{1n} \\ \sigma_{21} & \sigma_2^2 & \cdots & \sigma_{2n} \\ \vdots & \vdots & & \vdots \\ \sigma_{n1} & \sigma_{n2} & \cdots & \sigma_n^2 \end{bmatrix}$$

式中:$\boldsymbol{\Sigma}_X$ 为 $\boldsymbol{X} = [x_1 \ x_2 \cdots x_n]^\mathrm{T}$ 的协方差阵。式(1.52)是函数的方差与自变量向量的协方差矩阵之间的关系式。一般称式(1.52)为方差传播定律。实用中,将协方差矩阵 $\boldsymbol{\Sigma}_X$ 代之以协方差的估值矩阵,有

$$M = \begin{bmatrix} m_1^2 & m_{12} & \cdots & m_{1n} \\ m_{21} & m_2^2 & \cdots & m_{2n} \\ \vdots & \vdots & & \vdots \\ m_{n1} & m_{n2} & \cdots & m_n^2 \end{bmatrix}$$

则有

$$m_z^2 = \boldsymbol{K}^{\mathrm{T}} \boldsymbol{M} \boldsymbol{K} \tag{1.53}$$

式(1.53)及其导出的各种特殊形式,称为误差传播定律。矩阵 M 中,主对角线元素分别是随机变量 $x_1, x_2, \cdots, x_n$ 的中误差平方,非对角线元素是随机变量之间的协方差,即

$$m_{ij} = \frac{[\Delta_i \Delta_j]}{n}$$

当自变量 $x_1, x_2, \cdots, x_n$ 相互间随机独立时,各变量的协方差为零,即 $\sigma_{ij} = 0$,$m_{ij} = 0 (i, j = 1, 2, \cdots, n; i \neq j)$。此时,协方差阵变为对角阵,即

$$\boldsymbol{\Sigma}_X = \begin{bmatrix} \sigma_1^2 & & & \\ & \sigma_2^2 & & \\ & & \ddots & \\ & & & \sigma_n^2 \end{bmatrix}, \boldsymbol{M}_X = \begin{bmatrix} m_1^2 & & & \\ & m_2^2 & & \\ & & \ddots & \\ & & & m_n^2 \end{bmatrix}$$

误差传播定律又可以写为

$$\sigma_z^2 = \sum_{i=1}^{n} k_i^2 \sigma_i^2, m_z^2 = \sum_{i=1}^{n} k_i^2 m_i^2 \tag{1.54}$$

如果自变量 $x_1, x_2, \cdots, x_n$ 组成的函数 $z = f(x_1, x_2, \cdots, x_n)$ 是非线性的,则需要将非线性函数化为线性函数,然后再利用式(1.54)进行误差传递。

例 4:设三角形三内角观测值相互独立,中误差皆为 $\pm 1''$,求由三内角观测值计算的三角形闭合差的中误差。

解:函数关系为

$$W = L_1 + L_2 + L_3 - 180°$$

应用式(1.54)有

$$m_W^2 = m_1^2 + m_2^2 + m_3^2 = (\pm 1)^2 + (\pm 1)^2 + (\pm 1)^2 = 3$$
$$m_W = \pm \sqrt{3} = \pm 1.7''$$

2. 误差传播定律应用

1)由三角形闭合差计算测角中误差

在三角网中,独立且等精度观测了各三角形之内角,中误差均为 m,并设各

三角形闭合差为 $W_1, W_2, \cdots, W_n$，即

$$W_i = A_i + B_i + C_i - 180° \quad (i = 1, 2, \cdots, n)$$

式中：n 为三角网中三角形的个数；A_i、B_i、C_i 为第 i 个三角形的三内角观测值，其中误差都等于 m。W_i 的中误差均为 m_W，应用误差传播定律，得

$$m_W = \sqrt{3}\,m$$

进而有

$$m = \frac{m_W}{\sqrt{3}}$$

又因为闭合差为真误差，故由中误差定义得闭合差的中误差为

$$m_W = \pm\sqrt{\frac{[WW]}{n}}$$

于是有

$$m = \pm\sqrt{\frac{[WW]}{3n}} \tag{1.55}$$

式(1.55)为测量中常用的由三角形闭合差计算测角中误差的菲列罗公式。

2）一个量独立等精度观测算术中数的中误差

设某一量的 n 次独立等精度观测值为 $L_1, L_2, \cdots, L_n$，中误差皆为 m，由此得算术中数为

$$x = \frac{1}{n}(L_1 + L_2 + \cdots + L_n)$$

以 m_x 表示 x 的中误差，则有

$$m_x^2 = \left(\frac{1}{n}\right)^2 m^2 + \left(\frac{1}{n}\right)^2 m^2 + \cdots + \left(\frac{1}{n}\right)^2 m^2 = \frac{1}{n}m^2$$

故有

$$m_x = \frac{m}{\sqrt{n}} \tag{1.56}$$

也就是说，n 个独立等精度观测值算术中数的中误差等于观测值中误差 m 除以 $\sqrt{n}$。

3）水准测量的精度

若在 A、B 两点间进行水准测量，共设站 n 次，则 A、B 两水准点间高差等于各站测得的高差之和，即

$$h = H_B - H_A = h_1 + h_2 + \cdots + h_n$$

式中：h_i 为各站所测高差。当各站距离大致相等时，这些观测高差可视为等精度，若设它们的中误差均为 m，则得两点间高差的中误差为

$$m_h = \sqrt{n}\,m \qquad (1.57)$$

也就是说,水准测量观测高差的中误差,与测站数 n 的平方根成正比。

又因各站距离 s 大致相等,则近似地有全长 $S = ns$,测站数 $n = S/s$,代入式(1.57)得

$$m_h = \sqrt{\frac{S}{s}}\,m = \frac{m}{\sqrt{s}} \cdot \sqrt{S}$$

式中: s 为大致相等的各测站距离; m 为每测站所得高差的中误差,在一定测量条件下可视 $m/\sqrt{s}$ 为定值。令

$$K = \frac{m}{\sqrt{s}}$$

则有

$$m_h = K\sqrt{S} \qquad (1.58)$$

也就是说,水准测量高差的中误差与距离的平方根成正比。

式(1.58)中若取距离为一个单位长度,即 $S = 1$,$m_h = K$,因此 K 是单位距离观测高差中误差。通常距离以千米为单位,K 就是距离为 1km 时观测高差的中误差。因此,水准测量高差中误差等于单位距离观测高差中误差与水准路线全长的平方根之积。

第 2 章
项目技术设计

测绘项目是指由一组有起止日期相互协调的测绘活动组成的独特过程，该过程要达到符合时间、成本和资源等约束条件规定要求的目标，其成果（或产品）可提供社会直接使用和流通，通常包括一项或多项不同的测绘活动。测绘生产单位对测绘工作前期的决策、计划，中期的组织实施、合同管理、质量控制、安全生产及后期的成果验收所进行的一系列管理工作称为测绘工程项目管理。

技术设计是将用户对测绘成果的要求转换成测绘成果、测绘生产过程或测绘生产体系规定的特性或规范的一组过程，其目的是制定切实可行的技术方案，保证测绘成果符合技术标准和满足用户要求，并获得最佳的社会效益和经济效益。技术设计是实施测量任务的第一道工序，也是一个决定性环节，每个测绘项目作业前都应进行技术设计。技术设计是完成测绘项目的主要作业依据，编写技术设计是测绘任务的重要组成部分。

2.1 项目计划

测绘管理活动是从决策开始的。在决策之前，尽管管理的主体和客体可能共处于测绘多系统的管理环境中，但真正意义上的管理活动尚未开始。测绘管理的计划、组织、控制、协调等活动都离不开决策。决策可以简单定义为从两个以上备选方案中选择一个方案，也可以定义为管理主体为解决管理活动中的某些问题或实现某些目标而制定与选择活动方案的行为过程。一旦通过决策选定方案，下一步就需要制定翔实的计划，为项目组织实施提供可行的技术方案。

2.1.1 概述

项目计划是指根据用户的要求，制定项目产品内容、工期、技术、质量、安全生产的相关内容，并分析判断需要投入的人员、设备等资源。

计划是指用文字、图表等形式所表述的组织及组织内部不同部门和不同成员在一定的未来时间内关于行动方向、内容、安排的管理文件,以及为了实现项目目标所进行的行动安排。因此,计划工作是对决策所确定的任务和目标提供一种合理的实现方法。计划必须清楚地确定和描述以下问题:

(1) 做什么?说明要达到的目的及其内容。

(2) 为什么?说明工作的原因和意义。

(3) 由谁做?说明实施者、指挥者、监督者等人员。

(4) 何时做完这些工作?说明完成整个任务的时限和各阶段任务的时限。

(5) 怎么做?说明要采取的手段和方法。

(6) 在什么地方做?说明完成任务的地点。

计划的种类很多,从不同的角度可以划分为不同类型:①按计划的时间框架,可分为长期计划、短期计划和应急计划;②按计划的明确程度和管理形式,可分为具体计划、指令性计划和指导性计划;③按时间和空间的综合广狭程度,可分为战略计划、战役计划和战术计划。另外,也可以按管理层次、职能部门性质和是否程序化等标准进行分类。

2.1.2 编制计划

计划编制是管理者认识客观、分析事物、发现规律的综合活动的过程。计划制定的好坏,取决于计划与客观相符合的程度。在计划编制过程中,应遵循统筹兼顾、重点突出的基本原则,以及科学性原则、弹性原则和群众原则。

计划编制本身也是一个过程。程序是否科学合理,关系到计划的正确程度。尽管计划的形式很多,但在编制任何完整的计划时,管理人员都应遵循一定的逻辑和步骤。

(1) 确定目标。

决策首要任务是确定目标,计划工作的主要任务是将决策所确定的目标进行分解,以便落实到各个部门和各个活动环节。决策确定的目标为主要计划指明了方向,主要计划根据决策目标规定各个主要部门的目标,而各主要部门的目标又依次控制下属各部门的目标计划,从而形成了组织的目标结构。目标结构包括时间结构和空间结构,同时还描述了组织中各层目标间的关系。

(2) 调查研究。

调查研究的目的是认识组织的现在,以及从过去通向现在的规律。计划是连接组织所处此岸和要去彼岸的桥梁,目标指明了组织要去的彼岸。因此,计划的第二步是认清组织所处的此岸,目的在于寻求合理有效地通往彼岸的路径,即实现目标的途径。

(3) 预测并确定前提条件。

预测是计划的依据和前提。预测就是通过分析和总结某些经济社会现象的历史演变和现状,掌握客观过程发展变化的规律,以揭示和预见未来的发展趋势及其数量表现。因此,编制计划过程中,在调查研究的基础上,还应邀请有关专家参加,对计划时限内的社会资源、科技、装备、需求等进行科学预测,以取得科学可信的数据和资料。

计划的前提是关于计划的环境和假设条件。对于前提条件的认识越清楚、越深刻,计划工作就越有效。但是,未来的变化是复杂的,要把从此岸到达彼岸过程中每个细节都做出假设,既不实际,也不必要。因此,预测仅限于对计划贯彻实施影响较大的前提条件。

(4) 拟订方案。

经过调查研究和科学预测,在掌握了形成计划的足够数据和资料的基础上,就可以拟订计划方案。方案的主要内容包括目标、程序、原则、任务分配、要采取的步骤、要使用的资源、预算,以及完成既定方案所需要的其他条件等。通常要拟订几种不同的方案,以供选择使用。

(5) 论证与择定方案。

这是计划编制的最后阶段。论证与择定方案的主要工作是:通过各种形式和渠道,召开专家评议会议进行科学论证;召开群众会议听取意见;修改补充计划草案,再广泛征求意见和建议;比较各个方案的合理性和效益性,从中选择一个满意的计划,并报上级批准。

当然,制定计划不是计划管理的全部,只是开始。在整个计划的制定、贯彻、执行和反馈的过程中,计划的检查与修订也是很重要的。计划编制虽然是力求做到从实际出发,使其符合客观实际,但由于认识局限性和客观过程的发展及其表现程度的限制,改变部分计划是常有的事。通过计划检查,可以及时了解计划任务的落实情况。当发现计划与实际的执行情况不符时,应具体分析原因。如果是计划本身不符合实际,或者执行过程中出现了计划未预测到的重大条件变化,就应当修改原定计划。但是,修订计划必须按一定的程序进行,必须经批准计划的机关审查批准。对于计划执行单位管理不善等主观原因造成的计划与实际脱节,则不允许修改计划,以保证计划的严肃性。

2.1.3 组织实施

在管理活动中,实施是一个极其重要的过程,包括从决策、计划形成到管理目标实现的全部活动。实施过程的一切活动都是为了实现决策、计划,因此实施就是为了实现决策、计划而采取的行动。

实施是介于决策、计划与管理对象之间的中间环节,没有圆满的组织实施,就谈不上完成管理任务。组织实施就是要执行决策和计划,并将其变为具体的实际行动。

1. 组织准备

决策、计划制定的目标必须依托测绘系统的组织去实施。实施能否顺利进行,除与决策、计划是否科学有关之外,还取决于是否有一个良好的组织。因此,组织准备是组织实施前重要的工作。组织工作的主要内容是健全组织机构,配备负责人和作业人员,以及确定职位、职责、职权等。

1)建立机构

测绘单位多数为大队、队、中队三级管理体制。在不另建机构的情况下,可直接将决策、计划下达原有机构组织实施;也可以根据任务的实际情况,适当调整、改组原有机构,再将决策、计划交其组织实施;还可以适当提高原有机构的地位,将决策、计划交其组织实施。

对一些特殊的专门性决策、计划的项目,当原有的测绘单位不能独立完成其目标时则要专门建立临时性办事机构组织实施。临时性办事机构的建立要手续完备。测绘系统对新设置建制单位(机构)要求很严格,必须具备符合任务需要、有编制定额、仪器装备能够保障等条件。设置建制单位(机构),实行统一领导,分级实施审批。报批文件要求真实完备,内容包括拟设置机构的规范性名称、基本任务、职责范围、权力界限、内部组织、编制定额和组建理由。临时建制单位还应包括管理方式和资金来源。

2)人员配备

在确定机构的同时,要配备可胜任的主要负责人、领导班子和作业人员。

测绘任务组织实施的主要负责人,可以是行政领导,也可以是业务领导。作为组织实施的负责人,要有专业管理方面的知识、技术和实践经验,对决策、计划理解深刻,要有较强的组织能力和活动能力。

在考虑组织实施主要负责人的同时,还应注意组建结构合理的领导班子,以充分发挥整体功能。

作业人员配备也很重要。作业人员应有本专业的业务知识、作业能力和管理经验,并具备上岗资格。另外,作业人员要任劳任怨,埋头苦干,对领导的指示能坚决执行。

3)确定职位、职责、职权

在组织实施中,机构合理、人员精良是很重要的,但必须确定职位、职责、职权。职位即岗位的设置,要以工作需要为依据。每个职位有其专门的工作范围、内容、标准。要使每个职位的人很好地完成其职责范围的工作,就应通过必要的手段授予其必要的权力,做到责权统一、责权明确、责权相当,才能有较好的实施效率。

2. 技术准备

测绘生产是技术性很强的工作。在组织实施管理活动中,技术准备是否充分是完成决策、计划目标的重要环节。测绘生产组织实施技术准备的内容很多,主要有资料搜集与分析、测区勘察、技术设计和技术培训等方面。

1)资料搜集与分析

测绘生产有一定的连续性和继承性,已有测绘资料是再生产的基准、基础或参考。在大地测量生产中,可利用的测绘资料主要有国家基础测绘和专业测绘成果、成图资料,具体包括：

(1)全国统一的大地、高程、深度、重力等国家测量基准。

(2)国家天文大地控制网和国家、地方测量的控制网点。

(3)全国范围覆盖的国家或军用基本比例尺地图、影像图及其数字产品。

(4)交通图、植被分布图、土地利用图、矿产分布图及其他有关资料等。

测绘资料主要通过正规渠道向主管部门申领,也可以通过勘察测区和现代化手段进行搜集与整理。资料搜集要依据测绘任务需要进行,应注意成本与效益,并非越多越好。

已有大地测量成果资料主要有测量控制点、地图和文件等形式。因各行业、各部门所采用的测绘技术标准不同,施测的年代有别,只有对其进行客观全面的分析后,才能确定是否可以利用及其利用的程度。对测区大地测量控制点资料,应当查明施测单位、作业方法、作业所依据的测绘基准与规范细则,以及等级、平面位置精度、高程精度、点位分布、测量标志的完好情况等。

通过测区资料的分析,应对收集到资料的质量和现势性程度做出客观评价,并明确指出哪些成果资料可以直接利用、哪些成果资料可以部分利用、哪些成果资料仅能作为测量过程中参考,为技术设计提供科学依据。

2)测区勘察

测区勘察的目的是通过到测区实地调查,搜集了解测区的地理、气象、交通运输、政治经济和已有测绘成果成图资料等情况,为技术设计和制订实施计划提供依据,也为后勤保障条件提供信息。有时把测区勘测作为技术设计前期的工作内容。

测区勘察一般由有经验的工程技术人员组成勘察小组,按勘察计划组织实施。勘察计划主要包括调查目的与方法、调查内容提纲、调查行进线路和要求等。勘察路线选择应将测区有代表性与典型性的地物地貌地段包括在调查路线中。

勘察小组在出发以前,应办理测区所在的省、市、自治区的公函。到测区后,首先与当地政府联系,汇报即将进行的测绘任务情况,并请求地方政府协助解决相关事宜;然后由当地政府介绍到交通、水利、气象、国土资源等部门了解情况,搜集有关资料,并协商办理有关具体事项。

野外勘察一般按计划路线和调查提纲进行,调查工作要求进行即时记录、分析、归纳,勘察结束后应提交勘察报告和收集的资料。

3）技术设计

技术设计是实施测绘生产的第一道工序,是决定测绘成果质量、提高生产管理水平的重要环节。技术设计是根据测绘项目的具体任务对技术标准的运用和补充,对提高作业效率和保证产品质量有重要意义。技术设计书是指导实施的文件,具有技术法规的效力。

测绘生产技术设计必须以新时期战略方针为指导,正确理解上级决策、计划的目的和意义,走群众路线,分析和利用已有成果资料,正确评估作业人员的技术能力,充分发挥装备潜力,积极应用新技术,设计合理的作业方法、方案和最佳的工艺流程。

技术设计通常是业务主管部门负责,由理论和技术水平较高、实践经验丰富的工程技术人员担任。技术设计书完成后,必须报上级主管业务部门批准后方可执行。

4）技术培训

由于社会生产力飞速发展,测绘科学技术日新月异,为使测绘技术人员适应外部环境的变化要求,就必须重视技术培训。技术培训的目标是提高人员的技术素质。正式作业前的准备工作中,技术培训的目的是明确任务的技术指标和统一对技术要求的认识。这种培训对于采用新方法、新工艺、新测区、新上岗人员的项目更为重要。技术培训的方式主要是组织技术学习。学习的主要内容包括有关测绘技术标准、规范、技术设计书等。

在分散正式作业前,根据实施任务情况,有时还需要集中组织"战前练兵",即正式作业前的实习(试生产),以进一步熟悉作业程序,提高作业技能,统一作业方法,统一技术标准和要求,为任务实施的全面展开打下坚实的技术基础。通过实习试生产,还可以检验技术设计方案的可行性,对其不合理之处进行及时修改,确保技术设计方案科学和完善。

通常情况下,只有通过技术培训,经考核合格者才能上岗参加正式作业。

3. 资金、物质准备

做好充分的资金和物质准备,也是实施活动顺利进行的必要条件之一。

测绘任务的经费主要是由测绘主管部门依任务分配指标,按财务管理的有关规定分配。测绘单位要按上级分配的定额,精打细算,制定切实可行的节约措施,合理使用业务经费,保证业务经费到位,发挥最大的测绘效益,保证任务的顺利完成。

测绘的物质准备内容,主要包括仪器、器材、交通工具和生活办公用品等。根据任务要求,申请、采购、发放、领取仪器与器材,并进行必要的检验鉴定,科学编制交通运输计划,并报上级主管部门审批。

4. 思想准备

测绘项目的实施是由作业队技术人员去完成的。在决策、计划实施前,应通过各种途径和方法,让全体参与实施的作业人员对决策、计划有一个全面的了解和正确的认识,明确干什么、为什么而干、怎样干,从而达到齐心协力地去实现决策、计划。

认识指导行动,认识越深刻,行动就越自觉有效。测绘作业人员蕴藏着极大的工作热情,但只有知道了自己工作的目的、意义及其切身利益,才会极大发挥主动性、创造性,才会贡献自己的聪明才智。

思想准备的形式很多,如会议动员、宣传材料、标语、口号、广播、个别谈话等。

5. 形成实施管理文件

测绘管理中要拟订很多管理文件,这些文件对测绘单位具有法规作用,是开展具体生产活动的准则,是行使职能、开展工作、实施指导或执行的依据。这些文件使用后,应作为档案保存,将发挥长期的作用。

测绘单位在组织实施准备工作中拟订的文件主要有年度测绘工作指示、年度任务实施计划、测区勘察报告、技术设计书,以及其他规章制度等。

2.2 技术设计概述

测绘技术设计是指将用户或社会对测绘成果的要求(明示的、隐含的或者必须履行的需求或期望)转换为测绘成果(或产品)、测绘生产过程或测绘生产体系规定的特性或者规范的一组过程。测绘技术设计分为项目设计和专业技术设计。项目设计是对测绘项目进行综合性整体设计；专业技术设计是对测绘专业获得的技术要求进行设计，是在项目设计基础上，按照测绘活动内容进行具体设计，是指导测绘生产的主要依据。项目设计由承担项目的法人单位负责，专业技术设计则由具体承担相应测绘任务的法人单位负责。

2.2.1 基本要求

编写技术设计的人员应具备完成有关设计任务的能力，具有相关的专业理论知识和生产实践经验；明确各项设计输入内容，认真了解、分析作业区的实际情况，并积极收集类似设计内容执行的有关情况；了解、掌握本单位的资源条件（包括人员的技术能力、软硬件装备情况）、生产能力、生产质量状况等基本情况；对设计内容负责，善于听取各方意见，若发现问题则应按有关程序及时处理。

在编写技术设计时应遵循以下基本原则：

（1）技术设计应依据设计输入内容，充分考虑用户要求，引用适用的国家、行业或地方的相关标准，重视社会效益和经济效益。

（2）技术设计方案应先整体后局部，且顾及发展；要根据作业区实际情况，考虑作业单位的资源条件（如人员的技术能力、软硬件配置等），挖掘潜力，选择最实用的方法。

（3）积极采用适用的新技术、新方法和新工艺。

（4）认真分析和充分利用已有测绘成果（或产品）和资料；对于外业测量，必要时应进行实地勘察，并编写踏勘报告。

2.2.2 设计流程

技术设计是一组将设计输入转化为设计输出的相互关联或相互作用的活动。设计过程通常由一组设计活动所组成，主要包括设计策划、设计输入、设计输出、设计评审、设计验证（必要时）、设计审批和设计更改。

1. 设计策划

技术设计实施前，承担设计任务单位的总工程师或技术负责人应进行设计策划，对整个设计过程进行控制。必要时，也可以指定相应的技术人员负责。设计策划应根据需要决定是否应进行设计验证。当设计方案采用新技术、新方法和新工艺时，应对设计输出进行验证。

设计策划的内容包括：

(1)设计的主要阶段。

(2)设计评审、验证(必要时)和审批活动的安排。

(3)设计过程中职责和权限的规定。

(4)各设计小组之间的接口。

2. 设计输入

设计输入通常也称为设计依据，是与成果(或产品)、生产过程或生产体系要求有关的基础性资料。在编写技术设计文件前，应首先确定设计输入。设计输入应由技术设计负责人确定并形成书面文件，同时由设计策划负责人或单位总工程师对其适应性和充分性进行审核。

设计输入应根据具体的测绘任务、测绘专业活动而定。通常情况下，设计输入包括：

(1)适用的法律、法规要求。

(2)适用的国际、国家或行业技术标准。

(3)对测绘成果(或产品)功能和性能方面的要求，主要包括测绘任务书或合同的有关要求，顾客书面要求或口头要求的记录，市场的需求或期望。

(4)用户提供的或本单位收集的测区信息、测绘成果(或产品)资料及踏勘报告等。

(5)以往测绘技术设计、技术总结提供的信息，以及现有生产过程和成果(或产品)的质量记录和有关数据。

(6)必须满足的其他要求。

3. 设计输出

设计输出是指设计过程的结果，其表现形式为测绘技术设计文件，包括项目设计书、专业技术设计书以及相应的技术设计更改单。

在编写设计书时，当用文字不能清楚、形象地表达其内容和要求时，应增加附图。附图应在相应的项目设计书和专业技术设计书附录中列出。

4. 设计评审

设计评审应确定评审的依据、目的、内容、方式以及人员。

(1)评审依据是指设计输入的内容。

(2)评审目的是指评价技术设计文件满足要求(主要是设计输入要求)的能

力,识别问题并提出必要措施。

(3)评审内容是指送审的技术设计文件或设计更改内容及其有关说明。

(4)依据评审内容确定评审的方式,包括传递评审、会议评审以及负责人审核等。

(5)参加评审人员是指评审负责人、与所评审的设计阶段有关职能部门的代表,必要时需要邀请的有关专家等。

5. 设计验证

设计验证的方法包括:

(1)将设计输入要求和(或)相应的评审报告与其对应的输出进行比较校检。

(2)试验、模拟或试用,并根据其结果验证是否符合其输入要求。

(3)对照类似的测绘成果(或产品)进行验证。

(4)变换方法进行验证,如采取可替换的计算方法等。

(5)其他适用的验证方法。

另外,如果设计方案采用新技术、新方法和新工艺时,则应对技术设计文件进行验证。验证宜采用试验、模拟或试用等方法,并根据其结果验证技术设计文件是否符合要求。

6. 设计审批

为确保测绘成果(或产品)满足规定的使用要求或已知的预期用途的要求,应依据设计划的安排对技术设计文件进行审批。

设计审批的依据主要包括设计输入内容、设计评审和验证报告等。技术设计文件报批之前,承担测绘任务的法人单位必须对其进行全面审核,并在技术设计文件和(或)产品样品上签署意见并签名(或章)。技术设计文件经审核签字后,报测绘任务的委托单位审批。

7. 设计更改

技术设计文件一经批准,不得随意更改。当确需更改或补充有关的技术规定时,更改补充内容经评审、验证和审批后,方可实施。

2.2.3 编写要求

1. 技术设计书的编写

技术设计书应该内容明确,文字简练。对标准或规范中已有明确规定的,一般可直接引用,并标明引用内容的具体情况,明确所引用标准或规范的名称、日期以及引用的章、条编号;对作业生产中容易混淆和忽视的问题,应重点描述。

技术设计书中的名词、术语、公式、符号、代号和计量单位等应与有关法规和标准一致,且幅面、封面的格式和字体等应符合相关要求。

2. 精度指标设计

技术设计书不仅要明确作业或成果的坐标系、高程基准、时间系统、投影方法,还要明确技术等级或精度指标。对于工程测量项目,在精度设计时,应综合考虑放样误差、构建制造误差等的影响,既要满足精度要求,又要考虑经济效益。

3. 技术路线及工艺流程

技术设计书应该说明项目实施的主要生产过程和这些过程之间输入、输出的接口关系。必要时,可应用流程图或其他形式,清晰、准确地规定出生产作业的主要过程和接口关系。

4. 工程进度设计

工程进度设计应对以下内容做出规定:
(1)划分作业区的困难类别。
(2)根据设计方案,分别计算统计各工序的工作量。
(3)根据统计的工作量和计划投入的生产实力,参照有关生产定额,分别列出年度计划和各工序的衔接计划。
工程进度设计可以编绘工程进度图或工程进度表。

5. 质量控制设计

工程质量控制设计内容主要包括:
(1)组织管理措施,用于规定项目实施的组织管理和主要人员的职责权限。
(2)资源保证措施,包括对人员的技术能力或培训的要求、对软硬件装备的需求等。

(3)质量控制措施,用于规定生产过程中的质量控制环节和产品质量检查、验收的主要要求。

(4)数据安全措施,用于规定数据安全和备份方面的要求。

6. 经费预算

根据设计方案和进度安排,技术设计书应该编制分年度(或分期)经费和总经费计划,并做出必要说明。

7. 提交成果设计

提交的成果设计应符合技术标准和满足顾客要求,并根据具体成果(或产品),规定其主要指标和规格,一般包括成果(或产品)类型及形式、坐标系统、高程基准、重力基准、时间系统、比例尺、分带、投影方法、分幅编号及其空间单元、数据基本内容、数据格式、数据精度,以及其他技术指标。

2.3 技术设计书内容

技术设计实施前,承担设计任务的单位或部门的总工程师或技术负责人负责对测绘技术设计进行策划,并收集与测绘相关的资料。为了测绘设计的切实可行,踏勘是必需项目。

2.3.1 资料收集

技术设计前,需要收集作业区的自然地理概况和已有资料情况。

根据测绘项目的具体内容和特点,需要说明与测绘作业有关的作业区自然地理概况,具体内容可包括:

(1)作业区的地形概况、地貌特征,如居民地、道路、水系、植被等要素的分布与主要特征、地形类别、困难类别、海拔高度、相对高差等。

(2)作业区的气候情况,如气候特征、风雨季节等。

(3)其他需要说明的作业区情况。

对于收集到的已有资料,需要说明其数量、形式、主要质量情况(包括已有资料的主要技术指标和规格等)和评价,说明已有资料利用的可能性和利用方案等,并说明项目设计书编写过程中所引用的标准、规范或其他技术文件。文件一经引用,便构成项目设计书设计内容的一部分。

2.3.2 踏勘调查

为了保证技术设计的可行性和可操作性,根据项目的具体情况实施踏勘调查,并编写出踏勘报告。踏勘报告应包含以下内容:

(1)作业区的行政区划、经济水平、踏勘时间、人员组成及分工、踏勘线路及范围。

(2)作业区的自然地理情况。

(3)作业区的交通情况。

(4)作业区居民的风俗习惯和语言情况。

(5)作业区的物资供应情况。

(6)作业区的测量标志完好情况。

(7)对技术设计方案和作业的建议。

2.3.3 项目设计

1. 概述

项目设计应说明项目来源、内容和目标、作业区范围和行政隶属、任务量、完成期限、项目承担单位和成果(或产品)接收单位等。

2. 作业区自然地理概况和已有资料情况

(1)作业区自然地理概况。根据测绘项目的具体内容和特点,说明与测绘作业有关的作业区自然地理概况。

(2)已有资料情况。应说明已有资料的数量、形式、主要质量情况(包括已有资料的主要技术指标和规格等)和评价,并说明已有资料利用的可能性和利用方案等。

3. 引用文件

项目设计应说明项目设计书编写过程中所引用的标准、规范或其他技术文件。文件一经引用,便构成项目设计书内容的一部分。

4. 成果(或产品)主要技术指标和规格

项目设计应说明成果(或产品)的种类及形式、坐标系统、高程基准,比例尺、分带、投影方法、分幅编号及其空间单元，数据基本内容、数据格式、数据精度以及其他技术指标等。

5. 设计方案

1）软件和硬件配置要求

项目设计应规定测绘生产过程中的硬、软件配置要求，主要包括：①硬件，规定生产过程中所需的主要测绘仪器、数据处理设备、数据存储设备、数据传输网络等设备的要求，以及其他硬件配置方面的要求（对于外业测绘，可根据作业区的具体情况，规定对生产所需的主要交通工具、主要物资、通信联络设备以及其他必需的装备等要求）。②软件，规定对生产过程中主要应用软件的要求。

2）技术路线及工艺流程

项目设计应说明项目实施的主要生产过程和这些过程之间输入、输出的接口关系。必要时，应用流程图或其他形式，清晰、准确地规定出生产作业的主要过程和接口关系。

3）技术规定

项目设计应规定各专业活动的主要过程、作业方法和技术、质量要求，特殊的技术要求，以及采用新技术、新方法、新工艺的依据和技术要求。

4）上交和归档成果（或产品）及其资料的内容和要求

项目设计应规定上交和归档的成果（或产品）内容、要求和数量，以及有关文档资料的类型、数量等。成果（或产品）及其资料主要包括：①成果数据，规定数据内容、组织、格式、存储介质、包装形式和标识及其上交和归档的数量等。②文档资料，规定需上交和归档的文档资料的类型（包括技术设计文件、技术总结、质量检查验收报告、必要的文档簿、作业过程中形成的重要记录等）和数量等。

5）质量保证措施和要求

主要包括仪器检验相关要求、人员组织落实和制度制定、质量管理制度的落实和执行、困难隐蔽地区的质量检查工作、过程成果和中间成果的检查工作等。

6. 进度安排和经费预算

（1）进度安排。内容主要包括：①划分作业区的困难类别；②根据设计方案，分别计算统计各工序的工作量；③根据统计的工作量和计划投入的生产实力，参照有关生产定额，分别列出年度进度计划和各工序的衔接计划。

（2）经费预算。根据设计方案和进度安排，编制分年度（或分期）经费和总经费计划，并做出说明。

7. 附录

(1)需进一步说明的技术要求。

(2)有关的设计附图、附表。

2.3.4 专业技术设计

专业技术设计书的内容通常包括概述、测区自然地理概况与已有资料情况、引用文件、成果(或产品)主要技术指标和规格、技术设计方案等。

1. 概述

专业技术设计应主要说明任务的来源、目的、任务量、作业范围、作业内容、行政隶属以及完成期限等基本情况。

2. 作业区自然地理概况与已有资料情况

(1)作业区自然地理概况。根据测绘项目的具体内容和特点,应说明与测绘作业有关的作业区自然地理概况。

(2)已有资料情况。应说明已有资料的数量、形式、主要质量情况(包括已有资料的主要技术指标和规格等)和评价,并说明已有资料利用的可能性和利用方案等。

3. 引用文件

专业技术设计应说明专业技术设计书编写过程中所引用的标准、规范或其他技术文件。文件一经引用,便构成专业技术设计书设计内容的一部分。

4. 成果(或产品)主要技术指标和规格

专业技术设计应根据具体成果(或产品),规定其主要技术指标和规格,一般可包括成果(或产品)类型及形式、坐标系统、高程基准、重力基准、时间系统、比例尺、分带、投影方法,分幅编号及其空间单元,数据基本内容、数据格式、数据精度以及其他指标等。

5. 设计方案

专业技术设计应根据各专业测绘活动的内容和特点确定。设计方案一般包括以下内容:

(1)软、硬件环境及其要求。规定作业所需的测量仪器的类型、数量、精度指标以及对仪器校准或检定的要求,作业所需的数据处理、存储与传输等设备的要求,以及专业应用软件的要求和其他软、硬件配置方面需特别规定的要求。

(2)作业的技术路线或流程。

(3)各工序的作业方法、技术指标和要求。

(4)生产过程中的质量控制环节和产品质量检查的主要要求。

(5)数据安全、备份或其他特殊的技术要求。

(6)上交和归档成果及其资料的内容和要求。

(7)有关附录,包括设计附图、附表和其他有关内容。

2.4 大地测量专业技术设计书

大地测量专业技术设计书主要体现大地测量专业技术活动特点,分为选点与埋石、平面控制测量、高程控制测量、重力测量和大地测量数据处理等活动。这些活动需要在技术设计书"技术方案"部分中进行详细设计。

2.4.1 选点与埋石

(1)规定作业所需的主要装备、工具、材料和其他设施。

(2)规定作业过程、各工序作业方法和精度质量的要求。

选点作业要求主要包括:①测量线路、标志布设的基本要求;②点位选址、重合利用旧点的基本要求;③需要联测点的踏勘要求;④点名及其编号规定;⑤选址作业中应收集的资料和其他相关要求等。

埋石作业要求主要包括:①测量标准、标石材料的选取要求;②石子、沙、混凝土的比例;③标石、标志、观测墩的数学精度;④埋设的标石、标志及附属设施的规格、类型;⑤测量标志的外部整饰要求;⑥埋设过程中需获取的相应资料(地质、水文、照片等)及其他应注意的事项;⑦路线图、点之记的绘制要求;⑧测量标志保护及其委托保管要求;⑨其他有关的要求。

(3)上交和归档成果及其资料的内容和要求。

(4)有关附录。

2.4.2 平面控制测量

1. GNSS 测量

(1)规定 GNSS 接收机或其他测量仪器的类型、数量、精度指标以及对仪器校准或检定的要求,规定测量和计算所需要的专业应用软件和其他配置。

(2)规定作业的主要过程、各工序作业方法和精度质量要求,主要包括:①观测网的精度等级和其他技术指标等;②观测作业各过程的方法和技术要求;③观测成果记录的内容和要求;④外业数据处理的内容和要求,例如外业成果检查(或检验)、整理、预处理的内容和要求,基线向量解算方案和数据质量检核的要求,必要时还需确定平差方案、高程计算方案;⑤补测与重测的条件和要求;⑥其他特殊要求,例如拟订所需的交通工具、主要物资及其供应方式、通信联络方式以及其他特殊情况下的应对措施。

(3)上交和归档成果及其资料的内容和要求。

(4)有关附录。

2. 三角测量和导线测量

(1)规定测量仪器的类型、数量、精度指标以及对仪器校准或检定的要求,以及测量和计算所需的计算机、软件及其他配置。

(2)规定作业的主要过程、各工序作业方法和精度质量要求,主要包括:①所确定的锁、网(或导线)的名称、等级、图形、点的密度,已知点的利用和起始控制情况;②觇标的类型和高度,标石的类型;③水平角和导线边的测定方法和限差要求;④三角点、导线点高程的测量方法,新、旧点的联测方案等;⑤数据的质量检核、预处理及其他要求;⑥其他特殊要求,例如拟订所需的交通工具、主要物资及其供应方式、通信联络方式及其他特殊情况下的对应措施。

(3)上交和归档成果及其资料的内容和要求。

(4)有关附录。

2.4.3 高程控制测量

(1)规定测量仪器的类型、数量、精度指标以及对仪器校准或检定的要求,以及测量和计算所需的专业应用软件及其他配置。

(2)规定作业的主要过程、各工序作业方法和精度质量要求,主要包括:①测站设置的基本要求;②观测、联测、检测及跨越障碍的测量方法,以及观测的时间、气候条件及其他要求等;③观测记录的方法和成果整饰要求;④需要联测的气象站、水文站、验潮站和其他水准点;⑤外业成果计算、检核的质量要求;⑥成果重测和取舍要求;⑦必要时,规定成果的平差计算方法、采用软件和高差改正等技术要求;⑧其他特殊要求,例如拟订所需的交通工具、主要物资及其供应方式、通信联络方式及其他特殊情况下的对应措施。

(3)上交和归档成果及其资料的内容和要求。

(4)有关附录。

2.4.4 重力测量

(1)规定测量仪器的类型、数量、精度指标以及对仪器校准或检定的要求,对重力仪的维护注意事项,测量和计算所需的专业应用软件和其他配置,以及测量仪的运载工具及其要求。

(2)规定作业的主要过程、各工序作业方法和精度质量要求,主要包括:①重力控制点和加密点的布设和联测方案;②重力点平面坐标和高程的施测方案,以及已知重力点的利用和联测情况;③测量成果检查、取舍、补测和重测的要求和其他相关的技术要求;④其他特殊要求,例如拟订所需的交通工具、主要物资及其供应方式、通信联络方式及其他特殊情况下的应对措施。

(3)上交和归档成果及其资料的内容和要求。

(4)有关附录。

2.4.5 大地测量数据处理

(1)规定计算所需的软、硬件配置及其检验和测试要求。

(2)规定数据处理的技术路线或流程。

(3)规定各过程的作业要求和精度质量要求,主要包括:①对已知数据和外业成果资料的统计、分析和评价的要求;②数据预处理和计算的内容和要求,如采用的平面、高程、重力基准和起算数据,平差计算的数学模型、计算方法和精度要求,以及程序编制和检验的要求等;③其他有关的技术要求内容。

(4)规定数据质量检查的要求。

(5)规定上述成果内容、形式、打印格式和归档等的要求。

(6)有关附录。

第3章 平面控制测量

角度和距离是推算地面点水平坐标的两个必要元素,因此水平控制网的精度主要取决于水平角和距离的观测精度。为了提高水平角和距离的观测精度,必须全面了解影响其精度的各种误差的来源和规律,从而制定出观测时应该遵守的规则,以消除或减弱其误差的影响。同时,为了提高水平角和距离观测的作业效率,必须选定既能保障精度又简便可行的观测程序。在获得高精度的野外观测值后,还必须对其成果的质量进行综合检验,从而才能确保观测成果的准确性和可靠性。

3.1 水平角测量

在以 GNSS 为代表的空间大地测量兴起之前,大地测量主要以地面边角测量为主。虽然如今已不再大范围布设三角网,但是在一些特殊应用场景,使用边角测量进行方位传递、坐标推算仍然具备优势。

3.1.1 经纬仪测角原理

1. 角度的概念

角是由一个点和由它发散的两个方向构成。它的大小一般用度(°)、分(′)、秒(″)来表示,在一些行业或应用中也使用弧度(rad,0~2π)、密位(mil,0~6000 或 0~6400)、百分度(gon,0~400)来表示。

在地面边角测量中,水平角是指两个方向在水平切面上投影的夹角,如图 3.1 所示。通常情况下,水平角定义为由起始方向顺时针(俯视)旋转到另一个方向经过的角度。因此,在说明一个水平角大小时,需要指明起始方向,即零方向。例如图 3.1 中若规定 P_1 点为零方向,则 $\angle q_1 A q_2$ 的水平角大小为 β。

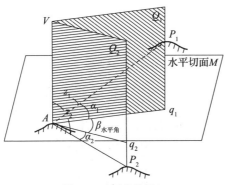

图 3.1 水平角的概念

水平角由两个方向构成,但是在角度测量时,需要分别在两个或两个以上方向读数,相减构成对应的角度值,在每个水平方向上的读数称为方向值。经纬仪需要在盘左和盘右测量同一目标,取均值以消除部分结构误差。在照准一个目标测量时,如果垂直度盘在左手边,那么这种测量称为盘左测量,取得的水平度盘读数称为盘左半测回方向值;旋转望远镜,使垂直度盘在照准部的右手边,测量上述目标,这种测量称为盘右测量,取得的水平度盘读数称为盘右半测回方向值,测得的值应和盘左方向值差约为 180°。盘左和盘右的两次测量合称为此目标的一个测回,以盘左为准,盘左 ±180° 与盘左取平均数称为此目标的一测回方向值。由于现代经纬仪垂直度盘为全封闭式,如果部分仪器外观不容易分辨盘左或盘右,那么可以根据显示屏标识或垂直度盘读数判定盘左或盘右。

由此可知,水平角定义为顺时针旋转的角度,且测出数据以盘左为准,因此仪器一般设计为盘左顺时针旋转示数一直变大(超过 360° 时从 0° 开始)。实测出的起始方向值不一定为零,但使用下一目标的方向值减去起始方向值,可获得两者间的水平角度值,这个值称为归零方向值,由某方向半测回求出的方向值称为此方向半测回归零方向值,由一测回数据求出的方向值称为一测回归零方向值。

2. 经纬仪结构及度盘

经纬仪由照准部(望远镜、水平轴等)、垂直轴、度盘及水准器等部件构成,如图 3.2 所示。

望远镜是由多组镜片构成的,可调整焦距以观测不同距离的目标。望远镜的尾端为目镜,目镜镶嵌有十字板以便精确瞄准目标。十字丝板中心和镜片模组焦点构成的线称为视准轴。视准轴与水平轴正交(垂直且相交),可绕水平轴旋转,以便瞄准高低不同的目标。

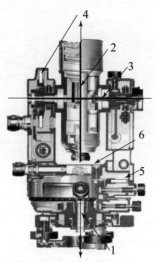

图 3.2 经纬仪结构

1—垂直轴;2—望远镜(视准轴);3—水平轴;4—垂直度盘;5—水平度盘;6—水准器。

对于一台合格的经纬仪,当水准器气泡居中时,垂直轴应当与铅垂线方向一致,与水平轴正交,垂直且通过水平度盘中心。这个中心是仪器的中心,也是野外测量水平角的顶点。仪器对中时,垂直轴还应当通过地面点标志中心。

照准部可绕垂直轴旋转,用来瞄准不同方向的目标,在测量时底座和水平度盘是静止的。照准部旋转时带动读数窗口或传感器以便测出旋转的角度。由各轴系的关系可知,这个角度就是野外观测的水平角。

经纬仪制造不可能保证轴系关系毫无误差,即使经纬仪(全站仪)加入了电子补偿器,也不可避免地存在补偿误差,这些误差分别称为视准轴误差、水平轴倾斜误差和垂直轴倾斜误差。测量一个目标时,视准轴误差、水平轴倾斜误差可以由一测回取均值消除;测量两个等高的目标时,通过两个半测回方向值相减求角度值,也可以消除上述误差。垂直轴倾斜误差在不同观测方向上有所不同,在角度值观测中无法完全消除掉,即使同一个方向的盘左、盘右偏差一致,也不能通过一测回消除,因为水准器安装工艺、垂直轴补偿器精度决定着垂直轴倾斜误差的大小。故仪器在使用的过程中要严格整平。

经纬仪度盘上刻制了测角的读数信息,如果度盘刻划不均匀,那么读数就包含了度盘分划误差。电子经纬仪通过在度盘多个位置布置传感器来减弱度盘分划误差,光学经纬仪通过对径读数、在不同度盘位置起测来减弱度盘分化误差,因此在多测回测角时,要求在每个测回起始时按照表 3.1 配置起始度盘位置。在观测只有两个方向的等级导线时,偶数测回在前视起测,但在后视按表 3.1 配置度盘,或在前视配盘将表 3.1 所列的配置加上左角的度。

表3.1　各测回起始度盘的配置

仪器精度	导线测量	三角测量
1″及以下	$\frac{180°}{i}+4'$	$\frac{180°}{m}(i-1)+4'(i-1)+\frac{120''}{m}\left(i-\frac{1}{2}\right)$
2″	$\frac{180°}{i}+10'$	$\frac{180°}{m}(i-1)+10'(i-1)+\frac{600''}{m}\left(i-\frac{1}{2}\right)$

注：m 为总测回数，i 为当前测回。

3. 水平角测量的其他辅助设备

三脚架是测量仪器的承载体，进行高精度的水平角测量时，脚架的稳定性至关重要，脚架的扭转变形量直接叠加到水平角测量结果上。质量好的脚架随时间变形小，受热变化均匀。高等级测角需要使用偏扭观测镜测定脚架（或觇标内架）的扭转以便改正，在有风的情况下还需要使用测橹布挡风，太阳直射时使用测伞遮阳。另外，在安置仪器之前必须检查脚架的台面是否晃动、各螺丝是否紧固，以免使用到保养不当的脚架。一般来说，质量较重的脚架优于质量轻的脚架，木制脚架优于铝合金、塑钢脚架，使用榉木芯、柚木芯等吸水率小的芯材制造的脚架优于采用桉树板等径切板材的脚架。

连接基座是连接脚架和仪器或觇牌（棱镜）的中间部件，基座精密程度一般不同，通常经纬仪（全站仪）的基座要优于水准仪基座、觇牌基座、GNSS 基座。使用经纬仪时，尽可能使用原配基座，使用前要确保基座和仪器结合牢固、没有空隙。目前部分全站仪有激光对中功能，挂铅锤球对点的方法趋于淘汰，使用最多的是基座光学对点器，光学对点器的偏心程度、反光镜片质量都影响到对中精度，因此在高精度角度测量时，仪器（觇牌）中心还需要采用特殊方法将仪器中心标定至地面点。

目镜十字丝可由尾端螺旋调整清晰度。在进行水平方向测量时，以靠近中央的竖丝为基准，如图3.3(b)所示。根据距离远近选择规格大小不同的觇牌，短距离也可切准棱镜中心测量，必要时还需要使用双丝夹准测量目标进行读数。夜间或超远距离使用夜视觇牌、回光灯、回照器作为测量的合作目标。

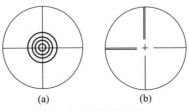

图3.3　两种十字丝板

3.1.2 影响水平角测量的因素

影响观测成果质量的误差分为三类：①观测员本人的误差；②所使用仪器产生的误差；③观测实施中外界条件所造成的误差。仪器误差由制造水平决定，经检定合限的仪器应当达到标称精度。观测员误差主要体现在瞄准偏差、读数偏好方面，电子仪器直接示数，读数误差已经不存在，一般高精度的测量才会考虑瞄准差（人仪差）。这里仅讨论外界条件对水平角和距离观测的影响。

外界条件是指观测作业时的气象情况及作业地区的地理环境，其中主要因素是太阳的热辐射。对角度观测精度的影响主要表现在：影响目标的成像质量；造成来自目标的光线发生弯曲；使仪器底座扭转；改变仪器视准轴的位置等。这些影响是同时发生的，为了便于说明问题，下面分别讨论。

1. 目标成像质量的影响

观测时照准目标的精度除与仪器望远镜的品质、性能有关外，在很大程度上取决于目标的成像质量。目标成像质量就是指目标影像的清晰、稳定程度。成像是否清晰，取决于大气的透明度。成像的稳定与否取决于视线所经过的大气层的密度结构变化情况。如果大气密度保持平衡、不变，那么目标影像就十分稳定；如果大气密度不断变化，那么目标影像就会出现跳动。影响成像质量的主要因素是太阳的热辐射。当太阳照射地面时，地面受热后使它所含的水分逐渐蒸发，同时反射热加热了近地大气层，使近地大气层的空气分子受热膨胀、变轻形成上升气流，上层空气中相对较重的冷空气随之下降，于是发生对流。这种对流破坏了大气密度结构的平衡，使影像出现垂直方向的跳动。同时，各种地物对热的吸收、反射的能力各不相同，因而在太阳辐射下它们上面的大气温度、密度也就有所不同，这种差异也会引起大气在水平方向的对流，使影像出现水平方向的晃动。水蒸气的上升以及地面尘粒随上升气流的升腾、移动，使大气的透明度降低，目标就不清晰了。

由上所述不难得知，目标成像质量与观测作业的时间、季节、气候、视线下面的地物种类以及视线与它们的距离等因素有关。夏季一天中目标影像清晰稳定的时间就短些，阴天和其他季节就长些。在山区，视线距地面较高，成像质量良好的时间较长，沙漠、水网地区成像质量良好的时间较短。一般来说，晴天上午十时以前、下午二时以后，除了日出和日落前后的半小时，目标影像都较清晰稳定，是适宜观测水平角的时间。如果目标亮度太弱，即使大气平静，尘粒及水蒸气含量很小，成像也不清楚。如果目标与它的背景反差过小，也难以清楚地分辨目标的轮廓。这些因素都不利于精确照准目标。

目标成像质量不佳将使观测照准精度降低,这种影响造成的误差属于偶然误差。但一个测站上观测次数不多,成像质量差,则不易获得合格成果,即使勉强合格,成果质量也不会高,因此必须重视。为保证观测结果的精度,可采取的措施如下:

(1)选点时要保证视线距地面有足够的高度。

(2)选择有利时间进行观测。成像模糊、跳动较大时应当停止观测。

(3)增大目标对背景的反差,使用与目标背景反差大的觇板,特别困难时可测量回照器的反光。

以上仅讨论的是目标成像质量对水平角观测的影响。

对于距离测量,只需观测员能大致分辨出棱镜,由于测距仪发出的电磁波有一定的发散角,一般情况下,只要目标棱镜在望远镜十字丝中央附近,在有效测程内都能接收并反射其信号。因此,目标成像质量的好坏对距离测量作业影响很小。

2. 折光差的影响

在重力作用下,地球大气使空气分子的分布随高度的降低而密集,形成上疏下密的渐变。同时,由于地面各类地物对太阳辐射热吸收和反射的能力不同,使大气密度在水平方向上也不均匀,存在水平密度梯度(远小于垂直密度梯度)。来自目标的光线通过密度不匀的大气(介质)时,不断产生折射,成为一条复杂的空间曲线,观测时视准轴的方向是该曲线在望远镜处的切线方向,这个方向和仪器中心与目标相连直线之间的夹角称为折光差(或折光角)。折光差在测站铅垂线与目标构成的垂直面上的分量称为垂直折光差,在测站水平面上的分量称为水平折光差,水平折光差要远小于垂直折光差。

距离观测时,测距仪发射的电磁波在经过不同密度的大气时也会发生折射,使得电磁波的波道不是一条直线,从而引起距离的系统性误差。这项误差的大小可以通过测定气温和气压求定大气折射率进行波道弯曲改正,最终消除和减弱该影响。对于不同类型的测距仪,由于载波的频率不同,其大气折射率求定模型也不同,在使用时可参考相应仪器提供的改正模型进行改正。

水平折光在水平角测量中是一项重要的系统误差,下面主要讨论角度水平折光。

(1)不同性质的地物分界附近往往存在较大的大气水平密度梯度,即存在较大的水平折光场。例如,在水域的岸线、沼泽、沙漠、森林的边缘,山坡或大建筑物的侧面,视线通过这些地区就容易产生水平折光。实践资料证明,常见的这类水平折光差为$1''\sim 2''$,有的可达$6''\sim 7''$或更大,由于大气密度与温度成反比,因此视线总是偏向密度较大(温度较低)的一侧。

(2)视线方向与大气密度梯度方向(密度变化的方向)越接近垂直,折光影响越大。它们的方向一致时,视线两侧大气密度相同,视线就不会发生弯曲;它们的方向不一致时,视线两侧大气密度存在差异,视线因折射而发生弯曲,进而产生折光差。特别是两者接近垂直时,折光影响最大。如图3.4所示,AC方向受水平折光影响最大,BD方向受到的影响最小。

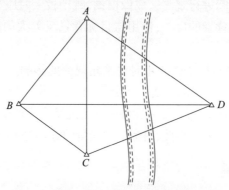

图3.4　视线平行或垂直于大气密度梯度方向

(3)视线距形成折光场的地形地物越近,由于视线更靠近热源,大气密度更大些,因此折光影响也越大。

(4)视线与形成水平折光的地形地物平行的距离越长,折光影响越大。

(5)测站越靠近形成折光场的地形地物,受到的影响越大,如图3.5所示$\delta_2 > \delta_1$,B处设站受影响大。

(6)气象条件显著变化时,容易形成较大的折光,如日出日落前后、大雨前后,气温气压变化较大,容易形成较大的大气水平密度梯度,不宜观测。

(7)白天和黑夜(某些情况下为上午和下午)水平折光差的符号可能相反。不同性质的地形地物对太阳辐射热的吸收、反射的速度不同,其分界处在白天和黑夜的大气水平密度梯度的方向可能相反,因而水平折光差也会出现相反的符号。

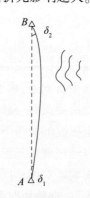

图3.5　测站靠近折光场

(8)由于水平折光差的性质,就某一测站的某一方向来讲,在相同观测时间和类似的气象条件下,水平折光对该方向各观测值的影响符号相同、数值接近,属于系统误差性质。但是,在大面积控制网中,由于每个方向所受水平折光影响的大小和方向互不相同,对网中所有方向来说,其影响则具有偶然误差特性。

根据水平折光产生原因和规律,可采取的措施如下:

（1）视线既要超越障碍物一定高度，也要旁离任何地形地物一定距离，避免与大河、湖海的岸线及沙漠的边缘平行，避免通过高大建筑物和大工厂的侧方。

（2）在水平折光影响严重的地区，适当缩短边长，或变动点位，或改变点间连接方向，避免选择影响严重的边。

（3）觇标下观测时，应检查各方向是否旁离觇标各部位一定的距离。

（4）在气象条件显著变化(如大雨前后)时，应停止观测。

（5）角度观测成果的全部测回，应尽可能分配在不同气象条件下完成观测（上、下午和夜间）。

（6）在有利时间内进行观测。前面讲到，清晰稳定的目标成像是保证照准精度的前提，但稳定的大气层一般是形成大气密度梯度的条件，当视线通过两类地物分界面时，尽管目标影像稳定，但不能说明不存在水平折光的影响。与之相反，影像略微有颤动正是大气层相互渗透、趋于均匀之时，此时水平折光的影响也在减弱。

3. 觇标内架及脚架扭转的影响

在水平角观测时，由于温度、湿度、风力及观测员走动等外界因素的影响，经纬仪的觇标内架或脚架放置位置将产生变动。变动的形式可分为位移和扭转两种。微小的位移对水平角观测成果的影响可以不计，影响严重的部分是连同仪器随内架或脚架所做的扭转，直接影响测角精度。

导致觇标内架和脚架扭转的主要原因是湿度和温度的变化，这种变化使得觇标内架和脚架膨胀不均匀，因而产生扭转，其扭转具有周期性，一般以一昼夜为一个周期。其扭转量对木制脚架每分钟大约 $0.1''\sim0.2''$；对于钢标内架，每分钟大约 $1''\sim2''$，而且不均匀，一天扭转量可达 $5'$。

觇标内架和脚架扭转的影响是系统性的。在两方向照准读数的时间内，扭转多少对观测结果的影响就有多少。为减弱此项影响，提出如下措施：

（1）采取适当的观测程序。方向法中使上、下半测回观测目标的顺序相反，并使一测回中观测各方向的时间大致相等，这对扭转较均匀的内架和脚架的影响在一测回的各方向值中大致相同，在最后角值中可以大部分减弱，但对2C互差、归零差存在着较大影响。

（2）仪器上安装偏扭观测镜，进行读数改正。这对于扭转量大而且扭转速度不均匀的钢标尤其必要。

（3）选择扭转不强烈的时间进行观测。在温度变化剧烈的时间内要停止观测，风大时也要停止。

（4）仪器脚架应存放在干燥阴凉的地方，避免雨淋和太阳曝晒。观测时尽可能避免阳光的直接照射。脚架安放要稳固,在土质松软的地点应打脚桩。

4. 照准目标相位差的影响

如果照准目标为圆筒,当阳光不与目标一致时,圆筒成像就会出现明亮和阴暗两部分。圆筒的中心轴线位置是固定的,但是从远处用望远镜观察时,往往会因背景明暗不同而使人眼发生错觉,致使望远镜照准线偏离圆筒的中心轴线。当背景是明朗的天空时,就容易偏向暗的一侧;背景是山、森林或其他较暗的地物时,则容易偏向亮的一侧。如图3.6所示,望远镜的照准线偏离圆筒中心轴线的角距,称为照准目标的相位差。

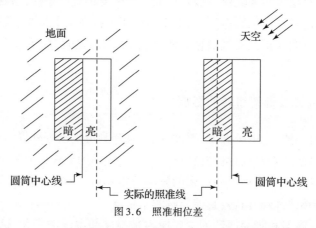

图3.6 照准相位差

相位差的产生是在目标成像不很清楚、圆筒对背景的反差很小的情况下才比较突出。如果目标成像的轮廓很清楚,背景与圆筒明暗两部分可以区别开,那么相位差就很微小了。因此可使用下面的措施减弱相位差的影响:

(1)采用反射光线较少的微相位差圆筒。一等观测时,照准目标应采用回光。

(2)上午、下午各半数测回。

(3)观测时,要尽可能分辨出圆筒的整个轮廓进行照准。

5. 视线轴受温度变化的影响

水平角观测作业中,由于外界的气温不断变化,即使阳光照射位置不变,视准轴受热不均也会随之变化。虽然这并不是仪器本身的问题,但也会使得观测结果的精度受到影响,通常称此为视准轴受温度变化的影响。这种影响可分为两部分:由于测站周围的气温变化使仪器"全面受热"的整体影响;由于辐射热或冷空气固定在测站的一侧使仪器"单面受热"的局部影响。

该影响是随着温度的改变而变的系统误差。由实验得知,在阳伞遮蔽的情况下,单向受热时,盘左、盘右时视准轴受热均为某一侧,视准轴的变率为 0.3 ~ 0.5(″)/℃。全面受热造成的影响比这个数值小得多(大约是单面受热的 1/3),而且在允许观测的时间内,温度变化较慢,每小时不超过 1.5℃,影响较小。根据此性质可采取下列措施:

(1)缩短一测回的观测时间。在较短的一测回时间内,气温的变化量与时间长短往往成正比,缩短一测回的时间无疑可以减小其影响。

(2)采用"上、下半测回观测目标顺序相反"的观测程序,在一测回的时间(十几分钟)内,视准轴的变化可以看成是均匀的,使照准每个方向所用的时间尽量相等,由于其变化方向在正、倒镜位置都相同,因而在一测回的最后方向值中有望大大减弱这种影响。

(3)观测过程中必须打伞或者张挂测橹布,以使仪器免受阳光曝晒。

3.1.3 水平角测量方法及限差

综合对仪器误差和外界条件影响的分析讨论,形成了一些行之有效的措施汇总成观测的基本规则,以最大限度减弱或消除各种误差的影响,测出高精度的水平角,这种方法就是水平角方向法。方向法测量是测角的基础,简单的总结为:首先在测站上把所需方向按盘左顺时针(俯视)依次读取方向值,然后盘右逆时针依次测出方向值,上述作业就完成了多个方向一个测回的方向观测,如图3.7 所示。

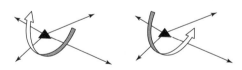

图 3.7 方向法观测(盘左、盘右)

如果测量目标多于 3 个,需要在每半测回结束时加测一次零方向,称为全圆方向法,取零方向的平均值作为起始方向值。方向法目标数一般不多于 6 个,多用于三、四等水平角测量,在环境良好的情况下可用于二等测量。

选择通视条件好、距离适中的方向作为零方向。每测回在零方向调整好焦距、十字丝板,配置好度盘,测回内不允许再调整。半测回测量前,应先按观测方向旋转一两周,再瞄准零方向。操作过程中也要按照旋转方向切准目标,防止仪器存在带动误差。

如果控制网中边长较长,各目标的成像质量很难同时良好,且一测回的时间较长,则难以取得精度很高的成果。此时可以采用全组合测角法,即每次只测两个方向间的夹角。这种方法可以克服各目标成像不能同时清晰稳定的困难,大大缩短了一测回的观测时间,易于取得高精度的成果,因此全组合测角法是高精度水平角观测中必须采用的方法。

1. 方向法观测外业记录与计算

水平角测量外业表格如表 3.2 所列,表头元素要完整。在等级测量中,电子仪器需要 2 次瞄准,光学仪器需要 2 次测微读数,因此每个方向半测回有 2 个秒值。记录时盘左从上往下,盘右从下往上依次记录,这样就完成了方向法观测的记录。下半个测回开始后即可依次计算出 2C 值,以及每个方向测回值,最后还要计算角度值。

表 3.2　一测回水平角观测

第 Ⅰ 测回			点名:纸坊			等级:三等		观测者:张勇
仪器:TZ05 №:52613			天气:晴,东风 2 级			成像:清晰		记录者:肖国锐
日期:7 月 21 日			开始:8:12			结束:8:20		

方向顺序名称	读数					左 − 右 (2C)	左 + 右 / 2	归零方向值（角度值）
	盘左			盘右				
	°	′	″	°	′	″	″	° ′ ″
							32.2″	
0 雪沟/T	00	00	31 33	180	00	32 33	0	32.0	0 00 00.0
1 虎头/T	61	12	12 12	241	12	17 17	−5	14.5	61 12 42.3
2 龙头/T	122	32	58 59	302	33	02 02	−4	60.0	122 32 27.8
3 杨庄/T	175	48	45 46	355	48	45 45	1	45.5	175 48 13.3
0 雪沟/T	00	00	33 33	180	00	32 33	1	32.5	— — —
				$\Delta_{左} = -1$		$\Delta_{右} = 0$	$\Delta_{2C} = 6$		

观测员要果断测出数据,大声、清晰地报告给记录员,然后记录员回读这个数据,并同时记录在相应的位置。半测回两次读数测完后,立即检查两数之差是

否合限,合限则取其平均值作为该方向的读数,不合限则对这两个数进行全部重测。在使用2″级仪器时,读数至秒,取平均时若存在0.5″,则舍去0.5″,但秒值为奇数时在秒值上加1″。仪器精度在1″及以上时,保留一位小数。方向法限差、测回数如表3.3所列。

表3.3 方向法限差、测回数

(单位:(″))

序号	等级	二等		三等			四等		
	测角精度	0.5	1	0.5	1	2	0.5	1	2
1	光学测微器两次重合读数差	1	1	1	1	3	1	1	3
2	电子经纬仪两次照准读数差	3	4	3	4	5	3	4	5
3	半测回归零差	5	6	5	6	8	5	6	8
4	一测回内2C互差	9	9	9	9	13	9	9	13
5	在不纵转望远镜时,同一方向值在一测回中上、下半测回的差	6	—	6	—	—	6	—	—
6	化归同一起始方向后,同一方向值各测回互差	5	6	5	6	9	5	6	9
7	测回数	12	15	6	9	12	4	6	9
8	三角形最大闭合差	3.5		7.0			9.0		

注:当照准点方向的垂直角超过±3°时,该方向的2C互差可以按同一观测时间段内的相邻测回进行比较,其差值不应超过表中4款的规定。按此方法比较应在手簿中注明。

在每半测回结束后,计算半测回归零差。在进行下半测回中,要随时计算出各方向盘左读数与盘右读数之差,并记入(2C)栏中,计算每一方向盘左、盘右读数的中数作为一测回方向值。计算一测回平均值时,以盘左为准,盘左±180°再计算。一测回方向值可只写秒位,但如果分、度位和盘左原始数据不同,则不同的位也要写出。角度值是各方向与零方向的夹角,可由各方向值减去零方向值求出。全圆观测时,取零方向与归零方向值平均值作为零方向值。零方向和自己的夹角为0°00′00″。

2. 重测数与重测

水平角测量各等级测回数见表3.3。某等级的所有测回数称为基本测回数,测回数 m 和方向数 n 减一不变的乘积称为基本方向测回总数,即 $m \times (n-1)$。

全圆方向法半测回归零差超限时,应立即重测本测回。

2C 在一测回内各方向间进行比较,零方向与归零方向 2C 互差超限时,本测回重测。一测回内,若 2C 互差 1/3 都不合限,则这个测回也应立即重测;若少于 1/3 则可在所有测回结束后重测。例如:3 个方向的 2C 只能选出 2 个方向互差合限,则全部重测;4 个方向时,有 3 个方向 2C 互差合限(含零方向),可只重测超限方向和零方向,且只在重测方向和联测的零方向间比较 2C。2C 反映了仪器视准轴误差、水平轴倾斜误差、测回内脚架扭转、仪器单面受热等仪器因素和外界因素对水平角测量的综合影响,2C 超限的方向可能在测回间角度值偏差较大甚至超限,因此可在基本测回结束后统一重测。对于经检验合格的仪器,1″及以上的 2C 绝对值应不大于 20″,2″级仪器应不大于 30″。

某方向的归零方向值(角度值)在所有测回间进行比较。基本测回结束后,依次检查各方向角度最大值与最小值的差值,若超限则依次按以下几种情况重测:

(1)最大或最小值偏离总体大小或太多即为孤值,重测这个方向即可。

(2)几个测回角度值分布较均匀,重测最大值和最小值。

(3)若出现离散分群现象,要找到原因,并重测本测回所有方向。

(4)重测方向数超出基本测回方向总数三分之一时,本测站重测。重测合限后,每个测回(某一度盘位置)只采用一个符合限差的结果。

3. 测角中误差

测站结束后,由于每个方向都有多余观测,可计算方向值中误差。

设有某测站对 $A, B, \cdots, J, \cdots, N$ 个方向观测了 m 个测回的一份成果。由于任何一个方向的各测回的观测结果 l_{ji} 都是互相独立的直接观测量,因此该方向的平差值 L_J 就等于各测回观测值的算术中数,即

$$L_J = \frac{[l_{ji}]}{m} \tag{3.1}$$

各方向测站平差值与其观测方向值之差就是各观测方向值的改正数,即

$$v_{ji} = L_J - L_{ji} \tag{3.2}$$

根据误差理论中计算中误差的贝塞尔公式,即可得出一测回观测方向值的中误差,即

$$\mu = \pm \sqrt{\frac{[vv]}{(m-1)(n-1)}} \tag{3.3}$$

式中:n 为方向数;$[vv]$ 为各方向的各测回观测值的改正数 v 的平方和。

一个角度由 2 个方向构成,每个方向由 m 个测回构成,可依照误差传播定

律由一测回方向中误差求测角中误差。

m 个测回的方向中误差为

$$M_{方} = \pm \frac{\mu}{\sqrt{m}} \qquad (3.4)$$

m 个测回(本测站)的角度中误差为

$$M_{角} = \sqrt{2} M_{方} = \pm \sqrt{2} \frac{\mu}{\sqrt{m}} \qquad (3.5)$$

上述测站测角中误差只反映本测站的情况,只能代表观测员的水平及部分外界因素。构成网型之后,由于图形闭合差是真误差,也代表整个参与计算区域的测量情况,因此可由菲列罗公式计算测角中误差,它更能代表网型的观测质量。

3.2 距离测量

要获取地面点的相对位置关系,仅靠角度测量求出方位关系是不够的,还要有距离因素。在电磁波测距仪发明之前,人类无法快速且高精度测出长距离,因此近代大地测量通常先使用基线尺测定一小段高精度基线边,再使用三角测量的方法推算其他边长。

实际上,仅有角度不能求得距离,但如果构成图形结构,则可以利用距离来反算角度。因此高精度测仪器出现后,只测距也能便捷地求取点位坐标,GNSS测量就是该原理的典型应用。

3.2.1 电磁波测距原理

1. 电磁波概念

具有温度的物质都能向外进行电磁辐射,变化的电磁场在空中传播也会形成电磁波。由于温度、物质、电磁场变化速度等原因,电磁波的波长范围非常广,对应波长电磁波种类还有特定称谓。人眼可见光也只是电磁波的一小部分,电磁波本身或调制信号应用到了人类生活各个方面。

电磁波在真空中的传播速度为光速,但在不同密度介质中的速度、波长、传播特性不同,不过可以测定出来。随着时频测定技术水平越来越高,由电磁波和时间求距离成为可能。1955 年,瑞典 AGA 公司生产出来第一款可用于大地测量的商品化电磁波测距仪 NASM-2A,重 94kg,测程可达 30km,精度为 $10mm + 10^{-6} \times D$。之后越来越多厂家制造出了更轻、更便捷、更低廉的测距仪。测距仪的技术也越来越先进,测距信号最初为可见光,后来微波、激光也广泛应用到了测距仪。

目前全站仪测距多采用多频率组合的红外激光测距仪,GNSS 测距使用的载波为波长为十几厘米至几十厘米不等的无线电波。按照载波的不同,电磁波测距仪可以分为不同类型(表 3.4)。

表 3.4 电磁波测距仪分类

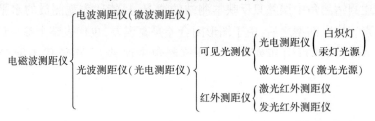

2. 电磁波测距原理

电磁波测距原理看似简单,但实现精密测距却并不容易。例如:采用计时的方法,由于光速很快,约 $3 \times 10^8 m/s$,时间分辨率要达到 3.3×10^{-9} 才能达到米级的精度;采用测波长的方法,不仅要精确的测相(位),还要解算整周模糊度。另外,如何保证发射和接收电磁波的瞬间开、闭感应器也是很关键的。

目前常用的测距方法有脉冲法、相位法、干涉法三种。

1) 脉冲法测距

脉冲法测距又称为直接法测距。它是直接测定发射的脉冲信号在被测距离上往返传播的时间,再由速度求得距离的方法。其原理如图 3.8 所示。

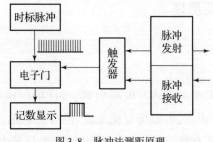

图 3.8 脉冲法测距原理

发射系统发射的激光脉冲(或电脉冲),射向被测目标,并将同步电脉冲信号送入触发器,作为计时器门电路的起始信号,开启计数门电路。

激光脉冲到达目标后,由反射器返回到脉冲接收系统,经光电转换后成为接收电脉冲,作为计时触发器的终止信号,关闭计数门电路。

计数门在开启至关闭的时间隔内允许时标脉冲通过,计数器记录的脉冲数和频率对应着脉冲电磁波在被测距离上往返传播的时间。

由于计时脉冲和测距电磁波脉冲是分开的,测距脉冲可以做到能量很大,因此可以对卫星进行轨道监测,甚至可以利用阿波罗计划留在月球上的反射镜测量至月球的距离。不过,脉冲法测距仪体积一般较大,对计时脉冲精度要求高。

2) 相位法测距

相位法测距又称为间接法测距,它测定由测距仪发出的连续正弦电磁波信号在被测距离上往返传播时产生的相位变化(相位差),间接地求得在被测距离上往返传播的时间,从而求得距离。相位法测距原理如图3.9所示。

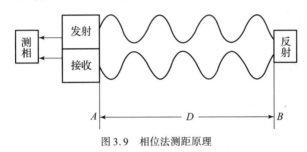

图3.9 相位法测距原理

设测距仪安置在A点,B点为反射器,A、B两点间的距离为D。测距仪发射系统向反射器发射角频率为ω的正弦信号,经反射器反射后回到测站的接收系统,返回的正弦信号与发射的正弦信号相比较,得到与传播距离相关的相位差$\Delta\phi$。

由于波长是已知的,只需要测量出反射信号返回时发射出多少整波和不足整波的波长即可。这种方法结构较简单,精度也较高,但是测程一般,在全站仪中多采用。

3) 干涉法测距

干涉法测距是利用光学干涉原理精确测定长度的方法,干涉测距仪的测距精度大大高于相位法测距仪。根据物理学知识,两束波在空间发生碰撞,若两束波满足频率相等、振动方向完全相同、相位差固定则这样的波称为相干波。

相干波可产生干涉条纹(图3.10),若移动两束波源的相对距离x(产生变化相位差),干涉条纹将发生明暗交替的周期变化,一个周期是指测距反射镜移动了一个光波的波长。

干涉法测距可测至微米精度,但是干涉法测距测程较近,测出的是距离差,多用于激光干涉仪,用于长度计量鉴定和工业测量等领域。

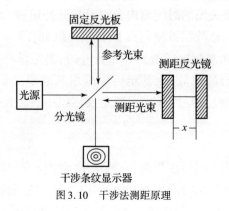

图 3.10 干涉法测距原理

3.2.2 距离测量方法

1. 电磁波测距要求

距离测量一般是指获得两点之间的直线距离。在大地测量中电磁波直接测得距离,再加上各项改正,最终归算至椭球面上或投影平面上。

为了保证距离测量精度,通常做如下要求:测线应高出地面或障碍物 1.3m 以上;测线或其延长线上不应有永久性反光物体,应避免测线与高压输电线平行,无法避免时至少应离开输电线 2m 以上距离;测线应避免通过吸热、散热相差较大的地区,如城镇、湖泊、河流和沟谷等,若无法避免时,则应把测线提高到 2m 以上,并选择有利的观测时间,使在两端量测的气象数据对整个测线有较好的代表性。

各等级边长测距应在最佳观测时间内进行,即在空气温度垂直变化为零的时刻前后 1h 内进行,一般选择在测区日出后 0.5~2.5h 和日落前 2.5~0.5h 的时间段内进行观测。当使用测距仪的精度优于所测要求的测距精度时,观测时间段可向中午方向适当延长。但在晴天或少云时,不应在正午或午夜前后 1h 内进行测量。

对于精密测距,除严格按最佳观测时间段测距外,还应在上午和下午对称观测。各等级边的往返测量可以是上、下午时间段,也可以是不同白天的时间段。所谓时间段是指完成一距离测量时往测或返测的时间段,如上午、下午或不同的白天。雷雨前后、大雾、大风(四级以上)、雨雪天气和能见度很差时,不应进行距离观测。全阴天、有微风时,可以全天观测,但尽量避开正午和午夜前后 1h 之内的时间。

作业时要求测距仪、气象计不能直晒,但周围又要大气流通良好,测距时应减少附近人员走动及无线电干扰。

2. 电磁波仪等级和精度

光电测距仪按照测程可分为中、短、远程测距仪。其中,测程在 3km 以内的为短程测距仪,手持测距仪、全站仪测距基本为短程测距;测程在 3~15km 的为中程测距仪,全站仪使用长测程模式搭配棱镜组可增程至 10km 以上;大于 15km 的为远程测距仪。目前在工程测量、大地测量中普遍使用全站仪测量 3km 以下距离,使用 GNSS 基线测量的方式可获得中程距离和几十千米的远程距离。测距仪精度分级如表 3.5 所列。加号前面为固定误差,加号后为比例误差。需要注意的是,测距仪还有加改正、乘常数改正的概念,虽然表达形式一致,但概念不同。

表 3.5 测距仪的精度分级

(单位:mm)

测距等级	测距标准偏差 m_D(中误差)
Ⅰ	$m_D \leq (1+D)$
Ⅱ	$(1+D) < m_D \leq (3+2D)$
Ⅲ	$(3+2D) < m_D \leq (5+5D)$
Ⅳ(等外级别)	$(5+5D) < m_D$

注:D 为测量距离,单位为 km

电磁波在真空中的速度唯一,但在具有一定密度的大气中却会发生减速,这与电磁波频率和大气密度(折射率 n)相关,大气折射率 n 可根据测距过程中测定的气象要素(温度 t、气压 P、湿度 e)计算出来。因此,必须精确测定距离测量过程中测线上的温度、湿度和气压,并以此为依据进行气象改正。不同等级的测距仪要求所使用的干/湿温度表、气压表的技术要求也不同,如表 3.6 所列。

表 3.6 不同等级测距需要气象仪器精度

测距仪精度等级	干/湿温度表最小读数/℃	气压表最小读数/hPa
Ⅰ	0.2	0.5
Ⅱ、Ⅲ	0.5	1
Ⅳ	1	2

在全站仪测距栏一般有气象参数录入项,在进行距离测量前要根据测站、反射镜间的平均值录入,这样测量出的值为经过折射率改正(第一速度改正)后的

结果。有些测量规范中还要求气象参数需要录入标准气象值,记录下现场气温、气压,后处理时再根据说明书给出的气象改正公式进行折射率改正。除了折射率改正之外,长测程的电磁波测距由于穿过的大气密度不同,传播路径将不是一条直线,因此还要进行波道弯曲改正(第二速度改正)。如果设备老旧,那么测距仪基准频率发生器(时钟晶体振荡器)也可能发生变化,这时要进行频率改正。

3. 距离测量方法

在距离测量中,规定测距仪每照准目标 1 次,读取 4 个数据称为一测回。使用全站仪测量时只需设置好棱镜常数,对准棱镜使用精测模式测量 4 次,即完成一测回。对于不同测距等级、不同测距仪精度等级,规定的测回数不同,如表 3.7 所列。

表 3.7 各等级距离测量测回数的规定

测量等级	使用测距仪精度等级	每边测回数	
		往测	返测
二等	Ⅰ、Ⅱ	4	4
三等	Ⅰ	2	2
	Ⅱ、Ⅲ	4	4
四等	Ⅰ、Ⅱ	2	2
	Ⅲ	4	4
等外	Ⅰ、Ⅱ、Ⅲ	2	—
	Ⅳ	4	

若在不同的时间段测距,也可只进行往测或返测,但总测回数不能减少。

各级精度测距仪距离测量限差如表 3.8 所列。一测回 4 次读数限差见表 3.8 第 2 列,若超限则可重测 2 次;若去掉大、小两个数后还超限,则需要查找原因后全部重测或改时间段再测。一测回完成后取均值,各测回均值之间限差见表 3.8 第 3 列,若两两分群,则需要改时间段再测;若只有一个孤立值则只需重测 1 个测回,重测 2 测回还不合限则需要改时间重测。不同时间段或往返测的距离限差按表 3.8 第 4 列比较。

表 3.8　距离测量限差表

(单位:mm)

等级	一测回读数间较差限值	同时段、测回间较差限值	往返测或不同时间段内较差限值
Ⅰ	2	3	$\sqrt{2}(A+B\times D\times 10^{-6})$ (A 为固定误差，B 为比例误差，D 为以千米为单位的距离)
Ⅱ	5	7	
Ⅲ	10	15	
Ⅳ	20	30	

由于往、返仪器高可能不同，在往返测较差比较时，要将斜距化算到同一水平面上进行，一般按下面步骤进行。

(1) 气象改正。全站仪可以输入气象值进行内部修正，也可按照标准气象参数输入，按照《中、短光电测距规范》进行修正。

(2) 常数改正。使用有常数的棱镜时，棱镜常数作为加常数改正。经检验的测距仪本身也存在加、乘常数改正，公式为

$$\Delta D_k = R \cdot S + C \tag{3.6}$$

式中：R 为乘常数，单位是毫米/千米；C 为加常数，单位是毫米；S 为观测值，单位是千米。

(3) 斜距化算为水平距离。距离测量为仪器至反光镜棱镜中心的距离，一般高程不等，为空间斜距，转换为平距 D，有

$$D = S \cdot \cos\left(a + (1-k)\frac{S^2}{2R} \cdot \rho\right) \tag{3.7}$$

式中：S 为斜距；α 为垂直角；k 为大气折光系数；R 为地球平均曲率半径。

水平距离归算至椭球面及平面等后续公式见第 8 章。

另外，在进行导线测量时，距离测回数及限差依照导线测量规范。

4. 测距精度

测距精度一般由检修部门按照六段法来测定，在确定仪器精度是否符合标称值的同时，还会计算出仪器的各误差项中误差大小，加、乘常数改正值等。

1) 单向观测距离的精度评定

根据测距仪精度、测距仪安置使用和当时的环境条件，分析测距误差源的大小，进而估算测距精度。测距中误差公式一般采用经验公式进行测距精度估计，即

$$m_0 = \pm(A + B \times D) \tag{3.8}$$

式中:A 称为固定误差,单位是毫米;B 为比例误差,单位为毫米/千米;D 为距离,单位是千米。

固定误差和比例误差可以表示为

$$A = \sqrt{m_1^2 + m_2^2 + m_3^2 + m_4^2 + m_5^2} \tag{3.9}$$

$$B = \sqrt{m_6^2 + m_7^2 + m_8^2 + m_9^2} \tag{3.10}$$

由式(3.9)可见,固定误差由下列误差构成:加常数测定误差 m_1^2,相位均匀性误差 m_2^2,此两项由检定证书给出;周期误差测定中误差 m_3^2,由检定部门给出;对中误差 m_4^2,由采用的对中方式决定(强制对中和精密对中约为 ±0.2mm,光学对点器约为 ±1mm,对中杆或锤球约为 2mm);每一距离观测结果的算术平均值的中误差 $m_5^2 = \pm\sqrt{[VV]/(n^2-n)}$,$V$ 为每次读数与读数中数之差,n 为读数次数。

由式(3.10)可见,比例误差一般认为由下列误差构成:乘常数测定中误差 m_6^2,由检定部门给出;折射率计算公式误差 m_7^2,一般取值为 0.2×10^{-6};精测频率的漂移和测定相对中误差 m_8^2;气象代表性误差 m_9^2,与大气状况和测线通过的地形、地表覆盖物有关,经验取值见表 3.9。

表 3.9　气象代表性误差经验取值表

气象代表性情况	一端测气象	两端测气象
较好	1.0	$1/\sqrt{2}$
中等	1.5	$1.5/\sqrt{2}$
较差	2.0	$2/\sqrt{2}$

2)对向观测距离的精度评定

在对向观测中,一次测量的中误差可表示为

$$m_0 = \pm\sqrt{\frac{[d_F d_F]}{2n}} \tag{3.11}$$

其对向观测的平均值中误差可表示为

$$m_d = \pm\frac{1}{2}\sqrt{\frac{[d_F d_F]}{n}} \tag{3.12}$$

则相对中误差的计算公式为

$$\frac{m_d}{D_1} = \frac{1}{\dfrac{D_1}{m_d}} \tag{3.13}$$

式中：d_F 为化算到同一高程面的每对水平距离之差，以毫米为单位；n 为对向观测值的个数，$n \geq 4$；$\overline{D_1}$ 为水平距离的平均值。

3.3 水平控制网

地理位置的统一依赖于坐标系，坐标系是通过布设一系列地面控制点来实现的。新中国的大地控制网由早期的边角控制网逐渐过渡至以空间大地网为主，从而实现从参心坐标系到地心坐标系（CGCS2000）的过渡。限于控制网建设的进程，早期的国家控制网边建边用，采用区域网平差，后期的坐标系才是整体平差的结果。

3.3.1 控制网布设原则

1. 分级布网，逐级控制

国家控制网可以采用一个等级的布设方法，也可采用多级布设的方法。对于领土不大的国家，通常布设一个等级的控制网，这样全网精度均匀，平差计算工作量不大，且可直接作为测图和工程应用的控制基础。对于领土广阔的国家，通常采用从高到低分级布设的方法，先在全国范围内布设精度高而密度较稀的首级控制网，作为统一的控制骨架，再根据各个地区建设的需要，分期分批逐次加密控制网，密度逐级增大，精度逐级降低。这种布设方法是在统一的坐标系统和高程系统中，按不同地区有先有后布设其余各级控制网，这既能满足精度需要，又能达到快速、节约的目的。

我国天文大地控制网分为 4 个等级，首先布设高精度较稀疏的一等三角锁，纵横交叉布满全国，形成统一的骨干网；然后根据实际需要，在不同地区分期分批布设二、三、四等水平控制网。对于 GNSS 建立的空间大地控制网，也是按分级布网逐级控制分为 6 个等级（AA、A、B、C、D、E）或 4 个等级（一、二、三、四）的原则布设的。

2. 应有足够的精度

国家控制网在建立过程中，一、二等水平控制网和一、二等水准网除了作为国家统一坐标的控制骨架和高程控制网的基础，还要满足基本比例尺地形图的测图需要和现代科学技术发展的需要，如航天技术、精密工程、地震监测、地球动力学等。而三、四等控制网主要用于地形图图根点的高一级控制和工程建设的基本需要。因此,各等级控制点的精度必须要满足实际需要。例如,一、二等水平控制点精度应该满足1:5万基本比例尺地形图的需要,而三、四等水平控制点点位精度应满足1:1万比例尺地形图测图的需要。

GNSS控制网中的AA级(或一级)主要用于全球性的地球动力学研究、地壳形变监测和精密定轨;A级(或二级)主要用于区域性的地球动力学研究和地壳形变监测;B级主要用于局部形变监测和各种精密工程测量;C级主要用于大、中城市及工程测量的基本控制网;D、E级主要用于中、小城市、城镇及测图、地籍、土地信息、房产、物探、勘测、建筑施工等的控制测量。AA、A级(或一级)可作为建立地心参考框架的基础;AA、A、B级(或一、二级)可作为建立国家空间大地控制网的基础。因此,对不同级别GNSS控制网测量精度指标都有明确的要求。

3. 应有必要的密度

水平控制网点的密度以平均若干平方千米一个点来表示,也可用控制网中间点的平均边长表示。网中边长越短,大地点的密度就越密。

国家控制点的密度必须满足测图需求,而测图比例尺和成图方法的不同,对点的密度要求也不同。每个图幅平均有3~4个控制点,以满足加密控制点的需要。而对于不同的工程建设,可能对点的密度要求有所不同,应根据实际情况而定。

4. 应有统一的规格

我国领土辽阔,建立国家控制网的任务相当繁重,需要花费巨大的人力、物力和财力,需要很多单位共同努力来完成。国家控制网基本建成后,根据本单位的需要,还要对大地控制网的某些部分不断进行加强、改造和补充。为了避免重复和浪费,便于相互利用,必须有统一的布设方案和作业规范,使各测绘部门所测成果的精度、布设规格合乎要求,构成统一的整体,成为国家大地控制网的组成部分。具体实施方案、使用仪器、操作方法、限差规定和成果验收等问题在规范中也应有规定。

3.3.2 国家水平控制网

在空间大地测量手段出现之前,我国的水平大地控制网是以三角测量法为主,导线测量法为辅,并添加少量天文经纬度和天文方位角而建立起来的。由于国家水平大地控制网中有天文测量法获得的天文经纬度和天文方位角,因此国家水平控制网中一等三角锁(网)系和二等三角网合称为天文大地控制网,从 1951 年开始布设,1971 年完成。一等锁全长约 80000km,400 多个锁段构成 100 多个锁环,共有 5000 多个一等三角点。在建设空间大地网初期时,GNSS 网点数还较少,因此联合平差了天文大地控制网中 49919 个点,不仅提高了天文大地点的精度,也提高了 CGCS2000 框架的密度和合理分布。

一等三角锁系是国家首级三角网,其作用是在全国领土上迅速建立一个统一坐标系的精密骨干网,以控制二等以下三角网的布设,并为研究地球形状大小和地球动力学等提供资料。控制测图不是直接目的,因此,着重考虑的是精度而不是密度。

一等三角锁一般沿经纬线方向交叉布设(图 3.11)。两交叉处间的三角锁称为锁段,纵横锁段围成一周称为锁环,许多锁环构成锁系。锁段长约 200km,通常由单三角形组成,也可包括一部分大地四边形或中点多边形。锁中三角形平均边长为 20~25km,三角形的任一角不小于 40°,大地四边形或中点多边形的传距角要大于 30°。按三角形闭合差计算的测角中误差不大于 ±0.7″。

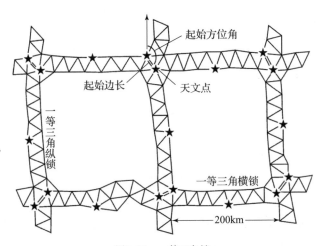

图 3.11 一等三角锁

在锁段交叉处要测定起始边长,其相对误差不低于 1/35 万。在起始边两端点测定天文经纬度和天文方位角,并在锁中央一个点上测定天文经纬度。天文经度、纬度和天文方位角的测定中误差分别小于 ±0.3″、±0.3″和 ±0.5″。凡测定天文经纬度的点都为计算垂线偏差提供资料。

二等三角网布设在一等锁环所围成的范围内,它是加密三、四等网的全面基础(图 3.12)。二等网平均边长为 13km,就其密度而言,基本上满足 1:5 万比例尺测图要求。它与一等锁同属国家高级网,主要应考虑精度问题,而密度只作适当照顾,其按三角形闭合差计算的测角中误差应小于±1″。在网中央布测一条起始边长和起始方位角,对于较大的锁环要加测起始方位角。网中三角形的角度不小于30°,一等三角锁两侧的二等网应与一等锁边联结成连续三角网。

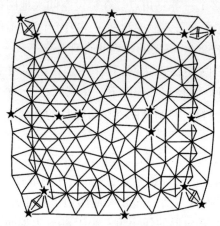

图3.12 二等三角网

国家三、四等三角网(点)是在二等三角网基础上进一步加密,它是图根测量的基础,其布设密度必须与测图比例尺相适应。三等三角网平均边长为8km,每点控制面积约50km^2,基本上满足1:2.5万比例尺测图需要。四等三角网平均边长为4km,每点控制面积约20km^2,可满足1:1万比例尺和1:5000比例尺测图需要。

随着全站仪的普及和电磁波测距仪在精度、测程和重量等方面的不断改进,导线测量的应用越来越广,在低等控制网加密、大比例尺测图、军事阵地联测等应用场景具有优势。导线控制网的布设也分为四个等级,各等级导线测角测边的精度要求应使导线推算的各元素精度与相应等级三角锁网推算的精度大体一致。导线一般沿主要交通干线布设,纵横交叉构成较大的导线环,几个导线环连成导线网,低等级的导线也可构成附合形式。虽然导线测量在控制面积、检核条件及控制方位角传算误差时不如三角测量,但是它具有布设灵活、推进迅速、易克服地形障碍等显著的优点。在20世纪60年代初,我国青藏高原大部地区就是采用导线法布设稀疏的一、二等控制网。

3.3.3 水平控制网的布设流程

水平控制网布设包括技术设计、实地选点、觇标建造、标石埋设、距离测量、角度测量和平差计算等要主要步骤。

1. 对控制点点位的要求

不论是技术设计还是实地选点,水平控制网点的位置应满足下列要求。

(1)控制点间所构成的边长、角度、图形结构应完全符合规范要求。

(2)点位要选在展望良好、易于扩展的制高点上,以便于低等点的加密。

(3)点的位置要保证所埋中心标石能长期保存,造标和观测工作的安全便利。因此点位应选在土质坚实且排水良好的高地上,离开公路、铁路、高压电线和其他建筑物有一定的距离。

(4)为保证观测目标成像的清晰稳定和减弱水平折光的影响,提高观测精度,视线应尽量避免沿斜坡或大河大湖的岸线通过。视线要超越及旁离障碍物相应的距离:在山区一、二等方向应不小于4m和2m;在平原地区一、二等方向应不小于6m和4m。

2. 技术设计

1)收集资料

在拟定计划前必须收集测区有关资料,包括:测区的各种比例尺地图、航空像片图、交通图和气象资料;已有的大地点成果;测区的自然地理和人文地理情况,以及交通运输和物资供应情况等。对这些资料加以分析和研究,作为设计的依据和参考。

2)图上设计

图上设计是技术设计中的主要项目。图上设计应考虑得细致周密,这样在实地选点时就非常容易,否则会给野外作业带来困难。

图上设计的一般步骤和方法如下:

(1)在纸质或电子地图上标绘出已知网点和水准点。

(2)依据对控制点点位的要求,并考虑布设最佳图形,从已知点开始逐点向外扩展。布点的基本步骤是由高等到低等、由已知点到未知点、由内到外逐点布设。

(3)按照对高程起算点的密度要求,拟订水准联测路线。对测区内旧有的网点应尽量利用,并提出联测方案。

在选点时要确保通视。对没有确实把握的点位或方向,应设计几套备用方案。

3)实地选点、埋石

实地选点的任务是将图上设计的布网方案落实到实地,按照控制点点位的要求选定点的最适宜位置,并填写点之记或点位说明。

不同等级的标石是控制点位的永久性标志。野外观测是以标石的标志中心为准,计算得到点的平面坐标和高程,就是标志中心的位置。如果标石被破坏或发生位移,测量成果就失去作用,点的坐标就毫无意义。因此,在埋石时要严格贯彻质量第一的原则,标石灌注要十分坚实,埋设要十分稳固,确保能长期保存。标石又分为一、二等三角(导线)点标石和三、四等三角(导线)点标石,一般用混凝土灌制,也可用规格相同的花岗岩、青石等坚硬石料凿成。标石分盘石和柱石两部分。柱石、盘石的顶部中央均嵌入一个标志,标志中心就是标石中心。标志可用金属或釉瓷制成,标石类型很多,在保证稳固并能长期保存的原则下,依等级和埋设地区的不同而有所差别。在一般地区内,一、二等点标石由柱石及上、下盘石组成(图3.13),三、四等点标石由柱石和一块盘石组成。重点区域、高等级天文点、高等级GNSS点也可预制观测墩,观测墩可由钢筋混凝土浇筑而成,预埋对中螺丝(5/8 in,11牙)能大大提高对中精度(图3.14)。

在经过以上技术设计、选点造标和埋石后,水平控制网中各控制点的位置已经在地面上明确标示出来,但其坐标还需进行大量的角度测量,边长测量直至最后的平差计算,最终才能确定出它的坐标。

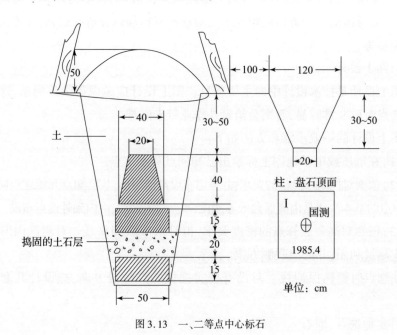

图3.13 一、二等点中心标石

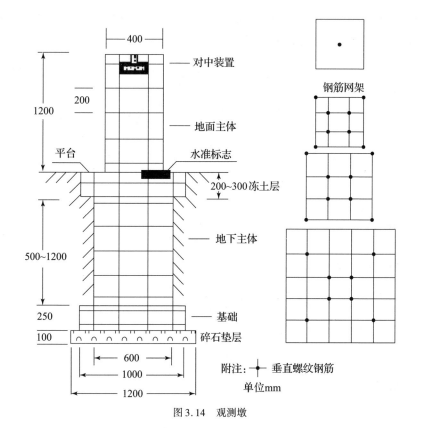

图 3.14 观测墩

3. 觇标高度计算

在图上设计和实地选点时,要保证相邻点间能够通视,必须要考虑地球弯曲差、高地、建筑物等因素的影响,如果选点无法通视,则需要在两端建造高标以达到通视的目的。下面给出球气差的概念及觇标高度计算公式,以决定出合理的觇标高度。

将地球表面近似成一个球面(图 3.15)。假如在球面上有两个相距较远的控制点 A、B,因为 A 点的最低视线是与地球相切的 AB'方向,即使 A、B 中间没有障碍物,两点也不能直接通视。要使 A、B 通视,必须把 B 点升高到 B' 处,BB'就是地球弯曲对通视的影响,这段长度称为地球弯曲差。

地球表面上大气密度一般是上疏下密,视线通过不同密度的大气层时,必然产生折射,使视线成为凹向地面的一条曲线。由图 3.15 可见,由于大气垂直折光的影响,实际上视线的路径为 AB'',$B'B''$这段距离称为大气垂直折光差。只要把 B 点升高到 B''处,就能与 A 点通视。由此可见,大气垂直折光的影响可以降低觇标的通视高度。因此 A 和 B 通视的必要高度为 BB'',也就是地球弯曲差和大气折光差的合并影响,简称为球气差 V。

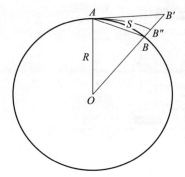

图 3.15 球气差的影响

地球弯曲差的计算公式为

$$BB' = \frac{1}{2R} \cdot S^2 \qquad (3.14)$$

大气垂直折光差计算公式为

$$B'B'' = \frac{k}{2R} \cdot S^2 \qquad (3.15)$$

球气差联合影响计算公式为

$$V = \frac{1-k}{2R} \cdot S^2 \qquad (3.16)$$

式中:$R \approx 6371 \text{km}$ 为地球曲率半径;k 为大气垂直折光系数,一般平原地区在 $0.1 \sim 0.18$ 之间。取上述经验值,式(3.16)也可表示为

$$V = \frac{1}{14.3} \cdot S^2 \qquad (3.17)$$

由式(3.17)可知,V 随距离 S 增加剧烈变大,通视情况将变得困难,如果不依赖山头建造觇标,一等网点(平均 20km)、二等网点(平均 13km)之间很难通视。由于脚架具有一定的高度,根据公式计算,在三、四等网点间没有遮挡,可以正常通视。另外,在 GNSS RTK 测量中,使用电台作为通信链路也要注意架高天线,避免地球曲率影响。

4. 野外测量归算

地面各点进行野外测量时,只能采用可直接量测的水准面和铅垂线为基准,由于地球内部质量分布不均匀,铅垂线是一条空间曲线,水准面也高低起伏,这就造成了边角控制网的观测基准不一致。在水平边角控制网野外数据采集完成后,需要将野外测量的方向、距离和方位角归算至椭球面和平面上,并根据各种网的图形所构成的几何条件对外业测量成果的质量进行综合检验,另外还可算出网中各点的资用坐标、方位和边长等,为后续平差计算服务。

只有将野外测量归算至椭球面,才可以参考椭球面和法线为基准进行大地坐标和大地方位角的计算(大地问题正算)。进一步,也可将椭球面边角元素再投影至平面进行平面坐标和坐标方位角的计算(坐标增量公式和坐标方位角传递公式)。

现代 GNSS 测量中,直接求出的是天线在坐标系中的几何位置或接收机间的相对位置,无须进行角度的归算。

3.4 水平控制测量方法

国家大地控制网可由 GNSS 测量、甚长基线干涉测量(VLBI)、卫星激光测距(SLR)、天文测量、惯性测量、三角测量、导线测量和水准测量等方法实现。易于大规模生产和实现的是 GNSS 测量、三角测量、导线测量和水准测量这四种方法。对于大地控制网中的点位在地面上的位置,一般采用大地坐标(L,B,H)或高斯坐标(x,y,H)来表示。在空间大地测量手段被采用之前,通常将大地控制网分为水平控制网和高程控制网两部分,水平坐标(L,B)或(x,y)由水平控制网来决定,高程坐标 H 则由高程控制网来取得。但随着 GNSS 技术的广泛应用,由此建立的国家大地控制网可直接得到点的三维大地坐标。

3.4.1 三角测量

在地面上选择一系列点,使它们与周围相邻的点通视,并按三角形的形式联结起来构成三角网,如图 3.16 所示。只测定起始边 P_1P_2 的长度和方位角,作为网的起算边长和起算方位角,观测网中各三角形的内角,并把边长和角度化算到平面上。设 P_1 点的坐标已知,平面边长和平面坐标方位角分别为 D_{12} 和 T_{12},观测各内角。由 P_1P_2 边开始,通过解三角形可以推得全网各边的边长和坐标方位角,进而求出大地坐标和大地方位角。

其推导过程为

$$D_{13} = D_{12}\frac{\sin B_1}{\sin A_1}, T_{13} = T_{12} + C_1$$

$$D_{14} = D_{13}\frac{\sin B_2}{\sin A_2}, T_{14} = T_{13} + C_2$$

$$\cdots,\cdots \tag{3.18}$$

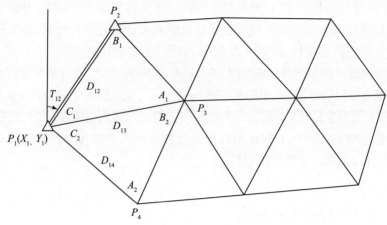

图 3.16 三角测量原理

在此基础上根据坐标增量公式可推算全网点的坐标,即

$$X_3 = X_1 + \Delta X_{13} = X_1 + D_{13}\cos T_{13}$$
$$Y_3 = Y_1 + \Delta Y_{13} = Y_1 + D_{13}\sin T_{13} \quad (3.19)$$

三角测量法一般指边长已知或只测少量边长,每个内角的测回数见表 3.3,在边长测定困难的时代背景下,多采用这种方法。

电磁波测距兴起后,距离测量变得简单,在三角测量的基础上,加测部分边长或全部边长,称为边角同测法或边角全测法。可以理解,加测边后多余观测量变多,精度变高,但在实际的工程控制测量中,角、边都不必全测,可根据实际要求选择需要观测的角、边,否则投用过多的人力、物力、财力并不能显著提高测量精度,这也是一种浪费。

3.4.2 导线测量

在地面上选定相邻点间互相通视的一系列大地控制点 $P_1, P_2, P_3, \cdots$ 连成一条折线,称为导线,如图 3.17 所示。在导线点上测量相邻点间的边长和转折角,并把这些边长和角度都化算到平面上。设 $D_{12}, D_{23}, \cdots$ 为各导线的平面边长,沿 P_i 序号增大方向为前进方向,β_i 为各导线点上的左转折角。若已知的平面坐标为 (X_1, Y_1),P_1P_0 的坐标方位角为 T_{10},则有 $T_{01} = T_{10} + 180°$。

从 P_1P_0 起可逐次推得各导线边的坐标方位角,有

$$\begin{cases} T_{12} = T_{10} + 180° + \beta_1 \\ T_{23} = T_{12} + 180° + \beta_2 \\ \cdots \end{cases} \quad (3.20)$$

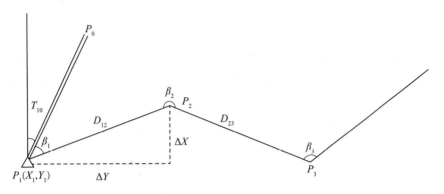

图 3.17 导线测量原理

P_iP_{i+1} 和 $P_{i+1}P_i$ 的方位角不同,相差 180°需要准确判断。式(3.20)左端求出的方位角 T 超过 360°时,应减去 360°。另外,已知方位角为坐标方位角,观测角度要归算到平面角度值,因此得到的也是坐标方位角。

根据这些方位角和各边边长,由 P_i 点的坐标开始,可推算其他各导线点的坐标,有

$$P_2 \text{点}:\begin{cases} X_2 = X_1 + D_{12} \cdot \cos T_{12} \\ Y_2 = Y_1 + D_{12} \cdot \sin T_{12} \end{cases}$$

$$P_3 \text{点}:\begin{cases} X_3 = X_2 + D_{23} \cdot \cos T_{23} \\ Y_3 = Y_2 + D_{23} \cdot \sin T_{23} \end{cases} \quad (3.21)$$

……

等级导线宜在日出后、日落前、夜晚等大气水平交换未开始时开始观测,特别是夏季中午气流湍急、目标摇摆时不应观测。导线点的编号一般按照由西向东、由北向南顺序编号。导线起点和终点高差不宜过大(有水准测定时可不受限制)。导线需要布设为闭合导线或附合导线,附合导线的边数不能超过 10 条,相邻边长比不能超过 1∶3。

导线一般只有两个方向,这时需要按照前进方向的奇数测回观测左角,偶数测回观测右角,测站平差时都要计算至左角,三等导线中测站的[左角]$_{平均}$ + [右角]$_{平均}$ − 360°不超过 ±3.5″,四等不超过 ±5″。每站测回数见表 3.3。测站导线角度测量使用方向法测量,超限处理方法、测站限差见同等级方向法,限差见表 3.3。距离测量见对应等级电磁波测距,测回数及限差要求见表 3.8。需要注意的是,在距离测量时要记录下温度、气压。测量斜距时,还要观测垂直角,量取仪器高和觇标高。

3.4.3 交会测量

交会测量法是测点坐标的常用方法之一,根据观测值的类型可分为测角交会、边角交会、测距交会,根据条件可仅在已知点设站,也可以在已知点、未知点分别设站,或仅在未知点设站。交会测量一般测定低等级控制点,但增加图形检核条件,提高测量等级,添加观测量种类,也能达到一定的精度。

测角交会没有距离观测量,因此可不设置反射合作目标,可以使用纯光学仪器,不受电磁影响。例如,前方交会可以不到现场即可求出需求坐标,后方交会可以不到已知点求出未知点坐标,几种方法也可联合使用。在一些困难条件下,测角交会在军事应用方面具有一定的意义。边角交会测量比较灵活,可根据需求进行角度和距离测量,计算检核也比较方便。测距交会只测距离,测量简单,可以只携带测距仪。边角交会和测距交会这两种方法直接含有距离观测量,归算至平面后按照坐标增量公式计算简单明了。

已知坐标均为平面坐标,由于交会测量区域不大,一般也不构成连续网型,因此观测角也理解为平面角。根据交会法的原理可知,当交会角为90°时,交会点的精度最高,但要求每种图形的交会角都为90°是不可能的,因此,交会角一般应在30°~150°之间,在困难情况下也必须在20°~160°之间。

1. 前方交会

前方交会利用三个已知点与未知点组成两个三角形(图3.18),在三个已知点 A、B、C 上观测水平角 α_1、β_1、α_2、β_2,分别在两个三角形中求出 P 点的两组坐标 (x'_P, y'_P)、(x''_P, y''_P),利用两组坐标点位之差(移位差)来限制误差。

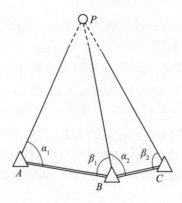

图3.18 前方交会

移位差通常用 e 表示，若令

$$d_x = x'_P - x''_P$$
$$d_y = y'_P - y''_P \quad (3.22)$$

则有

$$e = \sqrt{d_x^2 + d_y^2} \quad (3.23)$$

在图根控制测量中，一般要求 $e \leqslant 0.1M\text{mm}$，$M$ 为测图比例尺分母。当 e 符合要求时，可以取两组坐标的中数为最后结果。

2. 侧方交会

侧方交会是三个已知点，但是在未知点和两个已知点设站观测三个角，其中两个角用来计算点的坐标，一个角用来检核。如图 3.19 所示，A、B、C 为三个已知点，P 为未知点，在 P 点观测 γ、φ，在 A 点观测 α。在三角形 ABP 中，有 $\beta = 180° - (\alpha + \varphi)$，则可根据 A、B 两点坐标及 α、β 求得 P 点坐标。

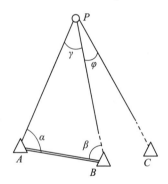

图 3.19 侧方交会

为了检核 P 点坐标是否可靠，通常利用观测角进行检查计算。假定在观测过程中，α 及 γ 观测有误差，则极大可能使 β 计算不准确，从而计算出 P 移位至 P'（图 3.20），由计算得到的 P 点坐标及 B、C 坐标可求得 PC、PB 坐标方位角 T_{PC}、T_{PB}，可计算出夹角 φ'，再 P 点的移位 $\Delta\varphi$，有

$$\varphi' = |T_{PC} - T_{PB}| \quad (3.24)$$
$$\Delta\varphi = \varphi' - \varphi \quad (3.25)$$

由 $\Delta\varphi$ 可求出 P 点的移位差 PP' 为

$$e = \frac{\Delta\varphi}{\rho''} S_{PC} \quad (3.26)$$

同理，要求 $e \leqslant 0.1M\text{mm}$。侧方交会就是利用这个原理进行检核计算的。

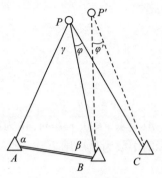

图 3.20 侧方交会检查

应当指出,α 及 γ 的误差可能抵消,也可能 φ、φ′ 两个角和检查角同时有误,按此方法进行检核计算,虽然 e 合格但求出 P 点坐标仍不正确。也有可能 P 点计算正确,即 φ′ 计算正确,但 φ 测量误差较大,计算出的位移差反而超限。因此,侧方交会的检核计算有失效的可能,在实际工作中应当引起重视。

3. 单三角形

单三角形是在两个已知点和未知点分别设站,观测三角形的三个内角,解三角形计算坐标,利用三角形内角和等于 180° 的原理检核外业观测值的可靠性。

如图 3.21 所示,A、B 为已知点,P 为未知点,在 P 点观测 γ,在 A 点观测 α,在 B 点观测 β。进行检核计算,令

$$W = 180° - (\alpha + \beta + \gamma) \tag{3.27}$$

若外业观测无误差,则 W 应为零,事实上这是不可能的。因此,我国规定 $W \leqslant 35''$,当 W 符合要求时,将 W 平均配赋在三个观测角中,并按配赋后的角及已知点 A、B 的坐标,即可求得 P 点的坐标。

4. 后方交会

仅在未知点设站,观测四个已知点之间的水平角,从而确定未知坐标的方法,称为后方交会。如图 3.22 所示,在未知点 P 观测 A、B、C、E 四个已知点,测得 P 与它们的夹角,从中选择三个已知点,与 P 点组成两个三角形解算 P 点坐标,再用第四个已知点进行横向移位差检查。

由于利用三个已知点解算后方交会点,尚无检核条件,因此,通常要求后方交会必须观测四个已知点,检查计算有两种方法。一种方法是利用四个已知点组成两组图形分别计算,求得 P 点的两组坐标,按前方交会的方法进行检查计算,检查符合要求时,取两组坐标的平均值作为最后结果。另一种方法是利用三

个已知点求 P 点的坐标,用侧方交会的方法进行检查计算。由于两组图形计算取中数可以提高未知点的精度,故在交会角符合要求的情况下,一般采用四个已知点组成两组图形的计算。

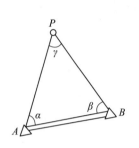
图 3.21　单三角形

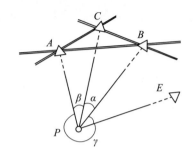
图 3.22　后方交会

测角后方交会有多种算法,这里以 △ABC 为例,只给出赫尔默特公式,即

$$\begin{cases} x_P = \dfrac{x_A \cdot p_a + x_B \cdot p_b + x_C \cdot p_c}{p_a + p_b + p_c} \\ y_P = \dfrac{y_A \cdot p_a + y_B \cdot p_b + y_C \cdot p_c}{p_a + p_b + p_c} \end{cases} \quad (3.28)$$

当 P 点不在三角形对顶角区域内时,有

$$\begin{cases} p_a = \dfrac{1}{\cot\alpha - \cot A} \\ p_b = \dfrac{1}{\cot\beta - \cot B} \\ p_c = \dfrac{1}{\cot\gamma - \cot C} \end{cases} \quad (3.29)$$

当 P 点在三角形对顶角区域内时(图 3.22 中 △ABC 外延线,即 A、B、C 字母所在扇区),有

$$\begin{cases} p_a = \dfrac{1}{\cot\alpha + \cot A} \\ p_b = \dfrac{1}{\cot\beta + \cot B} \\ p_c = \dfrac{1}{\cot\gamma + \cot C} \end{cases} \quad (3.30)$$

A、B、C 分别为 △ABC 内角,即 ∠BAC、∠ABC、∠BCA,可由计算出的坐标方位角相减求出。公式使用时,还需要注意 α、β、γ 和点、边的对应关系。

在使用此公式时,A、B、C 不能在同一条线上,P 点也不能在 A、B、C 构成的圆上。

第4章
高程测量

地面边角测量获取的是二维平面坐标,要想得到地面点的三维信息,还需要进行高程测量。高程是表示地球上一点空间位置的垂直分量,和平面坐标一起统一地表达了点的位置。高程测量基本原理就是首先利用小范围内水准面近似平行的性质,获得两点之间的高差,然后通过多站累积得到未知点的高程。高程测量的基本方法包括水准测量和三角高程测量,其中:前者精度很高,是建立国家高程控制网的基本方法;后者精度不高,但受地形限制少,易于作业,可用作低等级高程控制网的建立。

4.1 水准测量

水准测量是国家高程控制网建立的主要方法,具有观测方法简单、测定高程精度高的优点。精密水准测量结果可以准确确定大地水准面,是研究地球形状、大小的重要资料。

在水准测量过程中,并不是简单读取两个标尺数据进行简单运算即可,而是需要综合考虑仪器误差、外界环境的影响,以及人为读数误差等因素,通过理论研究和测量经验总结得出各等级水准测量方法。

4.1.1 水准测量原理

水准测量使用的仪器包括水准仪和水准标尺。水准标尺是一种木质或金属制直尺,上刻有标准长度。从水准仪的望远镜看地面 A 点沿铅垂线竖立的标尺 R_1 时(图4.1),目镜十字丝横丝可瞄准标尺上某个位置,读数为 1.5684m,这个数据即为 R_1 的视线高,它是水准仪水平视线在标尺上的高度。同理,也可读出 B 点标尺 R_2 的视线高为 1.8695m。

水准仪可以在不改变仪器高的情况下改变观测方向,因此在仪器整平时两个读数是在同一条水平线上的。由于两根标尺都是沿重力线(铅垂线)的方向竖立起来的,它们互相平行且垂直于水平面。由上述关系可知,两读数相减可得

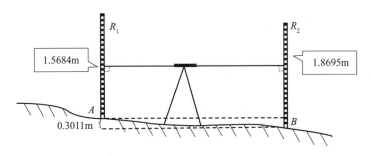

图 4.1　水准测量中的测站高差

A、B 地面两点在铅垂线方向上高低之差,即 0.3011m。

由图 4.1 可知,A 比 B 高 0.3011m,或者 B 点比 A 点矮 0.3011m。简单易见,以 h_{AB} 来表示 B 对 A 的高差,也可理解为 A 点标尺 R_1 的读数减去 B 点标尺 R_2 的读数,得出 h_{AB} = 1.5684 − 1.8695 = − 0.3011m,这里进行的测量工作称为水准测量的一个测站。

如果朝一个方向继续观测,经历了若干测站,就构成了水准线路测量。如图 4.2 所示,从 A,B,C,…直到 P 点。如果在 A、B 点测出了 h_{AB},在 B、C 点测出了 h_{BC},直测量到 P 点,则可以求出 P 对 A 点的高差 $h_{AP} = h_{AB} + h_{BC} + \cdots + h_{OP}$。

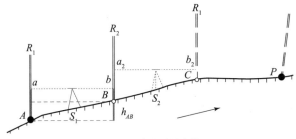

图 4.2　水准测量路线

水准测量有了方向之后,在测站就有了前后的区别。测站前进方向的标尺称作前尺,后面的标尺即为后尺。在 S_1 测站时,R_2 为前尺,R_1 为后尺。下一测站将标尺交替前进,将 R_1 放置于 C 点,即在 S_2 测站时,R_1 为前尺,R_2 为后尺。由此可见,前后尺的称号是变化的。

水准路线要求附合到同等级或高等级水准点上,如果条件不允许,可构成环线、网形,则一般不设置支线。另外,水准路线还需要往、返两次测量,往返的高差之和可以求出一个较差,称为往返高差不符值。由附合路线(环线)测量也可以求取闭合差,这两个值是评价水准测量精度的基础。关于水准网平差、精度评定见第 8 章。

4.1.2 水准测量要求

1. 水准测量视距

光学水准仪通过人眼读取标尺的刻度,电子水准仪通过感光器件识别标尺的条码。不论是哪一种方式,标尺都是通过空气后成像,如果大气质量不好,那么会使得成像模糊,读数随机误差变大。如果大气密度分布不均匀,那么视线会偏转、扭曲,特别是垂直方向上的大气偏折,对高程测量最为关键。因此,水准测量对仪器至标尺的水平距离(视距)有一定限制。各等级规范规定:一等视距≤30m,二等视距≤50m。使用精密水准仪时,三等视距≤100m,四等视距≤150m。使用普通水准仪(不具备测微机构的光学水准仪及标称精度不足1mm/km的电子水准仪)时,三等视距≤75m,四等视距≤100m。上述规定为最远限制,在天气雾霾、光线弱甚至光强时,可以根据情况适当缩短距离。需要注意的是,使用数字水准仪时,距离数码标尺还有最小距离限制。详细的规定见表4.1。

表4.1 水准测量视距要求

等级	最长视距/m	最短视距
一等	30	电子水准仪4m,光学无要求
二等	50	电子水准仪3m,光学无要求
三等	根据仪器 70~100	无要求
四等	根据仪器 100~150	无要求

2. 水准测量视距差

水准测量需要水准仪提供一条水平视线,部分光学水准需要调平水准器来实现,自动安平水准仪依靠重力修正使光线水平。由于仪器望远镜轴、水准器轴、自动整平机构、旋转轴组合不可能绝对精密,因此很难实现一条严格的水平线。实际视线与水平线的夹角为i角,由此造成的读数误差为i角误差(图4.3)。如果沿水平线往上偏折,则i角为正,导致读数变大。

通过试验发现,合格或经过校正的精密水准仪可以保证i角误差小于15″,普通水准仪可以小于20″。20″在100m远处标尺上可产生4cm的读数误差,这项误差不可忽略。由于水准仪是在两根标尺上读数,因此高差是通过求差得到的。在图4.1中,如果两根标尺读数误差分别为Δ_1、Δ_2,则有h_{AB} = (1. 5684 −

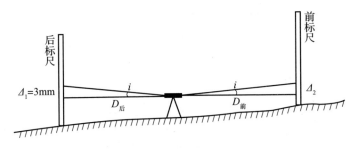

图 4.3　水准测量中的 i 角影响

$\Delta_1)-(1.8695-\Delta_2)=-0.3011-(\Delta_1-\Delta_2)$。如果 Δ_1、Δ_2 相等,由 i 角引起的测量误差并不影响高差结果。由几何关系可知,两个标尺到仪器前后视距 $D_{前}$、$D_{后}$ 需要相等,实际上严格相等比较困难,只要保证 $\Delta_1-\Delta_2$ 比较小,小于相应等级的测量限差即可。

如果每个测站的视距差均为相同的符号,均为正或均为负,那么 i 角误差累积不可忽略,因此对累积误差也有要求。对视距差的具体规定如表 4.2 所列。

表 4.2　水准仪器 i 角及视距差要求

（单位:m）

等级	i 角	|视距差|	|累积视差|
一等	≤15″	光学水准仪≤0.5 电子水准仪≤1.0	光学水准仪≤1.5 电子水准仪≤3.0
二等	≤20″	光学水准仪≤1.0 电子水准仪≤1.5	光学水准仪≤3.0 电子水准仪≤6.0
三等	≤20″	光学≤2.0	≤5.0
四等	≤20″	光学≤3.0	≤10.0

3. 水准测量视线高度的要求

根据光学特性,光线通过不同密度的介质时会发生折射现象,由光疏介质进入光密介质时总要偏向于光密介质。如果介质不均匀,那么路径呈现为偏向密度大介质的曲线。在地球引力、温度、空气分子力等因素的相互作用下,空气密度总的趋势是随高度降低而迅速增大,但是地表面每时每刻都在散热,根据气体方程 $\rho V=nRT$,温度 T 升高,体积 V 变大,密度 ρ 变小,由于越接近地表,温度越高,因此在近地面几米内会形成上密下疏的大气分布。水准测量是在地表面进行作业的,仪器的水平视线通过大气时也要发生折射,当测站高差较大时,仪器两端的视线偏折的曲率不同,在图4.4中有 $a'-a \neq b'-b$。

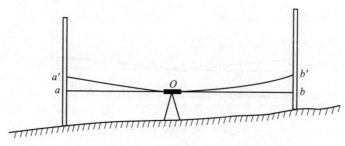

图 4.4　水准测量中大气折光的影响

此时,无论改变观测顺序还是往返测,均不能消除此项误差,因此,测量规范中明确规定,在一、二等水准测量作业中有最小读数的限制,如表 4.3 所列。

表 4.3　水准测量读数范围

（单位:m）

仪器	等级	标尺读数范围
光学	一等	≥0.3
	二等	≥0.5
电子	一等	≤2.8,且≥0.65
	二等	≤2.8,且≥0.55

注:三、四等无此项要求。

4. 水准测量行进的要求

水准测量的高差实际上是拿水准标尺量取的,水准标尺底面应当为0,但是底部安装有防止磨损的铁质底板,底板和尺身在制造、使用过程中导致结合不准确,底面不为零时会产生零点差。

在一个测站进行观测时(图4.4),设后尺为 R_1,零点差为 Δ_1,标尺读数为 a;前尺为 R_2,零点差为 Δ_2,标尺读数为 b。在此测站如果按照 $h_1=a-b$ 则计算出错误的高差,正确的表达式应当为

$$h_1 = (a+\Delta_1) - (b+\Delta_2) = (a-b) + (\Delta_1 - \Delta_2) \tag{4.1}$$

$\Delta_1 - \Delta_2$ 称为一对标尺的零点差之差,水准仪标尺在出厂、检修后会给出一对标尺的零点差之差,因此标尺需要配对使用,不能混用,以备进行零点差改正。

在下一个测站测量时,2号标尺不移动,只将刻划面转向仪器,1号标尺搬至前面,改称为前尺,2号标尺为后尺。此时有

$$h_2 = (c+\Delta_2)-(d+\Delta_1)=(c-d)+(\Delta_2-\Delta_1) \quad (4.2)$$

两个测站高差求和可得

$$h_1+h_2=(a-b)+(c-d) \quad (4.3)$$

由此可见,采取标尺交替前进,进行偶数站测量,可消除掉标尺零点误差。

5. 水准测量标尺观测顺序

水准测量最好沿平缓、坚固的道路进行,但是不可避免地经历草地、土地、沙地等地质不稳定的地区。根据试验可知,当仪器脚架踩入地面后,由于地面的反作用力,在观测过程中仪器一般呈现上升现象,尺台也会产生类似的效应,升降的速率取决于地面土质构成情况,总的趋势是:开始的几分钟内幅度最大,而后逐渐减小,直到停止(图4.5)。由于时间关系,不可能等升降效应结束后再进行测量,因此考虑使用特定的测量顺序来消除掉其影响。

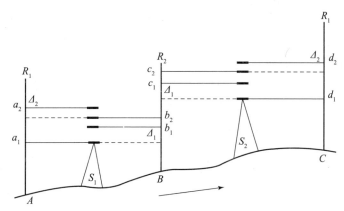

图4.5 水准测量仪器沉降误差

假设在测站 S_1 脚架随时间上升,在后标尺 R_1 的读数设为 a_1,由于记录、计算、瞄准标尺耗费了一定时间,再读前视标尺 R_2 时得到一个含有 Δ_1 误差的视线高度 b_1,则 $a_1-(b_1-\Delta_1)$ 才是正确的测站 S_1 正确的高差。如果再进行一次测量,先测前尺,再测后标尺,读数分别为 b_2,a_2,依此次读数计算出正确高差为 $(a_2-\Delta_2)-b_2$。两次取平均,有

$$h_1=\frac{a_1-(b_1-\Delta_1)+(a_2-\Delta_2)-b_2}{2}=\frac{(a_1-b_1)+(a_2-b_2)+(\Delta_1-\Delta_2)}{2}$$

(4.4)

对于熟练的测量员来说,操作仪器时间不会有太大变化,如果脚架为匀速反弹,则可以认为 $\Delta_1\approx\Delta_2$,基本消除掉了此项误差。水准测量规范规定:三等水准测量在每个测站均需要按照"后(尺)前(尺)前(尺)后(尺)"求取两次高差的方

法测量。在四等水准测量中不考虑仪器尺台的沉降问题,为了提高精度、防止粗差,每站仍进行两次高差测量,但采取"后后前前"的测量顺序。

由于沉降不是线性的,Δ_1 往往要大于 Δ_2,水准线路需要众多测站,累积起来足以影响到一、二等水准测量的精度,因此这部分残余误差不能再忽略,一、二等水准测量在相邻测站改变测量顺序消除剩余的误差。在下一测站 S_2,按"前后后前"的顺序,读数依次为 d_1,c_1,c_2,d_2,则 S_2 正确的高差为

$$h_2 = \frac{(c_1 - \Delta_1) - d_1 + c_2 - (d_2 - \Delta_2)}{2} = \frac{(c_1 - d_1) + (c_2 - d_2) - (\Delta_1 - \Delta_2)}{2} \quad (4.5)$$

两站高差即式(4.4)与式(4.5)相加可得

$$h_1 + h_2 = \frac{(a_1 - b_1) + (a_2 - b_2) + (c_1 - d_1) + (c_2 - d_2)}{2} \quad (4.6)$$

由此可见,通过相邻测站改变观测顺序消除掉了仪器脚架沉降误差。尺台也存在类似的问题,采取上述方法也可有效抵消。事实上前面的讨论在许多假设条件下才成立,例如:某些观测所用的时间相同,且在此时间内升降速度与时间成比例;往返测的路线地面条件相同。一般情况下,假设条件不可能完全满足,因而这种误差影响仍然是精密水准测量的主要误差之一。最有效的办法还是采取其他措施,使产生的误差的影响最小。这些措施包括:尺台(桩)要设置在稳固的地面上;在观测时,应将标尺尽早放在尺台(桩)上,等它升沉缓慢时再读数,扶尺时不施加额外上下的力;迁站转点时后标尺(不搬动的标尺)应从尺台(桩)上取下,观测时再放上。

一、二等水准测量规范规定,使用数字水准仪时,奇数站采用"后前前后"的测量顺序,偶数站采取"前后后前"的测量顺序。使用光学水准仪时,往测奇数站、返测偶数站采用"后前前后",往测偶数站,返测奇数站使用"前后后前"的观测方式。

4.1.3 水准测量的观测及限差

一、二等水准测量读尺顺序如表4.4 所列。

表4.4 水准测量读尺顺序

往测	返测
奇数测站"后前前后"	奇数测站"前后后前"
(1)照准后标尺基本分划(上丝、下丝、楔形丝); (2)照准前标尺基本分划(楔形丝、上丝、下丝); (3)照准前标尺辅助分划(楔形丝); (4)照准后标尺辅助分划(楔形丝)。	(1)照准前标尺基本分划(上丝、下丝、楔形丝); (2)照准后标尺基本分划(楔形丝、上丝、下丝); (3)照准后标尺辅助分划(楔形丝); (4)照准前标尺辅助分划(楔形丝)。

续表

往测	返测
偶数测站"前后后前"	偶数测站"后前前后"
(1)照准前标尺基本分划(上丝、下丝、楔形丝); (2)照准后标尺基本分划(楔形丝、上丝、下丝); (3)照准后标尺辅助分划(楔形丝); (4)照准前标尺辅助分划(楔形丝)。	(1)照准后标尺基本分划(上丝、下丝、楔形丝); (2)照准前标尺基本分划(楔形丝、上丝、下丝); (3)照准前标尺辅助分划(楔形丝); (4)照准后标尺辅助分划(楔形丝)。

数字水准仪在测一、二等水准时,标尺上的条码无基辅分划之分,也不再测上丝、下丝求距离,但为了减弱与时间成比例的误差影响,仍采用相邻站前后标尺轮换起测。无论光学仪器还是电子仪器,均需在返测第一站交换标尺,改变仪器高开始起测,手簿记录如表4.5所列。

表4.5 电子水准仪手簿记录(表头及前2站)

等级:Ⅱ 测自:Ⅱ郑登02 至:Ⅱ新密25 时间:2018.12.24 15:20
观测者:张勇 记录者:赵冬青 温度:12℃ 成像:清晰 天气:晴
土质:柏油 太阳方向:左前 往/返:返

测站 编号	距离		1次读数	2次读数	读数差	高差
	后尺距离		后尺视线1	后尺视线2	后1-后2	
	前尺距离		前尺视线1	前尺视线2	前1-前2	$\dfrac{h_1+h_2}{2}$
	视距差 d	累积视距差 $\sum d$	h_1	h_2	h_1-h_2	
1	28.4		2.3321	2.3322	-1	0.33455
	28.5		1.9876	1.9876	0	
	-0.1	-0.1	0.3445	0.3346	-1	
2	32.56		1.6654	1.6655	-1	0.3233
	32.43		1.3422	1.3421	1	
	0.13	0.03	0.3232	0.3234	-2	
…	…	…	…	…	…	…

各等级限差如前所述,电子水准仪限差项如表4.6所列。

表4.6 各等水准测量主要限差项

(单位:m)

限差项	一等	二等	三等	四等
视距	≤30	≤50	≤100	≤150
最低视线	≥0.65	≥0.55	能读	能读
|视距差|	≤1	≤1.5	≤2	≤3
|累积视距差|	≤3	≤6	≤5	≤10
|高差之差|	≤0.004	≤0.006	≤0.003	≤0.005

三等水准测量采用中丝读数法进行往返观测,仪器等级较高时也可进行单程双转点法进行观测。两种方法每站的观测顺序均相同,即:后–前–前–后。

四等水准测量采用中丝读数法进行单程观测。支线必须往返观测或单程双转点法观测。四等水准测量每站的观测顺序为:后–后–前–前。

单程双转点法进行观测时,在每一转点处,安置左右相距0.5m的两个尺台,相应于左右两条水准路线。每一站按规定的观测方法和程序,首先完成右路线的观测,然后进行左路线的观测。

一、二等光学水准仪中丝为楔形,测量时使用测微螺旋夹住刻划,读数由标尺和测微器两部分加成。三、四等光学水准仪中丝为单丝,毫米位进行估读。

水准测量是建立在水准面平行的假设之上的,实际上水准面是不平行的,特别是一、二等水准测量南北方向更不能忽略这个差异,在高程控制网平差前需要将满足国家相应等级测量规范要求的观测高差加入一系列改正,包括水准标尺长度改正和温度改正、正常水准面不平行改正、重力异常改正、固体潮改正、海潮负荷改正和水准路线闭合差改正。另外,水准测量测出的是何种高差,还要看在哪个高程系统中进行数据处理。

水准测量要求连接到更高等级的点构成附合路线,还要进行往返测,其中往测一般按照标石命名的顺序施测。往测和返测为符号相反,对于相近的两个值,它们之和构成往返高差不符值。往返高差不符值包含仪器i角误差、大气折光差、尺台沉降误差等多种因素,是外业检核的重要条件之一。往返闭合差检验合格之后,以往测减返测,除以2得到平距值作为测段高差,然后进行内业处理。

一等水准测量由于没有更高等级的水准点而构成附合路线,水准路线还要布设为环形,自身进行闭合。进行其他等级水准测量时,如果附近只有一个已知水准点可用,那么可以测量环路线,以保证测量无误。需要注意的是,环路线不是往返测,环路线的往返测是顺时针、逆时针的两条路线,以往测减返测取均值为环闭合差。

往返测、环闭合差等限差如表 4.7 所列。

表 4.7 水准测量往返测、环闭合差等限差

等级	测段、区段、路线往返测高差不符值	附合路线闭合差		环闭合差		检测已测测段高差之差
		平原	山区	平原	山区	
一	$\pm 1.8\sqrt{K}$	—		$\pm 2\sqrt{F}$		$\pm 3\sqrt{R}$
二	$\pm 4\sqrt{K}$	$\pm 4\sqrt{L}$		$\pm 4\sqrt{F}$		$\pm 6\sqrt{R}$
三	$\pm 8\sqrt{K}$	$\pm 12\sqrt{L}$	$\pm 15\sqrt{L}$	$\pm 12\sqrt{F}$	$\pm 15\sqrt{F}$	$\pm 20\sqrt{R}$
四	$\pm 14\sqrt{K}$	$\pm 20\sqrt{L}$	$\pm 25\sqrt{L}$	$\pm 20\sqrt{F}$	$\pm 25\sqrt{F}$	$\pm 30\sqrt{R}$

注：K、L 为往返路线长度中数；F 为线环长；R 为两个水准点之间的距离。单位均为 km。

4.2 高程控制网

为了建立统一的高程控制网，就必须确定一个统一的高程起算面。世界上绝大多数国家和地区都选取海水面的平均位置作为起算面，因为这个位置是实际存在的，相当稳定的，可以精确地测得，而且全球的海水面平均位置与地球的自然表面相接近。

为了确定平均海水面，通常都是在沿海的一个合适的地点设立验潮站，积年累月记录该处的海面位置。由于许多外界环境和地球内部因素的不断变化，尤其是月球和太阳位置的变动，海水面也随之变化。这种变化是周期性的，几小时至几天，其长周期是天文潮汐周期。一个天文潮汐周期大约是 18.61 年。统计数据证明，长周期的海水面平均位置基本上是不变的，可以认为是该地区的海水平均位置。

4.2.1 国家高程基准

为了明显而稳固地标志出高程起算面的位置，还要建立一个永久性水准点，用精密水准测量将它与平均海水面联系起来，作为国家或地区控制网的高程起算点，这个水准点称为水准原点。我国的水准原点位于青岛观象山，由一个原点、两个附点和三个参考点构成了水准原点网，附点用于监测原点的稳定性及保

证联测精度。水准原点的标石是用坚固的花岗岩石柱筑成,用混凝土牢固地粘附在坚固的岩石上,在柱石顶端凿有一竖孔,镶嵌一玛瑙标志,顶部为半球形。

中国是以黄海海平面为高程基准面的,取自位于青岛大港一号码头西端的验潮站。验潮站内由一直径 1m 深 10m 的验潮井,由三个直径分别为 60cm 的进水管与大海相通。所用仪器最初为德国制造的浮筒式草席自记仪,观测记录始于 1900 年,抗日战争期间遭到破坏,1947 年更新验潮仪后恢复观测,新中国成立后重新整修建筑并更新设备。验潮工作每天观测三次:07:45～08:00、13:45～14:00、19:45～20:00。根据常年获得的潮位数据,经严格计算得到青岛验潮站海平面作为国家高程基准。

1959 年我国颁布的《大地测量法式》规定:国家水准点的高程以青岛水准原点为依据。按 1956 年计算结果,原点高程定为高出黄海平均水面 72.289m,这个起算面通常称为 1956 年黄海平均海水面。计算 1956 年黄海平均海水面所采用的资料是 1950 年至 1956 年的验潮结果,时间较短,不尽理想。1987 年 5 月我国启用 1985 年国家高程基准。新基准采用青岛验潮站 1952 年至 1979 年的潮汐观测资料,用中数法计算黄海平均海水面位置。经精密水准测量联测水准原点的高程为 72.260m,两者相差 0.029m(图 4.6)。

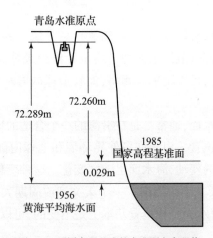

图 4.6 不同高程基准的水准原点高程值

国家水准网的布设原则与水平控制网布设原则类似,也采用由高级到低级、从整体到局部的方法分四个等级布设,逐级控制,逐级加密。各级水准路线一般都要求自身构成闭合环线,或闭合于高一级水准路线上,以控制系统误差的积累和便于低一级水准路线的加密。

一等水准网是国家高程控制网的骨干,同时也是进行有关科学研究的主要依据。因此,一等水准路线应沿着地质构造稳定、路面坡度平缓的交通路线布设,以适合高精度水准观测的要求。水准路线应构成环形,环线周长在平原丘陵地区应在1000~1500km,一般山区应在2000km左右,这样的密度对于地域辽阔的我国来说是比较合适的。

二等水准网是国家高程控制网的基础,应沿铁路、公路、河流布设,构成环形,并联系到一等点上。环线周长一般规定为500~750km,在平坦地区根据建设需要可适当缩短,在山区或困难地区可酌情放宽。

三、四等水准网是直接为地形测图和工程建设提供必需的高程控制点。三等水准路线是在高等级水准网内加密成闭合环线或附合路线,其环线周长规定不超过300km。四等水准路线一般是在高等级水准点间布成附合路线,其长度规定不超过80km。

各等级水准网测量的精度是用每千米水准测量的偶然中误差M_Δ和全中误差M_w表示,其限差规定于表4.8中。

表4.8 国家一二等水准网测量精度

(单位:mm)

限差	一等	二等	三等	四等
M_Δ	≤0.45	≤1.0	≤3.0	≤5.0
M_w	≤1.0	≤2.0	≤6.0	≤10.0

国家高程控制网是以水准测量的方法为主建立的。由于受到其测量精度的局限性(每千米测定高差中误差约为0.025m),三角高程测量一般仅作为测定平面控制点高程的辅助方法,从而为各种比例尺测图的基本高程提供控制数据。为了推算大地控制点的高程,要以国家水准点的已知高程为起算数据。当然在一定密度的水准测量控制下,用三角高程测量测定大面积上各级大地控制点的高程,既保证了高程的必要精度,又可以克服水准测量所受地形条件的限制。对于三角高程测量代替水准测量,一般是仅沿着水准路线在地形条件复杂的情况下,部分测段用三角高程测量来代替。

随着GNSS测量技术的普及和应用,利用GNSS测量可以直接得到地面点的三维大地坐标,可等效为大地经纬度和大地高,具有精度高、速度快、作业简单等特点。但是由于我国采用的是正常高系统,因此还必须将GNSS测得的大地高转化为正常高才能使用。由于(似)大地水准面的确定与地球内部质量分布有着密切的联系,因此(似)大地水准面的精确求定变得很困难。因此,GNSS测量测定的地面点高程必须在一定密度水准测量控制之下才能发挥其作用。

4.2.2 国家水准控制网

实际上,水准测量路线上需要埋设水准标石以保存测量成果,水准点并不是图 4.2 以 A、P 等字母命名的,并且水准测量的过渡点(也称为转点,如 B、C 等)是无须命名的。要给水准点命名,首先要命名水准路线,水准路线一般以起点+终点地名的简称命名,以西至东、北至南为顺序,前面添加Ⅰ、Ⅱ表示等级,如Ⅱ西郑(西安至郑州二等水准路线)。连接多个水准路线的点称为结点,结点间的水准路线一般也称为测线,一条路线要根据长度经过若干水准点,路线上的水准点依次以阿拉伯数字标注,如Ⅱ西郑1、Ⅱ西郑2、Ⅱ西郑3,两个水准点之间的水准路线称为水准测量的测段。实际上,还要根据水准点的类型给一个标识,国家水准网中水准点的布设规定见表 4.9,如Ⅱ西郑1基。

表 4.9 水准点的布设规定

水准点类型	间距	布设要求
岩基水准点 (深层岩基水准点、浅层岩基水准点)	400km 左右	设置于一等水准路线的结点处,在大城市、国家重大工程或地质灾害多发区应予增设;每省市应当不少于四座
基本水准点 (混凝土柱基本水准点、钢管基本水准点、岩层基本水准点)	40km 左右,经济发达地区 20~30km,荒漠地区 60km 左右	设置于一、二等水准路线上及其节点处;大中城市两侧;县城及乡政府所在地,宜设置在坚固的岩层中
普通水准点 (混凝土柱普通水准点、钢管普通水准点、岩层普通水准点、道路普通水准点、墙角普通水准点)	4~8km,经济发达地区 2~4km,荒漠地区 10km 左右	设在地面稳定,利于观测和长期保存的地点;隧道两端;跨河水准测量标尺点附近

水准标石是保存水准测量成果的载体,具有非常重要的作用。各等级、类型水准点的选点、制作、埋设、记录都有详细的规定,有规范可查阅。

1951—1975 年我国完成的一等水准路线长 50000km,二等水准路线长 140000km,建立了黄海高程基准。到 1984 年底,我国完成了覆盖全国大陆和海南岛的国家一等水准网的全部外业工作。一等水准网共有 100 个水准环,289 条路线,水准路线全长 93360.8km,1986 年底完成整体平差,建立了 1985 国家高程基准,此后 1991—1999 年进行了一等水准网复测。

2012—2015 年我国实施了国家现代测绘基准体系基础设施建设,新布设和利用旧点建设了国家新一代高程控制网,全网布设 248 条一等水准路线,总长度

85452km,包含 16485 个水准点,构成 77 个闭合环,形成 172 个结点,路线平均长度 345km、最长 1080km,环线平均长度 1848km、最长 5213km。这次高程网建设实现了水准、GNSS、重力的基准融合,统一采用了数字水准仪。

水准测量外业计算是水准测量平差前必须进行的准备工作。在水准测量外业计算前必须对水准测量的外业观测资料进行严格的检查,在确认正确无误、各项限差都符合要求后,方可进行外业计算工作。计算工作完成后,必须利用已取得的观测成果,计算每千米高差中误差,以估算外业水准观测成果的质量。

4.3 三角高程测量

水准测量在传递高程中易受地形条件限制,特别是在跨越河流、山脉等障碍物时,水准测量就将很困难。三角高程测量是利用两地面控制点的距离和所观测的垂直角计算两点间的高差,进而传算控制点高程的方法。与几何水准测量相比,三角高程测量具有不受地形条件限制、传递高程迅速等优点,缺点是推算高程的精度稍低。影响三角高程测量精度的主要原因是大气垂直折光,如果在施测过程中采取适当的措施,可明显提高精度。国家高程测量规范规定了三角高程导线测量可以代替三、四等水准测量。

4.3.1 三角高程测量原理

1. 垂直角计算

垂直角定义为一点的视准线与其相应的水平视线的夹角。垂直角范围为 $-90° \sim +90°$,水平面以上为正,也称为仰角;水平面以下为负,也称为俯角。

水平视线在实地并无可供照准的目标,为此,在垂直角测定系统中设置一个专用水准器,并将水准器与读数指标固定在一起,且该水准器的水准器轴与指标正交(或平行),表示水平视线的位置,因此称其为指标水准器,如图 4.7 所示。由于度盘设计的原因,直接的读数不是定义的垂直角,垂直角需要由盘左或盘右计算求出,计算公式为

$$\begin{cases} 盘左:\alpha_{左} = 90° - L \\ 盘右:\alpha_{右} = R - 270° \\ 一测回:\alpha = \dfrac{1}{2}(R - L - 180°) \end{cases} \quad (4.7)$$

式中：L 为盘左垂直度盘读数；R 为盘右垂直度盘读数。现代多数全站仪也可由仪器自动计算，直接输出垂直角，但是在高精度测量中仍需要按测回观测以消除轴系误差。

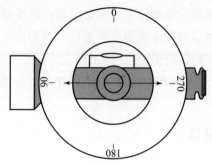

图 4.7　垂直角及指标水准器

由于制造、安装和环境温度等方面的原因，垂直度盘、读数指标、指标水准器与视准轴的相互关系不可能与理论位置完全一致，因此当指标水准器气泡居中时，指标的实际位置与理论位置（水平或垂直）也不完全一致，它们之间的微小夹角称为指标差，半测回垂直角中包含指标差，但指标差可以在一测回垂直角中消除掉。指标差计算公式为

$$i = \frac{1}{2}(L + R - 360°) \tag{4.8}$$

在天文测量中，以天顶方向（望远镜垂直向上）为 0°，天底方向（望远镜向下）为 180°，称为天顶距。需要注意的是，天顶距是一个和垂直角互余（之和为 90°）的角度，而不是长度距离。

2. 垂直角测量原理

垂直角观测方法分中丝法和三丝法两种，这里只介绍中丝法。中丝法是以望远镜十字丝的水平中丝照准目标测定垂直角。具体操作程序为：在盘左位置

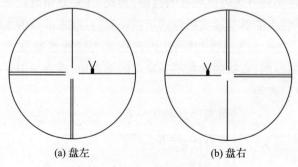

(a) 盘左　　　　　　　　(b) 盘右

图 4.8　三角高程中丝法

用水平丝照准目标(图4.8a),使指标水准气泡精密符合(具有补偿功能的仪器可以忽略),读定垂直度盘盘左读数;纵转望远镜,在盘右位置用水平中丝照准目标(图4.8b),调平指标水准器气泡(具有补偿功能的仪器可以忽略),读盘右读数,如此构成一测回。三角高程不分等级,不论何种精度的仪器,一般每个目标需观测四测回,每个测回先从盘左、盘右开始均可,只要相邻的半测回构成整测回即可。多个目标需要观测时,一个方向测完后,再测下一个目标。三角高程记录见表4.10。

表4.10 三角高程记录表

照准点名	盘左				盘右				指标差	垂直角		
照准部位	°	′	″	″	°	′	″	″	″	°	′	″
大山——T	91	42	21.0	21.3	268	18	35.6	35.0	+28.2	−1	41	53.1
			21.6				34.4					
	91	42	20.8	20.6	268	18	37.2	39.0	+29.8	−1	41	50.8
			20.4				40.8					
	91	42	18.6	20.0	268	18	32.2	33.6	+26.8	−1	41	53.2
			20.4				35.1					
	91	42	19.1	20.1	268	18	40.3	39.0	+29.5	−1	41	50.6
			21.1				37.6					
中数										−1	41	51.9

一个目标各测回垂直角的互差为 ±10″,指标差互差限差为 ±15″。

如图4.9所示,A、B 为地面上两点,其高程分别为 H_1、H_2(未知),A 点观测 B 点垂直角为 α_{12},S_0 为两点间的水平距离,i_1 为 A 点仪器高,a_2 为 B 点的目标高,则 A、B 两点间的高差为

$$h_{12} = H_2 - H_1 = S_0 \tan\alpha_{12} + i_1 - a_2 \tag{4.9}$$

如果测量的是斜距 d,则高差公式为

$$h_{12} = d\sin\alpha_{12} + i_1 - a_2 \tag{4.10}$$

实际测量中要顾及地球弯曲差和大气垂直折光改正,才能求出较为精确的高差。另外,若已知点为大地高系统还要将基准改为法线方向,才能得到大地高高差。由于 A 点高程已知,则 B 点高程为

$$H_2 = H_1 + h_{12} \tag{4.11}$$

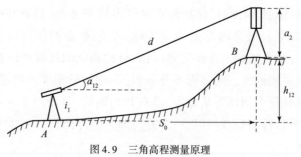

图 4.9　三角高程测量原理

3. 解析法量取仪器高和目标高

仪器和觇标的量高精度直接反映在高差精度上,特别是短边三角高程测量,量高误差为主要误差,因此要进行精密三角高程测量,必须注意量高的准确性。由于脚架、仪器的遮挡,使用钢尺一般无法精确量高,这时要借助定制的器具或借助水准仪计算出仪器高。下面介绍使用水准仪确定仪器高、目标高的方法。

用解析法量取仪器高如图 4.10 所示,在距离测站不远处设立辅助点,首先用水准仪测出两点之间的高差 Δh,之后在辅助点架设棱镜测出两点之间的距离 L,然后在辅助点竖立水准标尺,观测标尺上、下某两分划的垂直角。设上分划线 h_1 的垂直角为 α_1,下分划线 h_2 的垂直角为 α_2。由图 4.10 可得

$$\begin{cases} h_1 - h_0 = L\tan\alpha_1 \\ h_0 - h_2 = -L\tan\alpha_2 \end{cases} \quad (4.12)$$

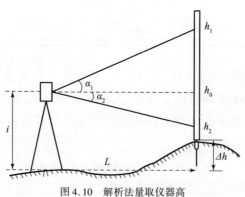

图 4.10　解析法量取仪器高

解上述方程得经纬仪水平视线在标尺上读数为

$$h_0 = \frac{h_2\tan\alpha_1 - h_1\tan\alpha_2}{\tan\alpha_1 - \tan\alpha_2} \quad (4.13)$$

则仪器水平轴至标石面的高度(仪器高)为 $i = h_0 + \Delta h$。

对于目标高用解析法量取采用与上类似的方法,原理同三角高程,只是已知

高差、仪器高、距离反求目标高,具体如下:在目标点附近建立辅助点,用水准仪和测距仪测出辅助点和目标点标石间的高差 h_{12} 和水平距离 D_{12},仪器高 i 先由上述仪器高方法解析法得到,其观测目标的垂直角为 α_{12},则目标高可表示为

$$a = D_{12}\tan\alpha_{12} + i - h_{12} \tag{4.14}$$

以上直接法和解析法所获得的仪器高、目标高的精度可控制在 0.5mm 以内。

4.3.2 三角高程计算

式(4.14)是在照准目标视线为假设直线、地球表面为平面的前提下推得的,适用于距离近和精度低的情况。当 A、B 两点相距较远时,不能用水平面代替水准面,且受到大气折光的影响,视线也不是直线传播的,因此在实际测量中应考虑地球弯曲差和大气折光差的影响(图4.11)。

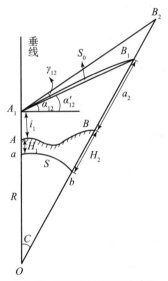

图 4.11 顾及球气差的三角高程

地面 A、B 两点在参考椭球面上的投影点为 a、b,弧长 $\widehat{ab} = S$ 是椭球面上距离。A、B 两点的大地高分别为 H_1、H_2,A 点的仪器高为 i_1,B 点的觇标高为 a_2。

从 A_1 点(仪器处)照准 B_1(觇标处)点的光迹为弧线 $\widehat{A_1B_1}$,测得的以垂线为准的垂直角为 α_{12},并非所需垂直角 α'_{12}。由边角测量中觇标高的计算方法可知,B_1B_2 为大气垂直折光差的影响,即

$$B_1B_2 = k \cdot \frac{S^2}{2R} \tag{4.15}$$

地球弯曲差(球差)的值大约为

$$\frac{S^2}{2R} \tag{4.16}$$

式中:k 为大气垂直折光系数;$R=6371008.77$ 为地球平均曲率半径(CGCS2000)。

地球弯曲差增加目标点的高程,大气折光差减小目标点的高程,合并两项,引入球气差系数,即

$$c = \frac{1-k}{2R} \tag{4.17}$$

距离测量及归算可见第 3 章和第 8 章,边长分球面边长、平面边长和斜距等,因而所采用的公式也略有不同,这里直接给出可用公式。

实测水平距离 S_0 计算单向高差的基本公式为

$$h_{12} = S_0 \tan\alpha_{12} + cS_0^2 + i_1 - a_2 \tag{4.18}$$

用椭球面上大地线长 S 计算单向高差的基本公式为

$$h_{12} = S\tan\alpha_{12}\left(1 + \frac{H_m}{R}\right) + cS^2 + i_1 - a_2 \tag{4.19}$$

用高斯平面边长 D 计算单项高差的公式为

$$h_{12} = D\tan\alpha_{12} + cD^2 + i_1 - a_2 + D\tan\alpha_{12}\left(\frac{H_m}{R} - \frac{y_m^2}{2R^2}\right) \tag{4.20}$$

式中:H_m 为 A、B 点的平均概略高程;y_m 为两点间平均横坐标。

4.3.3 大气垂直折光的影响

视线通过在垂直方向上密度不同的大气层时,就会产生垂直折光。形成大气垂直密度梯度的主要原因是由于地球质量对大气分子的引力作用,同时大气密度还随着温度的变化而变化,致使大气密度的分布呈现出复杂的状态。在不同地区、不同地形条件、不同季节、不同天气、不同时刻、不同地面覆盖物以及视线超出地面不同高度的情况下,形成的大气垂直密度梯度都不会相同。也就是说,在各种不同情况下,大气垂直折光系数 k 可能有很大的差异。根据我国东部和西部几个地区的统计资料,k 值一般为 0.09~0.16(沼泽森林地区 0.14~0.15,平原丘陵地区 0.11~0.12,沙漠地区 0.09~0.10)。当视线较短且贴近水面或沙漠通过时,受近地大气折射的影响,k 值还会出现负值。

实验表明,k 值变化规律是中午前后小(c 值大)且比较稳定,日落、日出前后 k 值比较大(c 值小)且变化比较快。图 4.12 列出了 c 值随时间变化的情况。由于 k 值变化复杂,难以精密测定每一方向在观测时的大气垂直折光系数,一般只能根据实验资料确定不同情况下相应的平均 k 值。在高差计算公式中,k 值反映在球气差系数 c 中,即 $c=(1-k)/2R$,故通常直接测定 c 值。若 k 是小于 1

的数值,则 c 值恒为正。

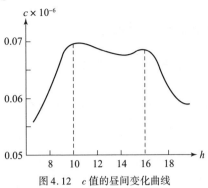

图 4.12 c 值的昼间变化曲线

1. 几何水准高差法求 c 值

设两点间用几何水准测得的高差为 Δh_{12},由于水准测量中标尺在两侧且很近,因此高差结果中抵消掉球气差,再进行三角高程测量,求得的高差为

$$h_{12} = S\tan\alpha_{12} + cS^2 + i_1 - a_2 \tag{4.21}$$

如果观测无误差,c 值取值正确,两种方法求得的高差应相等,即

$$S\tan\alpha_{12} + cS^2 + i_1 - a_2 - \Delta h_{12} = 0 \tag{4.22}$$

则有

$$c = \frac{a_2 - i_1 + \Delta h_{12} - S\tan\alpha_{12}}{S^2} \tag{4.23}$$

式中:Δh_{12} 为水准测量高差;α 为实测垂直角;S 为平距;i_1 为仪器高;a_2 为目标高。

用此法确定 c 值,可以在测区内选择均匀分布的 4~5 条边,用几何水准方法测定各边的高差,并在有利观测时间内测定垂直角,按式(4.23)计算 c 值,取中数即为该地区的平均 c 值。

2. 同时对向三角高程法求 c 值

若两点间同时对向观测,可认为 $c \approx c_1 \approx c_2$,则有

$$\begin{cases} h_{12} = S\tan\alpha_{12} + cS^2 + i_1 - a_2 = (h_{12})_0 + cS^2 \\ h_{21} = S\tan\alpha_{21} + cS^2 + i_2 - a_1 + \Delta h_{21} = (h_{21})_0 + cS^2 \end{cases} \tag{4.24}$$

由 $h_{12} - h_{21} = 0$ 求得

$$c = -\frac{(h_{12})_0 + (h_{21})_0}{2S^2} \tag{4.25}$$

实际作业中,要在测区内选择 20~30 条有对向观测垂直角的边,根据每边

计算 c 值,取其平均值作为测区的 c 值。

3. 减弱大气垂直折光影响的措施

根据垂直折光的性质及垂直折光系数变化的规律,应采取一定的措施以减弱其影响。

(1)采取对向观测。这样可大大减弱垂直折光的影响,使从单向观测中确定 c 值的影响减小到对向 c 值不等的影响。

(2)选择有利观测时间。由图 4.12 可知,选择中午前后观测最为有利,此时 k 值小且稳定。

(3)提高视线高度。实践证明,视线距地面越近,折光系数变化越大。以珠穆朗玛峰三角高程测量为例,观测珠峰方向由于整个视线距地面都很高,k 值周日变化只有 0.01~0.02,而其他方向则变化较大,最大变化达 0.105。这充分说明提高视线高度可以减弱大气垂直折光的影响。

(4)尽可能利用短边传递高程。垂直折光影响是与距离平方成比例的,显然选择短边传递高程是有利的。

必须指出,无论是提高 c 值的测定精度还是采取各种措施,计算时所采用的 c 值与实际 c 值总还有差异,垂直折光影响并不能完全消除。因此,垂直折光误差仍是影响三角高程测量精度的重要因素之一。k 值的大小取决于地面大气层的温度、气压等气象因素。数十年来,大地测量学家通过理论研究和实验,导出了以大气温度、湿度、气压、垂直角、两点间距离为参数的各种 k 值计算公式,实用中可根据要求酌情选用。

4.4 电磁波测距高程导线

电磁波测距高程导线也称为精密三角高程测量。随着全站仪的发展,测边和测角开始一体化,特别是测距精度也有了很大的提高,边长测定普遍达到 1mm/km 以上,测角精度可达 $0.5''$,这就为精密三角高程测量提供了有利的条件。目前三、四等水准测量可完全由测距高程导线替代,并且国家有关部门制定了相应的规范。在山区和丘陵地区用测距高程导线替代水准测量,其经济效益是非常显著的。

测距高程导线测量的主要方法有每点设站法、隔点设站法和单程双测法。每点设站法是在每一测点上安置仪器进行往返对向三角高程测量。隔点设站法是将仪器安放在两标志中间,逐站前进,标志交替设置,测站数应设为偶数,类似于水准测量和导线测量,但不同的是采用倾斜视线代替水平视线进行测距和测角。单程双测法是在每点设站法基础上,每站变换仪器高进行两次观测或每站对上、下两个标志进行两次观测,用来模拟三、四等水准双转点法。以上方法都是用特制的觇板作为照准标志,隔点设站法一般用来检测已知路线,单程双测法用来测路线。图4.13是一种特制固定在水准标尺上的觇板,觇板上有上、下两个照准标志,在觇板的下面安装了一个用于测量距离的棱镜。

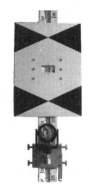

图4.13 电磁波测距高程导线觇牌

隔点设站法如图4.14所示,全站仪放置在前后照准觇板中央位置 O,设仪器高为 i;仪器分别测前后觇板上标志的垂直角和斜距为 α_1、S_1 和 α_2、S_2;前后觇板照准标志高设为 a_1 和 a_2。

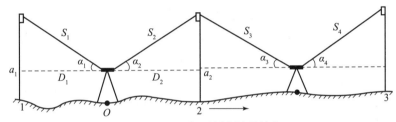

图4.14 测距高程导线隔点设站法

由图4.14中可知,仪器点 O 到两尺点 R_1、R_2 的高差分别为

$$h_{O1} = S_1 \sin\alpha_1 + \frac{1-k_1}{2R}(S_1\cos\alpha_1)^2 + i - a_1 \tag{4.26}$$

$$h_{O2} = S_2 \sin\alpha_2 + \frac{1-k_2}{2R}(S_2\cos\alpha_2)^2 + i - a_2$$

式中:k_1 和 k_2 分别为仪器到后尺和到前尺的垂直折光系数。立尺点1和点2的高差为

$$h_{12} = h_{10} + h_{O2} = -h_{O1} + h_{O2} \tag{4.27}$$

$$\begin{aligned} h_{12} = & S_2\sin\alpha_2 - S_1\sin\alpha_1 + a_1 - a_2 + \\ & \frac{1}{2R}[(S_2\cos\alpha_2)^2 - (S_1\cos\alpha_1)^2] + \\ & \frac{k_1}{2R}(S_1\cos\alpha_1)^2 - \frac{k_2}{2R}(S_2\cos\alpha_2)^2 \end{aligned} \tag{4.28}$$

在式(4.28)中,由于仪器一般放置在两立尺点中间位置,因此仪器距前后照准方向的垂直折光系数可近似认为相等,即 $S_2\cos\alpha_2 \approx S_1\cos\alpha_1$,$k_1 \approx k_2$,所以式

(4.28)可简化为

$$h_{12} = S_2\sin\alpha_2 - S_1\sin\alpha_1 + a_1 - a_2 \tag{4.29}$$

若仪器搬到下一站,则 h_{23} 可表示为

$$h_{23} = S_4\sin\alpha_4 - S_3\sin\alpha_3 - a_1 + a_2 \tag{4.30}$$

如果在测段上设置偶数测站且标志高保持不变,则测段之间的高差为

$$h = \Sigma S_{前}\sin\alpha_{前} - \Sigma S_{后}\sin\alpha_{后} \tag{4.31}$$

式中: $S_{前}$, $\alpha_{前}$ 为所测前标志的斜距和垂直角; $S_{后}$, $\alpha_{后}$ 为后标志斜距和垂直角。若采用的是水平距离 D,则式(4.31)可变为

$$h = \Sigma D_{前}\sin\alpha_{前} - \Sigma D_{后}\sin\alpha_{后} \tag{4.32}$$

式(4.31)和式(4.32)为隔点设站法高差计算的基本公式。从公式中可看出不用量取仪器高,若在观测中采用前后尺交替进行,且保持尺上觇板固定,也无须量取觇板标志高。这样在实际作业过程中,仅测垂直角和距离,加快了高差传递速度。

开展测距高程导线作业应遵循以下基本要求:

(1)高程导线测量应依据测区地形情况采用每点设站法或隔点设站法。一般情况下,若跨越较宽的河流、山谷时,则适合采用每点设站法。而在一般地形的测区,则适合采用隔点设站法。

(2)斜距和垂直角应在成像清晰、稳定的条件下观测。

(3)每点设站时,往返测均要独立测量边长,往测时先测边长后测垂直角,返测时先测垂直角后测边长。气象元素与测量边长同时测定。

(4)隔点设站时,先测测站至后/前觇板的距离,再测垂直角。观测垂直角程序为:首先照准后觇板上标志测两测回;然后旋转经纬仪照准前觇板上标志测四测回;最后照准后觇板上标志测两测回。这就完成了对觇板上标志的垂直角观测,观测下标志垂直角的程序与上标志类同。

(5)隔点设站时,觇板安置顺序应交替前进,且每条高程导线的测站数为偶数,以消除觇板零点不等差的影响。

(6)距离观测两测回,每测回照准棱镜一次,测距四次。

(7)垂直角按中丝双照准法观测。

(8)每点设站时,仪器高和觇板上下标志高在观测前后,用经过检定的尺子各量一次,估读至0.5mm。若仪器高难以量取,则可用水准仪或解析法量算出。隔点设站时,不量仪器高,若在作业过程中固定觇板则可不量觇板高。

(9)单程双测时,测站结束后,改变全站仪高,再进行一次测量,即完成了双测。使用特制觇牌有两个瞄准标志时,不用改变仪器高,测量另一个标志即可。

电磁波测距导线根据等级不同、仪器不同均为 4 测回,但限差有区别(表 4.11)。

表 4.11　电磁波测距高程导线限差表 1

(单位:m)

等级	测角等级	最短视距	前后视线长度		视距差	累积视距差	垂直角限差
			一般	最长			
三等	0.5″、1″	30	700	1000	30	100	≥ -15°
	2″		250	300			≤ +15°
四等	0.5″、1″	10	1200	1600	100	300	
	2″		600	800			

测站、测段和高程导线的往返测高差之差及两组观测高差之差不得超过相关规定(表 4.12)。

表 4.12　电磁波测距高程导线限差表 2

(单位:mm)

等级	往返高差不符值	检测间歇点高差之差两组观测高差不符值	检测已测测段高差之差	附合路线闭合差
三等	$\pm 24\sqrt{S}$	$\pm 12\sqrt{S}$	$\pm 20\sqrt{R}$	$\pm 15\sqrt{L}$
四等	$\pm 45\sqrt{S}$	$\pm 20\sqrt{S}$	$\pm 30\sqrt{R}$	$\pm 25\sqrt{L}$

注:S 为视线长度;R 为检测测段长度;L 为附合路线长度。单位均为 km。

隔点设站法的观测数据记录表参见表 4.13。

表 4.13　电磁波测距高程导线手簿

测站号:1　　　　　　　　　　　　　　　　日期:2021.4.30
天气:阴　　　　　　　呈像:清晰　　　　　时间:9:45 ~ 10:15

照准点	测回	1	2	3	4	中数	备注
后标尺	Ⅰ	825.242	825.243	825.244	825.242	825.2428	825.2419
N_1	Ⅱ	825.238	825.241	825.244	825.241	825.2410	
T	9.7℃		P	985hPa		ΔS	-19mm
前标尺	Ⅰ	844.104	844.098	844.103	844.102	844.1018	844.1024

续表

照准点	测回	1	2	3	4	中数	备注
N_2	Ⅱ	844.105	844.106	844.101	844.100	844.1030	
T	9.7℃		P	985hPa		ΔS	−19mm

照准点 标尺号	测回	盘左 ° ′ ″	″	盘右 ° ′ ″	″	M_Z ″	垂直角 ° ′ ″	备注 ° ′ ″
后标尺 031 上标志	Ⅰ	90 04 00.8 00.2	00.5	269 55 26.0 26.0	26.0	−16.8	−0 04 17.2	$a=2.6430$m
	Ⅱ	90 03 55.7 56.3	56.0	269 55 24.8 24.2	24.5	−19.8	−0 04 15.8	
	Ⅲ	90 03 56.3 55.2	55.8	269 55 25.2 25.4	25.3	−19.4	−0 04 15.2	
	Ⅳ	90 03 56.7 56.3	56.5	269 55 26.0 25.0	25.5	−19.0	−0 04 15.5	−0 04 15.9
前标尺 032 上标志	Ⅰ	89 03 01.3 02.2	01.8	270 56 21.1 21.5	21.3	−18.4	+0 56 39.8	$a=2.7450$m
	Ⅱ	89 03 02.2 01.2	01.7	270 56 20.2 21.2	20.7	−18.8	+0 56 39.5	
	Ⅲ	89 03 02.0 03.0	02.5	270 56 19.5 19.5	19.5	−19.0	+0 56 38.5	
	Ⅳ	89 03 04.2 03.2	03.7	270 56 23.1 24.3	23.7	−16.3	+0 56 40.0	+0 56 39.4

第5章 GNSS测量

自从1978年第一颗全球定位系统(GPS)卫星发射以来,基于卫星导航系统获取地理位置和时间信息的方式深深影响了人们生活的方方面面,社会、经济、科研等越来越依赖于卫星导航系统,已成为不可或缺的基础设施。目前全球导航卫星系统(GNSS)主要包括美国的GPS、俄罗斯的格洛纳斯(GLONASS)、欧盟的伽利略(Galileo)和中国的北斗卫星导航系统(BDS)。随着卫星测量技术及新仪器、新装备的发展,大地测量方法和手段随之发生了革命性的变化,经典的地面大地测量手段大部分被卫星测量手段替代,已发展成广泛应用的GNSS测量技术。随着我国北斗系统的全面建成和测量设备的不断成熟,BDS将成为我国测绘导航及相关行业应用的主要技术手段。虽然GNSS系统在卫星星座、信号频率、时间和空间坐标系统等方面略有不同,但基本原理是一致的。

5.1 北斗卫星导航系统

本书以北斗卫星导航系统为例讲述GNSS基本知识。我国的北斗卫星导航系统是依靠自己力量独立发展的卫星导航和定位系统,是国家重要基础设施,也是GNSS的重要组成,对促进国民经济建设和国防建设具有重大意义。北斗系统建设分为三步:2003年发射北斗第三颗卫星,标志着北斗一号的正式建成;2012年建成北斗二号区域系统,包括14颗卫星,为我国发展提供了重要支撑;2020年全面建成北斗三号全球卫星导航系统,包括30颗卫星。

5.1.1 北斗系统组成

北斗系统主要由空间段、地面段和用户段三部分组成。

空间段由3颗地球静止轨道(GEO)卫星、3颗斜地球同步轨道(IGSO)卫星和24颗中圆地球轨道(MEO)卫星组成(图5.1),并视情部署在轨备份卫星。GEO卫星轨道高度35786km,分别定点于东经80°、110.5°和140°;IGSO卫星轨道高度35786km,轨道倾角55°;MEO卫星轨道高度21528km,轨道倾角55°。

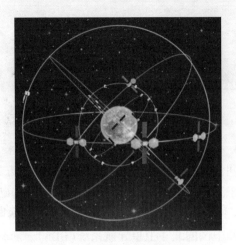

图 5.1　北斗空间星座

北斗卫星信号包含有 3 种信号分量,即载波、测距码和数据码。测距码和数据码调制在载波上进行传输。北斗二号的载波频率为 B1I(1561.098MHz)、B2I(1207.14MHz)、B3I(1268.50MHz)。北斗三号在北斗二号的信号基础上,又新增了 B1C(1575.42MHz)、B2a(1176.45MHz)、B2b(1207.14MHz)载波信号。

地面段包括主控站、时间同步/注入站和监测站等若干地面站,以及星间链路运行管理设施。主控站负责管理、协调地面段各部分的工作,根据各监测站的资料计算和预报卫星轨道和钟差改正数,并编制导航电文发送至注入站。当卫星出现故障时,主控站负责修复或启用备用部件,无法修复时启用备用卫星替代。监测站是无人值守的数据自动采集中心,负责对视场中的卫星进行测量和处理,并记录气温、气压等气象元素一起传送至主控站。监测站受多方面因素影响,暂时无法全球覆盖,但利用卫星之间双向通信和测量的星间链路技术较好地解决了该问题。

用户段包括北斗及兼容其他卫星导航系统的芯片、模块、天线等基础产品,以及终端设备、应用系统与应用服务等。

5.1.2　北斗系统时空基准

BDS 与 GPS 有着各自的时间系统,分别称为北斗时(BDT)和 GPST。各时间系统均基于连续的原子时系统,但它们时间起算的原点不同。GPST 的原点定义在 1980 年 1 月 6 日协调世界时(UTC)0 时 0 分 0 秒,GPST 与国际原子时在任一瞬间均有一常量偏差 19s。北斗三号与北斗二号在时间基准方面一致,均采用 BDT 作为系统时间基准。BDT 时间起算的原点为 2006 年 1 月 1 日 0 时 0 分

0 秒。BDT 与 GPST 对齐到 UTC 的时间不同,由于闰秒的存在,BDT 与 GPST 存在 14s 的整数差。

目前,GPS 采用 WGS84 坐标系,北斗二号采用 CGCS2000 坐标系,北斗三号采用北斗坐标系(BDCS)。

5.2 GNSS 定位原理

BDS/GNSS 定位中,根据多个(大于或等于 4 个)空间观测目标的瞬时位置及其与地面测站的瞬时距离,可利用后方交会原理得到地面测站的三维坐标。利用 BDS/GNSS 的测距码信号可以进行实时定位,并实现动态导航,但定位结果精度不高。随后出现的 BDS/GNSS 载波相位定位技术精度可达毫米级,能够满足大地测量应用需求。考虑到 BDS 在一定程度上也属于 GNSS 概念,且原理一致,不再单独区分,统称为 GNSS。

5.2.1 GNSS 信号

与定位相关的 GNSS 信号有载波、测距码和导航电文。利用卫星基准频率可以产生不同频率的载波信号,之后在载波之上再调制测距码和数据码(包括导航电文)。

1. 载波

在码相关型接收机中,当 GNSS 接收机锁定卫星载波相位时,就可以得到从卫星传到接收机经过延时的载波信号。GNSS 接收机所接收的卫星载波信号与接收机本身参考信号的相位差即为载波相位观测量。

以 $\Phi_k^j(t_k)$ 表示接收机 k 在接收机钟面时刻 t_k 时所接收到的 j 卫星载波信号的相位值,$\Phi_k(t_k)$ 表示接收机 k 在钟面时刻 t_k 时所产生的本地参考信号的相位值,则接收机在接收机钟面时刻 t_k 时观测 j 卫星所得的相位观测量可写为

$$\psi_k^j(t_k) = \Phi_k(t_k) - \Phi_k^j(t_k) \tag{5.1}$$

通常的相位或相位差测量只是测出一周以内的相位值。实际测量中,如果对整周进行计数,则自某一初始取样时刻 t_0 以后就可以获得连续的相位测量值。

如图 5.2 所示,在初始 t_0 时刻,测得小于一周的相位差为 $\Delta\Phi_0$,其整周数(整周模糊度)为 N_0^j。注意,该整周数是未知的,需通过数据处理的方式进行确定。

此时包含整周数的相位观测值为

$$\psi_k^j(t_0) = \Delta\Phi_0 + N_0^j = \Phi_k^j(t_0) - \Phi_k(t_0) + N_0^j \tag{5.2}$$

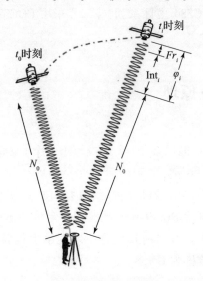

图 5.2 载波相位测量

接收机继续跟踪卫星信号，不断测定小于一周的相位差 $\Delta\Phi_t$，并利用整波计数器记录从 t_0 到 t_i 时间内的整周变化量 $\text{Int}(\Phi)$，只要卫星 j 从 t_0 到 t_i 之间卫星信号没有中断，则初始时刻整周模糊度 N_0^j 为一常数，其相位差为

$$\psi_k^j(t_i) = \Phi_k^j(t_i) - \Phi_k(t_i) + N_0^j + \text{Int}(\Phi) \tag{5.3}$$

式(5.3)表明，从第一次开始，在以后的观测中，载波相位观测量包括了相位差的小数部分和累积的整周数。注意，此时的载波相位观测量是以周为单位，通过频率和波长的关系式 $c = f\lambda$ 可计算波长，再乘以以周为单位的载波相位观测量，可得到以米为单位的观测量，即

$$\rho_{k,\Phi}^j = \lambda\psi_k^j(t_i) - \lambda N_0^j \tag{5.4}$$

需要注意的是，式(5.4)尚未考虑卫星钟、接收机钟的误差及无线电信号经过电离层和对流层中的延迟。

2. 测距码

调制在载波上的测距码包括粗 C/A 码、双频 P 码和精密定位 Y 码。C/A 码和 P 码(或 Y 码)都是一种伪随机码。所谓伪随机码，也称伪噪声码，是可以人工控制生成的噪声码，其统计特性具有随机特性。码相位伪距测量是将伪码发生器产生的与卫星结构完全相同的码经过延时器延时 t 后，使得接收的测距码与本机复制码相关处理。相关系数为最大时, t 就是卫星信号延迟传播时间 Δt, 将 Δt 乘以光速 c 可得卫星到接收机间的距离, 即

$$\rho_{k,p}^j = c\Delta t \tag{5.5}$$

与载波相位观测方程类似, 由于卫星钟、接收机钟的误差及无线电信号经过电离层和对流层中的延迟, 因此实际测距的距离 ρ_k^j 与卫星到接收机的距离存在误差, 一般称此量测出的距离为伪距。复制码与接收的测距码相关精度为码元宽的1%, 测距码的精度一般在分米左右。

3. 导航电文

导航电文也称为数据码(D 码)。导航电文是用户用来定位的基础数据, 它包括卫星钟差、卫星轨道参数、大气折射影响等。通过对导航电文解调, 可以获取卫星轨道位置、卫星钟差及大气延迟模型参数等信息。

5.2.2 GNSS 误差源

GNSS 信号从卫星天线发出到接收机天线接收, 会受到各种误差的影响, 这些误差严重影响 GNSS 定位精度, 必须予以考虑。按照误差源的不同, 可将 GNSS 测量误差分为与卫星有关、与信号传播路径有关、与接收机有关三部分。

1. 与卫星有关的误差

1) 卫星星历误差及卫星钟差

卫星星历误差是指用卫星星历表示的卫星轨道与真正轨道之间的不符值。GNSS 卫星时钟误差(简称为卫星钟差)是指 GNSS 卫星时钟与 GNSS 标准时间之间的差值。尽管 GNSS 卫星采用了高精度的原子钟来保证时钟的精度, 具有比较长期的稳定性, 但原子钟依然有频率偏移和老化的问题, 导致与 GNSS 标准时之间会存在一个差异。卫星星历和钟差的精度直接影响定位精度, GNSS 系统实时播发的广播星历和钟差的精度约为 0.5~2m。对于高精度定位, 可采用精度更高的事后精密星历和钟差产品, 或采用差分的方式消除。

2) 卫星天线相位中心误差

卫星信号传播路径是从卫星端的天线相位中心到接收机端的天线相位中心。在不同的星历产品中对应的卫星位置参考点不同(如相位中心和卫星质量中心), 因此需要将卫星信号的起点统一; 天线相位中心会随着频率、发射角度及方向变化, 需要统一到平均相位中心。IGS 组织提供了 GNSS 卫星天线相位的改正模型, 此项误差可通过该模型精确改正。

3) 天线相位缠绕效应

天线相位缠绕效应是指卫星太阳能面板需要始终对向太阳,当卫星与测站的几何图形变化时,卫星天线也会旋转,采用右旋极化调制的卫星信号会产生变化。该效应可采用模型有效改正。

2. 与信号传播路径有关的误差

1) 电离层延迟

电离层是位于地球表面以上 85~1000km 的大气层。当卫星信号经过电离层时其包含的电子会影响导航电磁信号的传播速度,其大小取决于电离层中的电子密度和信号频率。电离层延迟对伪距和载波观测值的影响大小相同,但符号相反。在中纬度地区,测站天顶方向的电离层延迟白天达到 30ns(相当于 10m),夜间为 3~10ns(相当于 1~3m)。传播方向的延迟约为天顶方向延迟乘以与传播路径高度角有关的倾斜因子。高度角很低时,倾斜因子可能达到 3。因此,传播路径上的电离层延迟可能在 30~150ns(相当于 9~45m)之间变动。

电离层的改正模型包括 Klobuchar 模型、双频消电离层模型等。经验表明,Klobuchar 模型仅能改正电离层影响的 50%~60%,理想情况下可改正至 75%。电离层状态受 11 年太阳黑子周期、季节周期和日周期所支配。太阳扰动和磁暴又使电离层发生不规则变化。电离层电子密度随太阳活动性、季节、一日内的时间和地磁纬度等因素变化,难以用一个确定的模型描述。电离层影响改正的最好办法是用多频观测值组合。用双频观测可改正至一阶项,用三频观测可改正至二阶项。需要指出,双频组合放大了观测噪声,破坏了模糊度的整数特性,对定位带来不利影响。在短基线情况下,电离层对基线两端的影响相似,通过差分基本得到消除,无需用双频观测。在中长基线情况下,电离层对基线两端影响相关性变小,用简单差分不能消除,适宜用双频观测消除一阶电离层影响。

2) 对流层延迟

对流层延迟是指卫星信号在高度 50km 以下的中性大气层中传播时,由于折射引起信号传播时间延迟。对于一个在海平面上的中纬度站,其典型值在天顶方向大约为 2.3m。在 GNSS 定位中,常用的是霍夫菲尔德(Hopfield)模型和萨斯坦莫宁(Saastamoinen)模型。当测站间距离很近时,对流层折射影响在双差观测值中可以较好地消除掉。当测站间距离较远或者两端的高差较大时,两个测站的大气状态不再相关,差分改正无法消除对流程误差。减弱对流层误差的一个常用办法是对测站每隔一定时间引入一个天顶方向延迟修正参数,用随机模型描述天顶对流层延迟随时间的变化,在数据处理中建模估计。

3)相对论效应

相对论效应包括卫星钟相对论效应、地球自转效应和引力延迟效应。由于卫星和接收机所在位置的地球引力位不同,以及卫星和接收机在惯性坐标系中的运动速度不同,因此卫星钟频率会产生漂移。除卫星钟频率漂移外,广义相对论影响还包括由于地球引力场引起的信号传播的几何延迟,通常称为引力延迟。相对论效应对单点定位将产生重要影响,但可通过模型进行精确改正。在采用差分观测值的相对定位中,相对论效应影响可以完全消除或减弱,一般无须考虑。

4)多路径效应

在正常情况下,卫星信号沿光程最小的路径从卫星直接到达接收机天线。如果天线附近有反射物体,则到达接收机天线的信号为直接信号和反射信号的叠加信号。反射信号对观测值产生附加的时延量,这种现象称为多路径效应。多路径效应严重时会导致卫星信号失锁。虽然多路径效应可以通过时间平均技术和恒星日滤波技术进行减弱,但解决多路径效应影响的最好办法是采取预防性措施,例如选择天线地点远离反射体、改善天线与底板组合的性能以及设计更佳的码和相位跟踪环路。

3. 与接收机有关的误差

在太阳和月球的引力作用下,地球表面和海水面会出现周期性变化,从而引起测站地表变化,称为海洋负荷和固体潮误差。地壳对自转轴指向漂移造成的离心力会响应产生形变,称为极潮误差。以上误差都可通过公式精确改正。与卫星天线相位中心改正类似,接收机天线同样需要相位中心改正,一般常用的接收机天线已经精确标定,可通过相位中心改正模型有效减弱。与卫星钟差类似,接收机钟也与 GNSS 标准时存在差异,该项误差难以模型化,一般作为参数进行估计或在差分定位中予以消除。

总结以上误差特点及改正方法,可以看出,GNSS 误差的处理方法可分为三类(表 5.1)。

表 5.1 GNSS 误差处理方法总结

特点	模型改正法	求差法	参数估计法
基本原理	利用模型计算出误差影响的大小,直接对观测值进行修正	通过观测值间一定方式的相互求差,消去或消弱求差观测值中所包含的相同或相似的误差影响	采用参数估计的方法,将系统性偏差求定出来

续表

特点	模型改正法	求差法	参数估计法
适用情况	对误差的特性、机制及产生原因有较深刻了解，建立理论或经验公式	误差具有较强的空间、时间或其他类型的相关性	几乎适用于任何的情况
典型误差	相对论效应、电离层延迟、对流层延迟、卫星钟差	电离层延迟、对流层延迟、卫星轨道钟差误差	钟差、对流层延迟、模糊度参数
使用限制	某些误差难以模型化	空间相关性将随测站间距离的增加而减弱	不能同时将所有影响均作为参数来估计

5.2.3 GNSS 定位方法

在大地空间直角坐标系中，假设有三个已知坐标的参考点，未知点与三个参考点的距离通过测量得到。求解未知点坐标的过程可总结为：以其中一个参考点为球心，以未知点与该点的距离为半径作球，此时未知点必然在此球面上；同理以其他两个参考点作球面，三球交会可得到两点，未知点必为此二点之一。考虑到 GNSS 的具体情况，GNSS 卫星即为参考点，用户通过测量可算出与卫星的距离，用户的位置即为未知点。但 GNSS 定位中也有其特殊之处。首先，GNSS 卫星的高度一般在 20000km 以上，三球交会所得两点之间距离较远，GNSS 测量一般在地球表面或近地空间进行，因此可通过简单的判断，剔除其中远离地球的一点，即可得到唯一的坐标。其次，GNSS 距离是以时间为基础的，测量的时间差乘以电磁波的传播速度（光速）得到距离，由于光速非常大因此时间测量精度要求也很高，接收机时钟需要与 GNSS 时严格同步，因此还需设置一个接收机钟差参数。增加一个参数，需要增加一个观测量才能求解，因此在 GNSS 定位中至少需要 4 颗卫星（图 5.3）。

图 5.3 GNSS 定位原理

以上的讨论是基于理想情况的 GNSS 定位原理，实际的 GNSS 测量值受到各种各样误差的影响。因此，综合考虑各种误差改正的观测方程。其中，载波相位和伪距观测方程为

$$\begin{cases} P_i = \rho + I + T + \mathrm{d}t_r - \mathrm{d}t^s + \Delta + \varepsilon_{Pi} \\ \Phi_i = \rho - I + T + \mathrm{d}t_r - \mathrm{d}t^s + \lambda_i N_i + \Delta + \varepsilon_{\Phi i} \end{cases} \quad (5.6)$$

式中:$P_i, \Phi_i (i=1,2,\cdots)$分别为第$i$个频率的伪距和载波相位观测值;$\rho = \sqrt{(x^s-x)^2+(y^s-y)^2+(z^s-z)^2}$为接收机至卫星间的几何距离,$(x,y,z)$和$(x^s, y^s, z^s)$分别为接收机和卫星的坐标;$\mathrm{d}t_r, \mathrm{d}t^s$分别为以米为单位的接收机钟差和卫星钟差;$I$和$T$分别为对应的电离层和对流层延迟;$\lambda_i, N_i$分别为第$i$个频率载波波长和模糊度;$\varepsilon_{P_i}, \varepsilon_{\Phi_i}$分别为第$i$个频率伪距和载波相位观测值的观测噪声;$\Delta$为其他误差改正,包括天线相位缠绕、地球自转、相对论、天线相位中心偏差等。

GNSS 定位按起算点的位置可分为绝对定位和相对定位。绝对定位是确定测站在协议地球坐标系中的坐标,可认为其起算点为地球与导航卫星一体的坐标原点。相对定位是在协议地球坐标系中,确定测站相对于起算点之间的相对坐标。按用户接收机在作业中的状态,GNSS 定位又可分为静态定位和动态定位。静态定位是指接收机在定位过程中保持静止或点位变化在观测期内可以忽略。动态定位是指用户接收机在定位过程中处于运动状态。根据所使用的观测量不同,GNSS 定位又可分为测码定位和测相定位。测码定位是指利用 GNSS 卫星的测距码进行定位。测相定位是指利用 GNSS 卫星的载波相位进行定位。

在此以两种最为常用的定位模式为例,讨论如何改正误差和设置参数。

(1)测码伪距定位

测码伪距定位(也称为单点导航定位)使用广播星历计算卫星位置和卫星钟差,利用伪距观测量计算位置,电离层误差通过模型计算或双频组合消去,对流层误差、硬件延迟、相对论效应和地球自转通过模型计算,忽略载波相位方程和其他影响较小的误差,其观测方程为

$$P = \rho + \mathrm{d}t_r + \varepsilon_P \tag{5.7}$$

可以看出,该观测方程中有 4 个未知数:接收机的三维坐标和钟差。当观测 4 颗以上卫星时可实时解算位置。考虑伪距观测值的噪声,单点导航定位的精度只有米级左右。

(2)载波相位定位

高精度的定位需要使用载波相位观测值,但载波相位观测值中包含整周模糊度。在单历元观测方程中,每个载波相位均对应一个模糊度参数,因此单纯的载波相位并不能实现高精度定位。模糊度具有一个很好的特性:在未出现周跳的情况下,其前后历元间保持不变。因此,在连续一段时间的观测后,模糊度能够精确解算处理,从而将载波相位观测值由相对量变为绝对量,其高精度的特性直接辅助位置等参数的高精度解算。同时,高精度定位需要考虑其他误差的影响,例如模型计算的对流层延迟误差并不能完全消除,需要通过设置参数进行估计,过多的待估参数同样影响收敛速度。为了减少高精度定位的时延,一般采用基

准站与流动站的双差相对定位模式。

差分 GNSS 定位的主要理论依据是各种 GNSS 误差源存在一定的关联,如电离层和对流层具有空间相关性,卫星星历和钟差对不同测站影响相同,接收机钟差对所有卫星影响相同。当误差源强相关时,即可通过不同的做差方式进行消除或减弱。假设两台接收机同时跟踪到相同的 GNSS 卫星,位置已知的接收机称为基准站接收机,位置未知的接收机称为流动站接收机。

对应卫星 i,两接收机的原始载波方程为

$$\Phi_A^i = \rho_A^i - I_A^i + T_A^i + \mathrm{d}t_A - \mathrm{d}t^i + \lambda N_A^i \tag{5.8}$$

$$\Phi_B^i = \rho_B^i - I_B^i + T_B^i + \mathrm{d}t_B - \mathrm{d}t^i + \lambda N_B^i \tag{5.9}$$

两接收机对相同卫星的观测值做差,即式(5.8)减去式(5.9),可消除卫星星历和钟差等卫星相关误差,即

$$\Phi_{AB}^i = \rho_{AB}^i - I_{AB}^i + T_{AB}^i + \mathrm{d}t_{AB} + \lambda N_{AB}^i \tag{5.10}$$

同理,可以得到卫星 j 的方程为

$$\Phi_{AB}^j = \rho_{AB}^j - I_{AB}^j + T_{AB}^j + \mathrm{d}t_{AB} + \lambda N_{AB}^j \tag{5.11}$$

站间差分后的观测值 Φ_{AB}^i 和 Φ_{AB}^j 继续做差,可消除接收机钟差等接收机相关误差,即

$$\Phi_{AB}^{ij} = \rho_{AB}^{ij} - I_{AB}^{ij} + T_{AB}^{ij} + \lambda N_{AB}^{ij} \tag{5.12}$$

对于短基线,这两次差分可有效减弱电离层和对流层等空间相关误差,因此双差后的观测方程中仅剩坐标参数和模糊度参数,即

$$\Phi_{AB}^{ij} = \rho_{AB}^{ij} + \lambda N_{AB}^{ij} \tag{5.13}$$

同理可以得到基于测码伪距观测量的双差方程为

$$P_{AB}^{ij} = \rho_{AB}^{ij} \tag{5.14}$$

联立以上两式即为双差相对定位的基本观测方程。当单历元解算时,载波相位模糊度的估计精度主要与伪距观测值有关,定位精度较低,但随着多历元观测值的累积,模糊度估计精度逐步提高,定位精度也提高。同时注意到,双差消除了绝大部分的误差,只需较短时间即可完成收敛。

由上面的讨论可知,如果确定了载波相位测量观测方程中的整周模糊度,那么其形式便和测码伪距方程一致。确定整周模糊度后,对每一个观测历元,只要观测卫星数大于 4 颗就可以确定测站的坐标。因此,在载波相位测量中,如果能快速解算或消去整周模糊度,则观测时间将大大减少。目前,有多种解算整周模糊度的方法,按所需的解算时间可分为经典静态相对定位法和快速静态方法,后者主要包括天线交换法、精码双频技术(扩波技术)、滤波法和模糊度函数法、快速搜索法等。

经典静态相对定位方法就是将整周模糊度作为未知数,与其他未知量一起参加平差,一并求解。这种方法所需的观测时间较长,根据测量基线的长短,观测时间约为1~3h。之所以需要长时间观测,是因为解算测站坐标值、接收机钟差及整周模糊度最少需要两个观测历元。如果观测时间间隔过短,卫星的位置变化较小,那么所组成的误差方程将产生病态,不能有效地解出未知参数。

整周模糊度的取值又可分为以下几种方法。

(1)整数解(固定解)法。这种方法模糊度具有整数特性。通过平差求解出的整周模糊度一般不为整数,这时可以将其取整,并作为已知数代入原观测方程,重新解算其他未知参数。这种方法适用于基线较短的情况。

(2)浮点解法。这种方法不考虑整周模糊度的整周特性,通过平差所得的整周模糊度不再取整和重新加入计算。这种方法适用于基线较长的情况。

(3)天线交换法。在观测工作开始时,首先在固定参考点(基准点)附近(相距5~10m)选择一个天线交换点构成一条超短基线;然后将两台接收机分别安置在该基线两端,同步观测若干历元(2~8个)后将两天线交换,并继续同步观测若干历元;最后再把两天线恢复到原来位置。把固定点和天线交换点之间的基线向量视为起始基线的量,并利用天线交换前后的同步观测量求解起始基线向量,进而确定整周模糊度。在整个实施过程中应保持对卫星信号的锁定。

(4)精码双频技术。这种技术的基本原理是通过两个载波相位观测量的线性组合,产生一种波长较长的组合波,这种波称为宽波。通过宽波的相位观测量与精测距码相位观测量的综合处理,以确定整周模糊度。

在整周模糊度的解算过程中,周跳的探测与修复较为重要。由于仪器或外界的电磁干扰,载波锁相环路的短暂失锁会造成整周计数错误,这一现象称为周跳。产生周跳的原因很多,如卫星信号被障碍物暂时遮挡、仪器瞬间线路故障无法混频、外界环境恶劣无法锁定卫星信号等。周跳探测与修复的方法很多,如屏幕扫描法、卫星间求差法、根据平差后的残差探测和修复周跳方法以及高次差法等,最常用的是高次差法。

5.3 GNSS 相对定位

GNSS绝对定位原理和数据处理简单,但是受GNSS卫星的轨道误差、卫星钟差、大气折射等因素的影响,其定位精度只能达到米级,近年来迅速发展的实时精密单点定位技术虽然能达到分米级,但收敛速度和精度仍与差分定位有较大差距。GNSS差分定位的基本思想是:对于两个相距不远的测站观测同一颗卫星,两个站观测值存在着物理相关性,即它们有部分相同或相似的误差源,如卫星星历和钟误差、电离层和对流层误差等,通过对两站的观测值做差可消除或减弱该部分误差,取得高精度的相对测量成果。

5.3.1 差分 GNSS 技术

GNSS 实时单点定位的精度主要受限于卫星星历和时钟误差、电离层和对流层误差等。差分 GNSS 可以显著提高精度,其工作原理可总结如下:①在坐标已知的主站安置 GNSS 接收机,对所有可见的卫星进行连续观测。根据某一历元的观测量,可得主站至所测 GNSS 卫星的相应伪距。②根据主站的已知坐标和所测卫星的已知瞬间位置,计算出主站至所测 GNSS 卫星的距离,以该计算值与上述观测的伪距取差,作为伪距修正值发播给移动站的用户。③用户根据修正值来改正移动站同步观测的相应伪距,进而计算出流动站的瞬间位置。

差分 GNSS 技术主要可分为局域差分 GNSS 和广域差分 GNSS。局域差分 GNSS 的技术特点是向流动站用户提供综合的差分 GNSS 改正信息,它的作用范围较小,一般在 150km 以内。广域差分 GNSS 则将定位中的主要误差分类计算,并向用户提供这些差分信息,它的作用范围比较大,一般可达几百至上千千米。

局域差分 GNSS 系统由中心站(主站)、数据通信链和移动站(用户站)组成,其观测量可以是伪距,也可以是载波相位,还可以是两者的组合。根据经验,当主站和用户站间隔小于 100km 时,伪距局域差分定位的误差约为 3×10^{-5} ~ 10×10^{-5},也就是说主站和用户站之间的距离在 100km 范围内,用户站定位的精度为 3~10m。局域差分 GNSS 又可以分成单基准站和多基准站模式。多基准站中的用户接收机根据与各基准站的距离不同,对不同基准站传来的测距修正值赋予不同的权值,以改正用户站的测距观测量。局域差分 GNSS 提高用户站定位误差是基于同步同轨性原理,即主站和用户站的误差都与同一时空强相关,对主站和用户站的距离间隔和用户站定位精度的改善都有很大限制。其优点是对硬件、软件的要求不高,大部分已商品化,维护费用也较低。缺点是作用范围有限,因为随着主站和用户站的间距增大,二者定位误差的相关性就会减弱。

广域差分 GNSS 技术的基本思想是对 GNSS 观测量的误差源加以区分,并对每一个误差源分别模型化,然后计算每一个误差源的数值及其变化率,通过数据通信链传输给用户,对用户 GNSS 定位的误差加以改正,以达到削弱这些误差、改善用户定位精度的目的。所针对的主要误差有三项:卫星星历误差、卫星钟误差、电离层延迟。其特点是:

(1)主站和用户站的间隔可以从 100km 增至 1000~1500km,而且定位精度没有显著的降低。

(2)广域差分系统的覆盖区域可扩展到一些困难地区,如海洋、沙漠。

(3)系统维护费用高。

(4)技术复杂,协同性要求高,可靠性和安全性可能不如局域差分 GNSS 系统。

目前世界上主要的星基增强系统包括美国联邦航空管理局的广域增强系统(WAAS)、欧洲航天局的欧洲地球静止导航重叠服务(EGNOS)、以及中国的北斗星基增强系统。星基增强系统主要用于增强伪距定位精度,特别是对完好性方面要求较高,可服务于民航用户。目前还存在各种星基增强系统、全球实时差分系统等技术,其实现原理与以上技术相似,区别在于系统测站的分布和改正信息的播发方式,在此不再赘述。

5.3.2 实时动态测量技术

与差分 GNSS 主要基于测距码伪距观测值不同,实时动态测量(RTK)是以载波相位观测值为基础的实时差分定位技术,其核心思想是将 GNSS 基准站观测数据通过无线电传输设备实时地发送给流动站,用户站对接收到的基准站观测数据和自身的观测数据做差分处理,实时计算流动站的三维坐标和精度。RTK 能够实时监测观测成果的质量和解算结果,对 GNSS 测量的可靠性和效率提供了保障,具有重要的现实意义。

为了快速、高精度的定位,近年来陆续出现了快速静态相对定位、准动态相对定位等技术。快速静态相对定位是在一基准点上安置一接收机,另外的接收机到各点观测数分钟(8~10min),通过后处理软件快速求解整周模糊度,从而精确确定未知点的位置。准动态相对定位是在基准站布设一接收机,另一接收机安置在流动站观测数分钟,以确定整周模糊度,在保持对所观测卫星进行连续跟踪的情况下,流动的接收机迁到其他测站观测数秒钟,就可以精确定位。

值得注意的是,以上三种作业方式的基本原理都是一致的,同时其缺点也大体相同,即作业范围不应过大,一般不超过 15km,主要是因为大气误差的相关性随着距离增大而减弱。

5.3.3 连续运行参考站系统

常规 RTK 技术基于单独的一个基准站进行差分定位,作业范围有限,为满足大范围的测量需求,经常需要搬迁基准站,严重影响作业效率。随着网络技术、计算机技术、无线通信技术的迅猛发展,实时海量数据传输成为可能,网络

RTK技术应运而生,它的实用系统就是连续运行参考站系统。

连续运行参考站系统也称为连续运行卫星定位服务系统(CORS),是集GNSS、计算机、数据通信等技术为一体的网络系统,包括在一定的区域范围,如国家、城市、地区,根据需求建立连续无间断运行的若干个GNSS基准站、数据通信网络、数据中心。CORS的数据处理中心与各基准站连接,收集并处理观测数据,并向用户自动发布不同类型的原始数据和各种类型的误差改正信息。用户只需一台GNSS接收机即可进行最高毫米级的定位,能够满足各种类型的GNSS测量、导航定位、监测调度的需求。另外,CORS系统的基准站能够替代常规大地测量控制网,直接构成国家新型大地测量动态框架体系和基准。

GNSS基准站是在控制点上架设GNSS接收机、通信终端等设备在一定时间内连续观测、接收卫星信号,将数据传输给CORS系统,经处理后播发差分改正数据的设施,又称为参考站。基准站根据工作模式不同可分为观测站和监测站。基准站应具备GNSS观测数据采集、数据传输、数据存储、运行状态远程监控、维护保障及安全防护等基本功能。基准站设备由GNSS接收机、天线、气象设备、不间断电源、通信设备、雷电防护设备、计算机、集成柜等组成,其连接关系见图5.4,虚线框中设备根据基准站功能和工作模式选择配置。

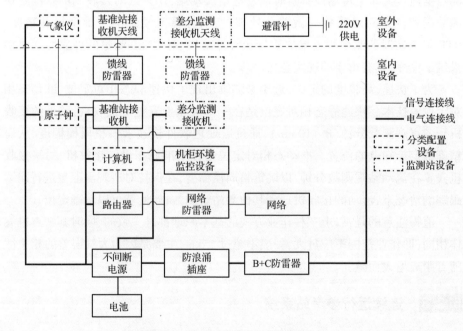

图5.4 GNSS基准站设备组成及连接关系

数据通信网络是利用通信链路实现基准站与数据中心、数据中心与用户之间数据交换的系统,完成数据传输、数据产品分发等任务。

数据中心是汇集、存储、处理和分析基准站数据资源,远程监控基准站运行状态,并形成产品和提供服务的系统。数据中心主要由基准站网管理系统、数据处理分析系统和产品服务系统组成。基准站网管理系统负责对基准站设备状况进行远程监控,对基准站产生的源数据进行采集、分流、整理和存储,对数据中心产生的各类成果数据进行规范化管理。其中,源数据包括基准站原始观测数据、广播星历、气象观测数据等,国家或区域基准站网成果数据包括基准站信息、基准站坐标、速度、大气参数、坐标转换参数、精密星历等。数据处理分析系统采用业务主管部门认定的高精度数据处理软件,使用IGS提供的精密星历、预报星历或广播星历,生成基准站坐标单天解、周解、月解或年解,并提供基准站坐标分量随时间变化分析、速度场分析、工作状况分析和数据综合处理分析等。产品服务系统提供的产品包括基准站GNSS原始数据、气象观测数据、基准站坐标及相应精度指标、基准站速度、事后及预报的精密星历、精密卫星钟差等,有条件情况下可提供实时载波相位和伪距差分修正数据。

5.3.4 网络RTK技术

多基准站RTK技术也称为网络RTK,是一种基于多基准站网络的实时差分系统,可克服常规RTK作用距离的限制,实现广域的实时定位。其基本原理是以CORS基准站网络替代传统RTK基准站,通过大量建设CORS基准站进一步扩大实时定位的范围。值得注意的是,虽然网络RTK与常规RTK原理是相同的,但具体实现细节并不一致,其中:常规RTK中流动站接收的是基准站原始数据;网络RTK中用户接收的可能是原始数据,也可能是各基准站综合生成的误差改正信息。目前网络RTK系统差分改正信息生成的方式有虚拟参考站技术和区域改正数技术。

北斗系统六大基本服务包括地基增强系统,依托大量的地面基准站网和移动通信网络生成和播发改正数,主要服务于测绘等高精度用户。

5.3.5 基线测量技术

两点间的相对位置可以用一条基线向量来表示,故相对定位有时也简称为基线测量。在本书中,基线测量特指静态的、非实时的相对定位,即两测站都是静态的且无须实时通讯,观测数据通过事后模式进行差分解算。静态基线测量是目前精度最高的定位方式。对于中等长度的基线(100~500km),其相对定位精度可达$10^{-6}\sim10^{-7}$，因此这种方式在大地测量中获得广泛的应用。

当用户只有单台 GNSS 接收机时，可通过下载周围 CORS 参考站的观测值和坐标来实现高精度的静态基线。当前全国各省各地市都建立了大量 CORS 参考站，这种方法有可能成为最常用的大地测量定位方法。

当多个 GNSS 测站点组成多条基线向量时，可形成 GNSS 控制网。通过对基线向量网进行平差解算，可进一步提高基线向量的解算精度和可靠性。

5.4 GNSS 控制网技术设计

建立 GNSS 控制网的直接目的是精确确定网中各点在指定坐标系下的坐标，这些点既可以用于测量控制，也可以用于形变监测，还可以用于环境科学和地球科学的研究。通过前述内容介绍可以看出，测量点的坐标有很多种方法，但 GNSS 控制网可利用网中点与点、基线向量与基线向量、点与基线向量之间的各种几何关系，通过参数估计的方法消除由观测值和(或)起算数据的误差所引起的网形几何结构不一致(如环闭合差不为 0，复测基线不相等，由一个已知点沿某基线推算出的另一已知点的坐标与其已知值不符等)，从而获得更为精确可靠的测量成果。

GNSS 控制网的建设需遵循一定的原则，因此必须进行技术设计。技术设计也是一项非常复杂和细密的工作，其质量制约整个工程的进展、质量和经费支出。因此接到任务后，一定要根据任务的性质、地点、工作量、时间和精度要求等作出科学严谨的技术设计书以便执行。在执行过程中如果需要变更，必须经过专家论证和有关业务部门批准，否则不得更改。

5.4.1 技术准备

各级控制网的布测技术指标，可以参照 GB/T 18314—2024 规定的要求进行布测。测量按其精度划分为 A、B、C、D、E 级。A 级 GNSS 网由卫星定位连续运行站构成，其精度不低于表 5.2 的要求，B、C、D 和 E 级的精度应不低于表 5.3 的要求。

表 5.2 A 级网的精度要求

级别	坐标年变化率中误差		相对精度	地心坐标各分量年平均中误差/mm
	/(mm/a)	/(mm/a)		
A	2	3	1×10^{-8}	0.5

表 5.3 B、C、D 和 E 级网的精度要求

级别	点位中误差		相邻点基线分量中误差		相邻点间平均值距离/km
	水平分量/mm	垂直分量/mm	水平分量/mm	垂直分量/mm	
B	5	10	5	10	50
C	10	15	10	20	20
D	15	30	20	40	5
E	15	30	20	40	2

各级 GNSS 测量的用途总结如下：A 级用于国家一等大地控制网，进行全球性的地球动力学研究、地壳形变测量和精密定轨等 GNSS 测量；B 级用于建立国家二等大地控制网，建立地方或城市坐标基准框架，进行区域性的地球动力学研究、地壳形变测量、局部形变监测和各种精密工程测量等 GNSS 测量；C 级用于建立三等大地控制网，以及建立区域、城市及工程测量的基本控制网的 GNSS 测量；用于建立四等大地控制网的 GNSS 测量应满足 D 级 GNSS 测量的精度要求；用于中小城市、城镇以及测图、地籍、土地信息、物控、勘测、建筑施工等 GNSS 控制测量，应满足 D、E 级 GNSS 测量的精度要求。

1. GNSS 控制网的布设原则

采用 GNSS 建立各等级大地控制网时，应遵循以下原则：①用于国家一等大地控制网时，其点位应均匀分布，覆盖我国国土。在满足条件的情况下，点位宜布设在国家一等水准路线附近或国家一等水准网的连接处。②用于国家二等大地控制网时，应综合考虑应用服务和对国家一、二等水准网的大尺度稳定性监测等因素，统一设计，布设成连续网。点位应在均匀分布的基础上，尽可能与国家一、二等水准网的结点、已有国家高等级 GNSS 点、地壳形变监测网点、基本验潮站等重合。③用于三等大地控制网时，应满足国家基本比例尺测图的需要，并结合水准测量、重力测量技术，精化区域似大地水准面。

GNSS 控制网一般采用逐级布设，在保证精度、密度等技术要求时可跨级布设。同时，应综合考虑其布设目的、精度要求、卫星状况、接收机类型和数量、测区已有的资料、测区地形和交通状况以及作业效率等因素，并按照优化设计原则进行布设。

各等级 GNSS 控制网最简单的异步观测环或附合路线的边数应不大于表 5.4 的规定。点位应均匀分布，相邻点间距离最大不超过该网平均点间距的

2倍。在局部补充、加密低等级的 GNSS 网点时,采用的高等级 GNSS 网点点数应不少于 4 个。

表 5.4　闭合环或附合路线的规定

级别	B	C	D	E
闭合环或附合路线的边数/条	6	6	8	10

新布设的 GNSS 网应与附近已有的国家高等级 GNSS 点进行联测,联测点数不应少于 3 个。A、B 级网应逐点联测高程,C 级网应根据区域似大地水准面精化要求联测高程,D、E 级网可依据具体情况联测高程。A、B 级网的高程联测精度应不低于二等水准测量精度,C 级网的高程联测精度应不低于三等水准测量精度,D、E 级网点按四等水测量或与其精度相当的方法进行高程联测。各级网高程联测的测量方法和技术要求应按 GB/T 12897 或 GB/T 12898 规定执行。在需用边角测量方法加密控制网的地区,D、E 级网应有 1～2 个方向通视。

各等级 GNSS 控制网按观测方法可采用基于 A 级网点、区域卫星连续运行基准站网、临时运行基准站网等点观测模式,或以多个同步观测环为基本组成的网观测模式。网观测模式中的同步环之间,应以边连接或点连接的方式进行网的构建。B、C、D、E 级网布设时,测区内高于施测级别的 GNSS 网点均应作为本级别 GNSS 网的控制点(或框架点),并在观测时纳入相应级别的 GNSS 网中一并施测。

2. GNSS 控制点命名原则

GNSS 点名应以该点位所在地命名,无法区分时可在点名后加注(一)、(二)等予以区别。少数民族地区应使用规范的音译汉语名,在译音后可附上原文。

新旧点重合时,应采用旧点名,不得更改。例如,原点位所在地名称已变更,应在新点名后以括号注明旧点名。如果与水准点重合,则应在新点名后以括号注明水准点等级和编号。

点名书写应准确、正规,一律以国务院公布的简化汉字为准。当对 GNSS 点编制点号时,应整体考虑,统一编号,点号应唯一,且适于计算机管理。

3. GNSS 控制网观测规定

GNSS 测量技术相关规定为:A 级 GNSS 观测网的技术要求按 GB/T 28588 的有关规定执行。B、C、D、E 级网 GNSS 观测的基本技术要求应满足表 5.5 的要求。

表 5.5 各级 GNSS 测量技术规定

项目	级别			
	B	C	D	E
卫星高度截止角/(°)	15	15	15	15
同时观测有效卫星数	≥4	≥4	≥4	≥4
有效观测卫星数	≥20	≥6	≥4	≥4
观测时段数	≥3	≥2	≥1.6	≥1.6
时段长度	≥23h	≥4h	≥60min	≥40min
采样间隔/s	30	15~30	5~15	5~15

注：观测时段数"≥1.6"指采用网观测模式时，每站至少观测一时段，其中二次设站点数应不少于 GNSS 网总点数的 60%。

4. 其他技术准备

根据任务性质，需要搜集与该项工程有关的国家三角网、导线网、天文重力水准网、水准网、卫星大地控制网、陆态网基准站、IGS 站等已知资料；搜集测区范围内有关的地形图、交通图、地质图及地质、地震资料等；搜集测区范围内的气候、气象资料，冻土层资料，社会治安、流行病情况等。

对于一些新承担任务，尤其是到陌生测区作业，需要进行野外踏勘，到测区进行实地了解自然地理环境、社情民情、交通、通讯、气象、植被等情况，了解测区所涉及的各项内容，充分掌握第一手材料。

图上设计一般结合收集的资料在地形图上进行。按照高级控制低级的原则，根据所布控制网的精度要求和点距要求，在图上标出新设计的 GNSS 点的点位、点名、点号和级别，并在图上标出有关原天文大地控制网中的三角、导线网点以及有关的水准路线。如果利用原国家天文大地控制网点旧址，为了便于所选方案能够在实践中实施，在图上设计时，每选一个新点，则应有 2~3 个旧址点备选。

对于一个全新的 GNSS 控制网的建设，全部测量工作都由 GNSS 来完成。为了保证高等级控制网的精度，观测时必须使用高精度 GNSS 双频接收机，观测时间要足够长。所选择的基准站将新布设的控制网全部包含在内。对于应用新的理论、新的方法，还应经过各种试验，以证明该理论、方法的正确性、可行性和实际效益。

5.4.2 GNSS 控制网的布设种类

GNSS 控制网的布设,一般根据接收机的数量和作业的要求,有基于连续运行的基准站(IGS 站或陆态网基准站)、分区布网和 GNSS 绝对定位等作业模式。由于作业模式不同,所使用的仪器、观测方法也略有不同。无论采用哪种方法作业,必须以精度和投入产出比最高为基本原则。

1. 基于连续运行基准站的布设

永久性、连续观测的 GNSS 观测站(IGS 站和国内陆态网基准站)给高精度、大规模、大跨度测量提供了一个不可多得的测量方式。这些连续运行的基准站不间断地实施观测,并通过互联网公布观测数据,用户可以非常方便地获取观测资料。由于常年观测数据的积累,这些站都有精确的测站位置(站址坐标和年变资料)。这些站的观测资料和精确的站址坐标,可以为布设高精度控制网提供高精度的已知点位置和众多的与控制网点同步观测的数据。

使用永久性、连续观测的 GNSS 站布网,就是在方案设计中选定这些邻近的连续观测站,加入数据处理方案。图 5.5 是采用连续观测站同步观测的示意图。但由于所需连续观测基准站的数据是事后取得的,测量时难以实时了解这些站的工作状态,在选择连续观测站时应留有备份。在国内建立的高精度控制网,在图上设计时,应尽量选取我国周边可供利用的 IGS 站。国内新建的陆态网在国内具有较均匀地分布,站间距离 1000km 左右,但因观测历史较短,站址坐标的精度和一些国际站比较还略有差距,随着这些连续观测站的积累,站址坐标会逐渐精化,比较适于国内测区使用。建立在国外的测控站,由于和国内连续观测站的距离较远,不适合利用国内陆态网基准站,因此,国外测控站的建立应利用所在国家附近的 IGS 站。IGS 站一般观测的时间较久,精度较高,而且提供站址的年变资料,对于改进国外测控站的精度十分有利。

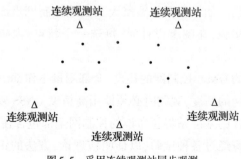

图 5.5　采用连续观测站同步观测

利用连续观测站模式进行测量需注意的问题有:①连续观测站要均匀分布在测区周围;②考虑连续观测站的地理位置和对观测结果的影响,应选择高纬度点和低纬度点;③对于较大的测区,为了便于流动作业,要选择尽量多的连续观测站。利用连续观测站模式,不但可以精确地确定点的位置,还可以求得高精度的方位角。根据试验,只要适当地选取连续观测站位置,方位精度可以达到 $\pm 2''$ 以内。

2. 分区观测 GNSS 控制网的布设

该作业模式的组织往往取决于接收机的数量。如果 GNSS 接收机的数量足够多,那么每个测站可以设置一台 GNSS 接收机。这样组织同步观测、数据处理都较简单,可采用所有同步观测站数据一并平差处理的软件。用于高精度测量的商用软件,如 GAMIT、BERNESE 以及国内各 GNSS 厂商提供的随机软件等,都能实现全部同步区整体平差。

当网点数较多、接收机数量不足时,作业的组织稍显复杂,涉及的技术问题也较多。我国已布测的 GNSS A、B 级网和一、二级网即属此种情况。

GNSS 网的测站点总数通常多于所使用的接收机数,不得不采用分区观测。同一分区各点的观测是同步进行的,分区与分区之间要有一定的连接点。作为高精度 GNSS 控制网在设计分区和观测计划时应考虑:①网的整体性,即不产生网的局部扭曲;②误差的传播,连接点作为不同分区的公共点,在网平差中其定位误差将影响分区的精度,而且具有一定的系统性;③网的多余观测,通过网平差,较多的多余观测(这里所说的多余观测不是指同一条边的重复观测)可以提高解的精度和可靠性;④方便的检核,在网平差前对观测质量进行检核是必要的,类似于常规测量中闭合差检验;⑤提供一种评定精度的方法;⑥网的经济效率,这是实际布测 GNSS 网所必须考虑的问题。

分区常用方法有按连接点分区和按区与子区连接的分区两种。对于按连接点分区,首先按参加作业的接收机数量确定分区点数,其次区与区之间要有 2~4 个连接点(如图 5.6 所示 9 台仪器分区情况),第 Ⅰ 区观测完成后,连接点上的仪器不动,其他仪器迁至第 Ⅱ 区,全部上点后再同步观测。对于按区与子区连接的分区,按参加作业的接收机数确定分区点数,在完成一个分区的观测后,约半数接收机搬站,余下的约半数接收机继续观测,形成观测子区,子区的观测与分区相同,只是测站数不同。当其他接收机搬至新点后,开始下一分区的观测。由于路程的远近和交通条件的不同,因此较早到达新站的接收机不必等待其他搬站的接收机到达,即可提前观测(与不少于半数的不搬站的接收机同步观测)。

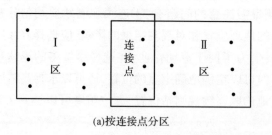 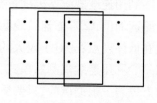

(a) 按连接点分区　　　　　(b) 按区与子区连接的分区

图 5.6　分区常用方法

从网的整体性来看,增加相邻区的连接点数甚至跨区连接(一些点参加 3 个或 3 个以上的分区观测)对加强网的整体性是有利的。第二种分区方法在很大程度上加强了网的整体性。这种方法不但显著增加连接相邻分区的点数,而且有较多的连接 3 个分区甚至 4 个分区的点。从网的多余观测来看,全网是分区观测的,各分区分别解算后应进行全网的平差。在整体平差中,各分区的解算结果将作为带有相关权阵的观测值参加平差。一方面,从平差的效果(解的精度)来看,这种观测量所形成的多余观测越多,效果越好;另一方面,这些观测量之间的相关性越大,则平差的效果越差,与其他观测量具有线性相关的(不独立的)观测量对平差无贡献。

同一分区同步观测所取得的观测量(矢量解)总是相关的。按实验结果,各矢量解间的相关系数大约为 $0.1\sim0.7$,具体取决于卫星和测站的几何分布。不同分区或子区同步观测所取得的观测量(矢量解)之间是不相关的。此外,在同一分区或子区同步观测时只能取得 $N-1$ 个线性无关的矢量解(N 为参加观测的接收机数)。尽管有的软件可以给出更多的矢量解,但这些解是不独立的,它们与 $N-1$ 个基本解构成线性关系。

从以上分析可以看出,为了取得全网较高精度的平差解,应尽量增加多余观测,并减少它们之间的相关性,而这两个要求都需要尽量增加观测的分区或者子区数(在网点数一定的情况下)。但多余观测总是和工作量相联系的。由于任何施测方案其观测量不能少于求解所必须的必要观测量,故增加的观测量也是增加的多余观测,而多余观测与必要观测的比值可以在一定程度上反映平差后的精度增益。

由于第二种分区施测的方法充分地利用了搬站时间形成子区观测,因此效率是比较高的。

5.4.3　控制网图形设计

在进行 GNSS 控制网图形设计之前,需明确有关概念。

(1)观测时段是指接收机开始接收卫星信号到停止接收卫星信号连续工作的时间段。

(2)同步观测是指由两台或两台以上接收机同时对相同卫星进行的观测。

(3)同步环是指由三台或三台以上接收机进行同步观测所获得的基线向量构成的闭合环。

(4)构成闭合环的所有基线中,只要有两条不是同步观测的基线,则这个环就是异步环。

(5)同步观测获得的所有基线中,只有一部分是独立的,用这部分基线可以把其他所有基线计算出来,这部分基线称为独立基线。

GNSS 控制网的特征条件是设计 GNSS 控制网的依据,包括以下几项条件。

(1)观测时段数:每个时段都用 N 台接收机进行同步观测,观测时段数可表示为

$$C = nm/N$$

式中:n 为控制网中控制点的总数;m 为在每个控制点上平均设站次数。

(2)基线数:N 台接收机进行同步观测,可获得 J 条基线的基线向量,即

$$J = N(N-1)/2$$

如果一共观测了 C 个时段,则总基线数为

$$J_{总} = CJ = CN(N-1)/2$$

(3)独立基线数:在一个时段中的 J 条基线中只有 $N-1$ 条是独立的,因此全网中的独立基线数为

$$J_{独} = C(N-1)$$

(4)必要基线数:对于全网来说,一共有 n 个点,则必要观测的基线数为

$$J_{必} = n-1$$

(5)多余基线数:多余基线数等于独立基线数减去必要基线数,即

$$J_{多} = J_{独} - J_{必}$$

可以看出,用 N 台接收机进行观测,可以算出 $J_{总}$ 条基线,但只有 $J_{独}$ 条是独立的。因此设计网图时需要合理选择独立基线。理论上如果选出来的基线彼此独立,那么不同的选择方案是等价的,在进行图形设计时,根据实际情况灵活选择。为科学合理地设计网图,一般要遵循一定的原则:①图形必须由独立基线构成;②基线必须互相连接形成多个闭合环或附合路线,独立闭合环的个数与附合路线的个数之和必须等于多余基线数;③选择独立基线时短基线优先,基线近似相等时可任意选择;④闭合环或附合路线的边数不能超过表 5.4

规定;⑤A、B级网,除边缘点外,每点的连接点数不少于3个;⑥边与边之间不能交叉。

5.4.4 选点和标志埋设

GNSS网点的选择对于保障测量工作顺利进行和测量结果准确可靠具有重要意义。选点时应遵循以下原则:

(1)交通方便,便于利用和长期保存。

(2)地势开阔,点位周围地平仰角15°以上无障碍物。

(3)距点位100m范围内无高压输电线、变电站,1000m范围内无大功率电台、微波站等电磁辐射源。

(4)避开在两相对发射的微波站间选点。

(5)点位应避开大型金属物体、大面积水域和其他易反射电磁波物体等,以避免产生多路径效应误差。

(6)点位应避开地壳断裂带和松软土层,尽量选在岩石或坚硬的土质上。

(7)利用原有点位,应检查标石或观测墩是否完好。利用原有点位的点名,原则上采用原点名,若确需更改点名,则在新点名后用括号附上原点名。

(8)控制网点应尽量选在有水准高程或能进行水准联测、交通方便的三角点、导线点附近;如果是新选择的GNSS点位,那么应尽量选择交通便利的地方以便于水准联测。

(9)在高程异常变化剧烈地区、地壳断裂带、地震频发区,其点位密度应根据地质情况进行布设。此类地区的选点,原则上应尽量选择基岩点或地质结构稳定的点位,不受点间距的限制。

(10)下列地区不宜选点:即将开发的地区;易受水淹、潮湿或地下水位较高的地点;距铁路200m、公路50m以内的地点;易发生滑坡、沉降、隆起等局部变形的地点。

实地选点应根据图上设计的点位进行,选点工作应由作业组长和地质工程师共同承担。选点人员到达实地后,应充分了解当地的地质结构、交通运输、物质供应、通讯、水文、气象、冻土和地下水位等情况。选点结束后应画出1∶20万比例尺地质构造平面图,写出当地的地质概况和构造背景。作业组长应根据实地选点情况,现场填写和绘制点之记图,同时将地质情况一并填写到点之记上。高精度控制点应建造观测墩并使用强制对中装置。

5.5 GNSS 测量作业

GNSS 测量作业涉及测前准备、计划安排、控制网设计、观测要求及注意的问题、手簿记录、数据下载、质量检查等。每个环节都涉及是否能圆满、保质保量地完成任务。

5.5.1 测前准备

出测前的准备工作,对于整个工程项目的完成起到了非常重要的作用。主要内容包括:观测小组的划分、技术学习、仪器检验、后勤准备、出发计划等内容。每一个环节都不能疏忽,而且必须做到严谨科学。

观测小组的划分,主要是根据任务量、仪器数量和作业时间的规定而确定。目的是在规定的时间内,确保任务的完成。观测小组的划分应注意:①观测小组的数量取决于仪器和任务量,在保证观测任务能按时完成的前提下,力求精简;②要考虑各观测小组的技术实力,做到强弱搭配,每个观测小组必须具备一名技术全面、能够处理作业过程中各种问题的技术骨干;③观测小组负责人要有较高的个人素质和组织指挥能力。

技术学习,是制约整个作业的关键,主要内容是技术方案和实施方案。要使每一个作业员熟知执行任务的目的、意义、方法、仪器操作的要领及要求等。技术方案和实施方案是根据规范、规定并经过一定的论证和实地调查后制定的,在整个作业过程中一般不可更改,必须坚决执行。如果遇到特殊问题,则必须先请示后执行,不可擅自更改方案。

仪器检验,主要是要求所有的作业仪器必须经过具有计量资质的计量部门检定。但是在实际作业过程中,由于一些特殊情况,作业单位也可以根据仪器检验的规定自行检验,检验资料作为正式资料随同观测资料一并上交。

后勤准备除了参与测量任务的人员、仪器和设备的准备之外,还应对不熟悉的测区派驻先遣队,做好交通、通信、水电、食宿等保障准备。并根据测区的后勤保障条件,拟制切实可行的外业观测计划。在交通调度安排上,要根据技术设计书和工程管理设计书的要求,结合测区内交通情况和参加观测的接收机数量、观测点的分布情况,统一安排。如果是分区作业,调度工作要根据测区的交通情况和每个点位的难易程度安排每台仪器迁站时的行进路线和搬迁的时间,确保每台仪器搬迁时间的一致,保证同时上点观测。如果基于连续基准站观测,则应注意:①基准站的观测情况(所选连续观测基准站是否正常观测);②相邻观测组的同步观测时间,确保每一个独立测站的观测质量。无论采用什么方法观测,最终的目的是提高工作效率,确保成果质量。

观测纲要是根据控制网的布设而决定的,一般情况下,根据不同的布网精度要求,按规范规定的相应等级观测即可。但是对于高精度、大跨度的控制网,观测纲要与点间距离和精度有关,点距越长、范围越大、精度要求越高,则观测时间越长。

出发计划,是测前准备过程中非常重要的内容。出发计划是根据测区的位置和作业小组的数量而决定的。一般有下列几种情况:①比较遥远的测区,测区相对比较集中,适于集团作业,运输模式需要专列运输;②内地作业但比较分散,运输模式需要汽车运输;③作业规模较小且高度分散,需要乘坐火车;④特殊情况下还需要使用飞机或舰船运输。因此采用不同的运输方式,具有不同的规定和要求。

5.5.2 观测要求

1. GNSS 接收机

GNSS 接收机一般由天线、接收机和控制器组成,按照用途可分为测地型、导航型和授时型。

A 级网测量采用的 GNSS 接收机选用按 GB/T 28588 的有关规定执行,B/C/D/E 级 GNSS 网按表 5.6 规定执行。

表 5.6 各等级网接收机选取标准

级别	B	C	D、E
频段	多模多频	多模多频/单模多频	单模多频/多模单频
观测量(至少有)	载波相位、伪距	载波相位、伪距	载波相位、伪距
同步观测接收机数	≥4	≥3	≥2
天线要求	扼流圈、抗干扰	大地型	大地型

观测选用的接收机,必须对其性能和可靠性进行检验,合格后方可参加作业。对新购和经修理后的接收机,应按规定进行全面的检验。接收机检验内容包括一般性检验、通电检验和实测检验。

(1)一般检验。主要检查接收机设备各部件是否齐全、完好,紧固部分是否松动和脱落,使用手册及资料是否齐全等。同时,天线底座的圆水准器和光学对中器,应在测试前进行检验和校正。天线或基座的圆水准器、光学对中器、天线高量尺在作业期间至少1个月检校一次。GNSS测量的辅助设备,如通风干湿表、气压表、温度表等,应定期送气象部门检验。

(2)通电检验。主要检查接收机通电后信号灯、按键、显示系统和仪表的工作状况,以及自测系统的正常状况。当自测正常后,按操作步骤检验仪器的工作情况。

(3)实测检验。这是GNSS接收机检验的主要内容,其检验方法有标准基线检验、已知坐标和边长检验、零基线检验、相位中心偏移量检验等。

以上各项测试检验应按作业时间的长短,至少每半年测试一次。

GNSS接收机的仪器维护内容和注意事项具体如下。

(1)GNSS接收机应指定专人保管,不论采用何种运输方式,均应有专人押运,并采取防震措施,不得碰撞、倒置或重压。

(2)严格遵守技术规定和操作要求。未经允许,非作业人员不得擅自操作GNSS接收机。

(3)接收机应注意防震、防潮、防晒、防尘、防蚀、防辐射。电缆线不应扭折,不应在地面拖拉、碾轧。接头和连接器应保持清洁。

(4)作业结束后应及时擦净接收机上的水汽和尘埃,存放在仪器箱内。仪器箱应置于通风、干燥阴凉处,箱内干燥剂呈粉红色时应及时更换。

(5)接收机交接时应按规定的一般检视项目进行检查,并填写交接情况记录。

(6)接收机在使用外接电源前,应检查电源电压是否正常,电池正负极切勿接反。

(7)当天线置于楼顶、高标及其他设施的顶端作业时,应采取加固措施,雷雨天气时应有避雷设施或停止观测。

(8)接收机在室内存放期间,室内应定期通风,每隔1~2个月应通电检查一次。接收机内电池要保持充满电状态,外接电池应按其要求按时充放电。

(9)严禁拆卸接收机各部件,天线电缆不得擅自切割改装、改换型号或延长。如发生故障,则应认真记录并报告有关部门,请专业人员维修。

2. GNSS观测环境要求

GNSS观测结果质量受外界条件的影响较大,在观测时需要特别注意以下问题。

(1)减弱天线相位中心误差的影响。在GNSS观测过程中,接收机天线接收卫星信号是天线整体作用的结果,很难确切地定义所得观测值对应于天线的具体位置,只能等效对应到一个点,这就是天线相位中心或电气中心。天线相位中心会随卫星信号入射方向不同而变动。实际作业时只能取一个几何点(天线的几何中心)对中测量标志,几何中心一般由生产厂对天线进行各种条件的测试后给定。几何中心只是相位中心的平均位置,显然会对精密定位带来误差。由于天线相位中心的变动与卫星相对接收机的方向有关,每次观测卫星方向可能有较大的变动,用仪器测定修正值来改正的效果不够有效。由于工艺上的原因,同一批天线的相位中心随卫星方向变化的漂移是相近的,当同步观测的天线指向相同时,在相对测量中可以削弱天线相位中心漂移的影响。因此,在天线出厂时其几何中心相对天线保持一致,并给出了方向标志。作业时,使各接收机的天线方向标志指向一致(一般指北),即可减弱这一影响。如果有条件时,尽量利用同一种型号的仪器组网作业,以减少天线相位误差的影响。

(2)克服多路径效应的影响。由于地面(或水面)或其他能造成电磁波反射的物体的存在,天线接收到的信号除从卫星直线传播的以外,还有经反射体反射的信号,这就使相位观测值含有误差。一般情况下,反射信号的振幅远小于正常信号,叠加的结果使接收信号有一附加延迟,即多路径效应。为了削弱多路径效应误差,实际工作中应根据选点要求合理选择点位。

(3)减少已知点位置误差的影响。已知点位置误差会对测量结果造成系统性偏差。在大范围、多同步区测量中,尽量采用 IGS 站或陆态网工程的点位并进行差分测量。

(4)减少对中误差的影响。天线的对中精度直接影响点位的定位精度。因此,观测前天线要精密对中,每一测段之间要检查天线的对中情况。有条件时,应尽量采取在观测墩上观测,对中标志采用统一标准制作,以减弱对中误差的影响。对于要求更高的控制网观测,应采用强制对中方法。

(5)消除或减小量高误差的影响。天线的量高精度对结果的影响也有较大影响。为了消除或减弱量高误差的影响,观测时应采取以下措施:①采取测前、测中、测后量取天线高的措施;②对于每次量取,必须按规定在天线的三个不同位置分别量取,然后取中数;③如果外界条件发生变化或对量高产生怀疑,则随时对天线高度进行量取并认真记录;④有条件时,可在观测墩上观测,对中标志采用统一标准制作。

3. GNSS 操作要求

外业测量工作中,一般将 GNSS 接收机安置在三脚架上,开始观测前要对中整平。在观测前,除要求天线精密对中外,接收机参数也要按作业方案的要求进行设置。主要参数设置有接收机号、天线号、天线高、所测点号、采样间隔、卫星高度角、测量方式等。

接收机开始记录数据后,观测员可使用专用功能键和选择菜单,查看测站信息、接收卫星数、卫星健康状况、各通道信噪比、相位测量残差、实时定位的结果及其变化,并及时向调度组织者报告。

气象仪器应位于测站附近与仪器等高处,悬挂地点应通风良好,避开阳光直接照射,便于操作读数。空盒气压表可置于仪器天线等高处。

在一时段观测过程中禁止以下操作:①关闭又重新启动接收机;②自测试;③改变卫星高度截止角;④改变数据采样间隔;⑤改变天线位置;⑥按动关闭文件和删除文件等功能。

4. 天线高的量取

天线高是指测量标志到天线相位中心的垂直距离。三脚架上天线高的量取方法一般是用量高杆从标石中心量至天线外边沿的上沿,根据天线半径利用勾股定理求出天线的垂直高。当天线安置在观测墩上时,可用直尺直接量取天线高。在每时段观测前、后各量取一次天线高,量取斜高时应从脚架互成120°的三个方向各测量一次,互差小于3mm,取其平均值作为斜高。

5.5.3 数据下载与质量检查

接收机观测数据一般存储在接收机的内存中。观测结束后的第一步工作,就是将接收机内存中的观测数据提取出来或拷贝到用户硬盘。数据包括广播星历数据、采样历元、相应的伪距、相位观测数据、测站信息数据等。可以按日期或日期加测段号设置子目录,也可由调度人员统一规定,其主要目的是便于管理。注意,要把需要处理的所有接收机的同步观测数据拷贝在同一子目录下。数据下载时,应使用接收机随机所带的数据通信软件,并按随机软件的操作要求进行。

对于单测站的观测数据的质量检查,主要是检查观测数据的连续性,即一测段中有无中断、中断的次数及长度、接收机设置的参数是否正确、卫星信号有无异常等。

5.5.4 手簿记录

GNSS野外观测手簿(表5.7)必须现场按记录项目认真填写,中文统一使用国务院公布的简化字。手簿严禁事后补记,严禁涂改与编造数据。记录错误时应用横杠整齐划掉,然后在需要修改的内容上面重写。每台仪器使用一本手簿,每天使用一页。当出现观测中断时,应在备注栏内详细记录中断的始末时间、中断原因、处理情况等。

表5.7 GNSS观测手簿示例

手簿编号：　　　　　　　　　　　　　　　　　　技术负责人：

网名		点名		图幅编号	
观测记录员		日期段号		观测日期	
接收机名称及编号		天线类型及其编号		存储介质编号数据文件名	
温度计类型及编号		气压计类型及编号		备份存储介质编号	
近似纬度	°　′　″ N	近似经度	°　′　″ E	近似高程	m
采样间隔	s	开始记录时间	h　min	结束纪录时间	h　min
天线高测定		天线高测定方法及略图		点位略图	
测前： 测量值＿＿＿＿＿ ＿＿＿＿m 修正值＿＿＿＿＿ ＿＿＿＿m 天线高＿＿＿＿＿ ＿＿＿＿m 平均值＿＿＿＿＿＿＿＿＿m	测后：				
记事					

气象元素及天气状况

时间/UTC	气压/mbar	干温/℃	湿温/℃	天气状况

测站跟踪作业纪录

时间/UTC	跟踪卫星号(PRN)及信躁比	纬度 °　′　″	经度 °　′　″	大地高度/m	PDOP

备注

注：气象元素各栏内应纪录气象仪器读数和相对应的修正值

第 6 章 重力测量

重力测量是指利用一定测量手段测定地球表面及外部空间重力加速度大小的理论、技术与方法。通过重力测量，人们可以确定地球重力场、大地水准面起伏、地球内部质量分布及其随时间的变化等信息，为火箭发射、飞行器轨道确定、地下勘探等活动提供技术及数据保障。

6.1 重力与正常重力

6.1.1 重力及其变化规律

1. 重力基本概念

在地球表面及附近空间的一切物体都有重量，这是物体受重力作用的结果。地球近似于一个旋转的椭球体，在这个椭球体的表面或附近空间一切物体都将同时受到两个力的作用，一个力是除该物体之外的地球质量和其他天体质量对它的万有引力，另一个力是地球自转而引起的惯性离心力(简称离心力)，这两个力的矢量和就是物体所受的重力。

对于地球表面的一物体，地球质量对它产生的万有引力为 F，方向大致指向地球质心。太阳、月亮等天体质量对它产生的万有引力很微小，可忽略不计。物体随地球自转而引起的惯性离心力为 P，它的方向与地球自转轴垂直而向外，则万有引力与惯性离心力的合力 G 就是重力，它的方向随着地表位置的不同而发生变化，但大致都指向地心，在地面上物体受重力 G 作用的方向即为该处的铅垂线方向，用公式表示为

$$G = F + P \tag{6.1}$$

物体受到重力作用的大小还与其本身的质量大小有关。当物体只受到重力的作用而不受其他力作用时，物体就会自由下落，物体自由下落的加速度就称为重力加速度。重力加速度与重力之间的关系为

$$G = mg \tag{6.2}$$

式中:m 为物体的质量;g 为重力加速度。

若令式(6.2)中的 $m = 1$,则 $G = g$。由此可知,重力加速度在数值上等于单位质量所受的重力,其方向也与重力相同。重力 G 与被测物体的质量 m 有关,不易反映客观的重力的变化。对于一个单位质点,作用于其上的重力在数值上等于使它所产生的重力加速度的值。因此,在本书中重力和重力加速度这两个概念是通用的。不特别注明时,凡提到重力都是指重力加速度。

2. 重力的数学表达式

17 世纪,英国科学家牛顿提出著名的万有引力定律,用来描述两个质点或者两个均匀球体间的引力,即

$$F = G\frac{m_1 m_2}{r^2} \tag{6.3}$$

式中:G 为万有引力常量,其值为 $6.672 \times 10^{-11} \mathrm{m}^3 \cdot \mathrm{kg}^{-1} \cdot \mathrm{s}^{-2}$;$m_1$ 和 m_2 为相互吸引的两个球体的质量;r 为两个球体质心之间的距离。

根据上述公式,整个地球对某一点的引力等于地球所有质点对该点引力的合力。如果把地球近似地看成密度均匀的球体,那么地球质量作用在地面上或地球附近空间单位质量的质点 A 的引力等价于质量相同的球心质点对 A 的引力,即

$$F = G\frac{M_G}{r^2} \tag{6.4}$$

式中:M_G 为地球的质量;F 为引力,其方向为质点 A 指向地球质心的方向。

地球不停自转,因此作用于地球表面单位质量 A 点的离心力为

$$P = \omega^2 r\cos\varphi \tag{6.5}$$

式中:ω 为地球旋转的角速度,其值为 $7.292115 \times 10^{-5}\mathrm{rad/s}$,通常视为常矢量,地球自转不均匀性对 A 点离心力的影响可忽略不计;r 为地球半径;φ 为 A 点的地心纬度;P 为离心力,其方向垂直于地球自转轴指向的外方向。由式(6.5)可见,如果地球自转轴发生变化,即存在极移,那么点位 A 的地心纬度 φ 相应发生变化,导致离心力发生变化。

式(6.4)与式(6.5)以矢量相加,即为重力的数学表达式。

3. 重力单位及大小

在法定计量单位制中重力的单位是 N(牛),重力加速度的单位是 $\mathrm{m/s}^2$。在大地测量学中,重力的单位为重力加速度的单位。国际单位制中,重力加速度的

单位是 m/s²;在通用单位制(CGS)中重力加速度的单位是 cm/s²(伽),用 Gal 表示。这是为了纪念第一位测定重力加速度的物理学家伽利略(Galileo),它的千分之一称为毫伽(mGal),毫伽的千分之一称为微伽(μGal),即

$$1\text{Gal} = 1\text{cm/s}^2 = 10^{-2}\text{m/s}^2$$

$$1\text{Gal} = 1000\text{mGal}$$

$$1\text{mGal} = 1000\mu\text{Gal}$$

若将地球当成质量 $M = 5.976 \times 10^{24}\text{kg}$、半径 $R = 6371\text{km}$ 的球体,则可以估算其引力值为 9.8m/s^2。在赤道上惯性离心力最大,约为 0.0339m/s^2。因此,地球质量产生的引力是重力的主要组成部分。

实际上,地球不是一个形状规则、密度分布均匀的球体,地球表面各点的重力由于所处纬度的不同、地表下物质密度的不同和点位高程的不同而产生差异。由于地球自转,赤道附近产生隆起,赤道上的点距地球质心最远,因此重力最小,约为 $978\text{Gal}(9.78\text{m/s}^2)$;随着地面点位纬度的增加,点位距离地心的距离减小,重力相应增大,在两极达到最大值约为 $983\text{Gal}(9.83\text{m/s}^2)$。因此全球平均重力值为 $980\text{Gal}(9.80\text{m/s}^2)$。同时,重力值又随高度的增加而减小,一般来说,山顶上的重力值比山脚下的重力值小。此外,由于地球质量分布不规则等原因,在局部地区还会有一些微小的变化,只有利用重力仪器进行精密重力测量,才能准确知道各地的实际重力值。

6.1.2 正常重力

由于真实的地球形状过于复杂,且内部质量分布也不均匀,因此引入了一个规则的匀质椭球体,这就是正常椭球。正常椭球的内部质量分布很规则,且关于自转轴旋转对称,因此其产生的正常重力的大小关于赤道对称,例如北纬30°与南纬30°处椭球面上的正常重力值大小相等,且与点的经度 L 无关。如果椭球参数确定,那么椭球面上及面外部任意一点处的正常重力即可求解得到。下面给出基于不同椭球参数下的正常重力计算公式。

1. 椭球面上正常重力公式

1)赫尔默特正常重力公式

1954 北京坐标系是以克拉索夫斯基椭球作为参考椭球,它仅有两个几何参数,因此在重力资料处理时对应赫尔默特正常重力公式,即

$$\gamma_0 = 978030(1 + 0.005302\sin^2 B - 0.000007\sin^2 2B) \tag{6.6}$$

采用式(6.6)计算正常重力时,点的大地纬度 B 应为 1954 北京坐标系下的

大地纬度,计算得到的正常重力单位为毫伽。

2) 1975 国际椭球正常重力公式

1980 西安坐标系采用的地球椭球基本参数为 1975 年 IUGG 第十六届大会推荐的数据,即 IUGG75 椭球,由此导出的 1975 国际椭球正常重力公式为

$$\gamma_0 = 978032(1 + 0.005302\sin^2 B - 0.0000059\sin^2 2B) \tag{6.7}$$

采用式(6.7)计算正常重力时,点的大地纬度 B 应为 1980 西安坐标系下的大地纬度,计算得到的正常重力单位为毫伽。

3) CGCS2000 椭球正常重力公式

CGCS2000 坐标系采用的是 CGCS2000 椭球,由此导出的 CGCS2000 正常重力公式为

$$\begin{aligned}\gamma_0 = 978032.53361(&1 + 0.005279042631\sin^2 B + \\ &0.000023271799\sin^4 B + 0.000000126218\sin^6 B + \\ &0.00000000073\sin^8 B)\end{aligned} \tag{6.8}$$

式(6.8)是基于 CGCS2000 椭球参数计算得到,误差为 1nGal,即 $10^{-11}\mathrm{m/s^2}$。对于要求较低的情况,可采用简化公式,即

$$\gamma_0 = 978032.53349(1 + 0.00530244\sin^2 B - 0.00000582\sin^2 2B) \tag{6.9}$$

采用式(6.9)计算正常重力时,点的大地纬度 B 应在 CGCS2000 坐标系下,计算得到的正常重力单位为毫伽。

4) 布隆斯椭球正常重力公式

我国航天与导弹部门有时使用布隆斯椭球作为正常椭球,以地心纬度和大地纬度计算的正常重力公式,即

$$\gamma_0 = 978027.4(1 + 0.005298\sin^2\varphi + 0.00001975\sin^2 2\varphi) \tag{6.10}$$

$$\gamma_0 = 978027.4(1 + 0.005298\sin^2 B + 0.0000192\sin^2 2B) \tag{6.11}$$

5) 正常重力的转换

由于人们对地球形状和物理性质的认知不断提高,正常椭球的参数也在不断精化,不同时期处理的重力资料用到的正常重力系统就有所不同。在利用这些重力资料进行重力场计算时,必须统一到所要求的系统中来,这就需要进行转换。

例如将赫尔默特椭球系统的正常重力 γ_0^H 转换为 1980 西安坐标系中的正常重力 γ_0^{1980} 时,转换公式为

$$\gamma_0^{1980} = \gamma_0^H + 2.0 + 0.01\sin^2 B + 1.1\sin^2 2B \tag{6.12}$$

将 γ_0^H 转换成导弹部门应用的正常重力 γ_0^D 时,转换公式为

$$\gamma_0^D = \gamma_0^H - 2.6 - 3.9\sin^2 B + 25.6\sin^2 2B \tag{6.13}$$

同样还可以给出其他系统之间的正常重力换算公式。

2. 椭球外部正常重力公式

正常重力公式是用于计算椭球面上点的正常重力值,但在很多情况下需要求解椭球外部一点处的正常重力值。设该点到椭球面的距离(大地高)为 H,以 CGCS2000 椭球为例,该点处正常重力计算公式为

$$\gamma_H = \gamma_0 - (0.3083387 + 4.429743963 \times 10^{-4} \cos^2 B - 1.996461 \times 10^{-6} \cos^4 B) H +$$
$$(7.2442777999 \times 10^{-8} + 2.116062 \times 10^{-10} \cos^2 B - 3.34306 \times 10^{-12} \cos^4 B -$$
$$1.908 \times 10^{-14} \cos^6 B - 4.86 \times 10^{-17} \cos^8 B) H^2 - (1.51124922 \times 10^{-14} +$$
$$1.148624 \times 10^{-16} \cos^2 B + 1.4975 \times 10^{-18} \cos^4 B + 1.66 \times 10^{-20} \cos^6 B) H^3 +$$
$$(2.95239 \times 10^{-21} + 4.167 \times 10^{-23} \cos^2 B) H^4 \qquad (6.14)$$

式中:γ_0 为与该点对应椭球表面上的正常重力值,单位为毫伽;H 为大地高,以米为单位。用式(6.14)计算正常重力的误差,当 H 达到20km 时,小于 $0.1\mu Gal$;当 H 达到70km 时,小于 $1\mu Gal$。当计算精度较低的时候,可采用精简公式计算,即

$$\gamma_H = \gamma_0 - (0.30834 + 0.000437 \cos^2 B) H + 0.724 \times 10^{-7} H^2 \qquad (6.15)$$

利用式(6.15)计算 $H=1000m$ 的正常重力,右端最后一项数值仅为 $0.07mGal$,通常在 H 不大时忽略不计。

6.2 重力基准

重力测量分为绝对重力测量和相对重力测量。绝对重力测量是指直接测量其重力加速度,相对重力测量是指测量两点间重力加速度之差。为了快速进行重力测量,我们大量进行的是相对重力测量。因此,必须有属于统一系统的已知重力值的点作为起算数据。如果这些点的重力值是用绝对重力测量求定的,这样的点是重力基准点,其重力值就是重力基准值,通常简称它们为重力基准。不同时期的重力基准都有特定的名称,如波茨坦重力基准。根据某一重力基准来推算的重力点,都属于该重力基准的同一重力系统。例如,根据波茨坦重力基准来推算的重力点,都属于波兹坦系统。

6.2.1 世界重力基准

国际通用的重力基准有维也纳重力基准、波茨坦重力基准和1971年国际重力基准网(IGSN71)等,国际重力基准情况如表6.1所列。

表 6.1　国际重力基准情况

名称	测量时间/年	使用时间/年	精度/mGal
维也纳重力基准	1884	1900—1908	±10
波茨坦重力基准	1898—1904	1909—1971	±3
1971 国际重力基准网	1950—1970	1971—1983	±0.1
国际绝对重力基准网	1983 年开始建立	—	±0.01

1. 维也纳重力基准

1900 年,国际大地测量学协会会议在巴黎举行,会议通过了维也纳重力基准,即以奥地利维也纳天文台的重力值为基准,其值为

$$g = (981.290 \pm 0.01) \times 10^{-2} (\text{m/s}^2) \tag{6.16}$$

此值是 Oppolzer 在 1884 年用绝对重力测量方法(可倒摆)测定的,测量精度 ±10mGal。

2. 波茨坦重力基准

1909 年,国际大地测量协会会议在伦敦举行,会议决定废除维也纳重力基准,启用波茨坦重力基准。波茨坦系统以德国波茨坦大地测量研究所摆仪厅的重力值作为基准,代替过去的维也纳重力基准,其重力值为

$$g = (981.274 \pm 0.003) \times 10^{-2} (\text{m/s}^2) \tag{6.17}$$

该值是 1898—1906 年由 Kuhnen 和 Furtwangler 用可倒摆测定的。波茨坦重力基准应用范围最广,凡进行重力测量的国家几乎都采用过波茨坦重力基准,该基准被采用了 60 年。

随着科技的进步,对重力测量的精度不断提出新的要求。1930 年以后,一些国家先后进行了绝对重力仪的研制和测量,世界上的绝对重力点多起来。通过使用相对重力仪将新的绝对重力点与波茨坦重力基准进行联测,结果发现波茨坦的重力值约有 12~1mGal 的系统误差。1968 年第 51 届国际权度会议决定对波茨坦重力系统的重力值修正 -14mGal。1968—1969 年,在波茨坦重力原点又进行了一次可倒摆绝对重力测量,测量精度达到 ±0.3mGal,比先前提高了一个数量级,观量结果与原重力值相差 -13.9mGal。

3. 1971 年国际重力基准网(IGSN71)

几十年来,许多国家的绝对重力测量结果都表明,波茨坦绝对重力值大了 14mGal 左右。1971 年国际大地测量学和地球物理学联合会第 15 届大会在莫斯科举行,会议决定废止波茨坦重力原点,采用 1971 年国际重力基准网(ISGN71)作为新一代的国际重力测量基准,与其相应的波茨坦基准点的新重力值为 981260.19 ± 0.017mGal。国际重力基准网除了作为相对重力测量的起始数据外,还用作重力仪格值标定的比较基线,具有较高的精度和权威性。

IGSN71 是全球范围的重力基准网,有 10 个绝对重力点、25200 多个相对重力仪测量点,其中有 1200 多个摆仪观测点。根据最小二乘法原理进行整体平差后,分别求出了 1854 个点(其中绝对点只有 8 个,分别用三种绝对重力仪测定)的重力值,96 个重力仪尺度因子和 26 个仪器(摆仪和重力仪)的零漂率。平差后各点重力值精度为 ±0.1mGal,每个点都可作为重力测量起算点,从而改变了由一个重力原点起算的历史。

4. 国际绝对重力基准网(IAGBN)

随着高精度测时和测距技术的进步,20 世纪 70 年代前后,利用自由落体测量绝对重力的仪器在一些国家研制成功,重力测量精度大大提高,许多国家着手建立本国的重力控制网,而不需要以 IGSN71 的点作为重力起算点,故该网实际上已经不起控制作用。由于几个微伽的精度对研究全球重点场变化有重要作用,再加上绝对重力仪都有一定的系统误差,因此统一全球的绝对重力基准仍是有必要的。

IGSN71 建立后,经过一段时间的研究和准备,于 1982 年提出了国际绝对重力基准网(IAGBN)的布设方案。IAGBN 的主要任务是长期监测重力随时间的变化,并作为重力测量的基准,为重力仪标定提供条件。因此,这些点建立后需按规则间隔数年进行重复观测。1983 年在国际大地测量与地球物理联合会第 18 届大会上,决定建立国际绝对重力基准网,以取代 IGSN71。

5. 世界重力基准建立的趋势

1971 年在莫斯科举行的国际大地测量与地球物理联合会上,多国通过协议,决定统一采用国际重力标准网 1971(IGSN71)代替波茨坦系统,IGSN71 作为全球重力测量的参考基准一直使用至今。近几十年,绝对重力测量装备的精度已经由 100mGal 提升至数微伽。IGSN71 网 0.1mGal 级的精度显然难以满足当前地球系统所需的精度要求。1987年第19届IUGG/IAG会议通过了一项建设国际绝对重力基准网(IAGBN)的决议,这是一个由绝对重力测量点组成的基准网。1992年IAGBN得以建立,也取代了旧的IGSN71,全球共设33个台站被提议建设,其中大多数已经建立完成。2015年,IAG在布拉格的IUGG大会期间通过了第2号决议,启动了建立国际绝对重力参考系统的计划,来代替早期的IGSN71和IAGBN。该过程是根据国际度量衡委员会绝对重力仪的关键比较进行的,在微伽范围内建立一致的精度,同时采用超导重力仪获取重力值变化的时间序列,最终构建完整的国际绝对重力参考系统,为将来其他绝对重力仪的精度参考提供基准。

6.2.2 我国重力基准

国家重力基本网是确定我国重力加速度数值的参考基准体系。新中国成立后为满足各方面需要,我国开始用摆仪和弹簧重力仪在部分地区进行相对重力测量,并先后建立了三代重力基本网,即1957国家重力基本网、1985国家重力基本网和2000国家重力基本网(表6.2),并于2012年6月启动了国家现代测绘基准体系基础设施建设,其主要任务之一便是国家重力基准点和基本网的建设。

表6.2 我国重力基本网简况

名称	点数			测量精度/mGal		重力系统
	基准点	基本点	一等点	基准点	基本点	
1957国家重力基本网	—	21	82	—	±0.15	波茨坦系统
1985国家重力基本网	6	46	—	±0.01	±0.02	IGSN71
2000国家重力基本网	18	119	—	±0.0023	±0.0066	—

建立国家重力基本网的基本原则为:应覆盖我国各省、自治区、直辖市、南海海域、香港及澳门特别行政区;网中绝对重力点的分布应当均匀;重力点的布设既要顾及经济发展的需要,同时兼顾国防建设和防震减灾方面的需要;联测线路的网形结构要进行优化设计;新建的重力网点应尽可能与老的网点及地壳运动观测网络基本网衔接联测。

1. 1957国家重力基本网(57网)

1956—1957年,为了适应全国天文大地控制网数据处理对高程异常和垂线偏差的需要,我国同苏联合作建立了第一代重力基本网(57 网)。当时没有进行绝对重力测量,基准点重力值从莫斯科经由伊尔库茨克、阿拉木图和赤塔3个基本点用航空联测方法,用9台相对重力仪联测到北京西郊机场。在此之前,苏联航空重力队曾在波茨坦和莫斯科之间进行联测。北京西郊机场上的重力点是我国第一个重力原点,其重力属于波茨坦重力系统,相对于波茨坦国际重力原点的精度为 ±0.51mGal。与此同时,在全国布设了21个基本重力点和82个一等重力点,基本重力点的联测精度为 ±0.25mGal,这些点一并平差处理,构成1957国家重力基本网,其基本点相对于北京重力原点的误差不大于 ±0.32mGal,一等点不大于 ±0.40mGal。

20 世纪 70 年代初,中国计量科学院研制成功自由落体绝对重力仪,进行了我国首次绝对重力测量,与北京重力原点联测,证明原值大了13.5mGal。因此,在生产中凡采用波茨坦重力系统重力时,一律采用 -13.5mGal 进行改正。有些单位则直接采用国际有关组织决定,对波茨坦重力系统的重力值加 -14.0mGal 改正数。

2. 1985 国家重力基本网(85 网)

我国 57 网存在的问题主要是没有绝对重力点(统称为基准点),重力系统由波茨坦辗转联测过来,且当时相对重力仪测量精度不高。随着波茨坦重力系统逐步被 IGSN71 取代,我国开始建立第二代国家重力基本网(85 网)。

1981 年,中意合作利用意大利计量院的自由落体绝对重力仪在我国测了 11 个绝对重力点。由于仪器稳定性及选址不当等原因,85 网采用其中 6 个绝对重力点作为基准点,又利用 9 台高精度相对重力仪联测了 46 个基本点,还与东京、京都、巴黎等境外 23 个高精度重力点进行了联测,其中包括绝对重力点和 IGSN71 的重力点。这不但改善了图形结构,提供了外部精度标准,而且使 85 网与 IGSN71 有了较紧密的连接,使 85 网的重力系统纳入 IGSN71 系统。从 1987 年起,我国正式以该网的 57 个基本重力点(6 个基准点、46 个基本点和 5 个引点)作为重力起算点。

85 网整体平差的单位权中误差为 ±15μGal,点重力值中误差(内部符合)为 ±8~ ±13μGal,经外部符合检核,发现重力值中有一定的系统性影响,因此 85 网重力值的精度为 ±20~ ±30μGal。

3. 2000 国家重力基本网

我国 85 网较之于 57 网,在精度上提高了一个数量级,消除了波茨坦系统的误差,增大了基本点的密度,在测绘、地质、地震、石油、国防等领域发挥了重要作用。但是,随着时间的推移,我国经济建设迅速发展,有 2/3 以上的 85 网基本重力点不能使用。同时受测量设备、技术方法等因素的限制,85 网绝对重力点的观测精度较低,点位分布不均匀,图形结构不尽合理。

随着精度达到 3~5mGal 的 FG5 绝对重力仪的引进,在网络工程基准点上施测精度很高,为我国独立建立新一代更高精度的重力基准提供了技术手段。另外,国际上已决定建立绝对重力基准网来取代 IGSN71 重力系统。因此,有必要建立新一代国家基本重力网,即 2000 国家重力基本网。

国家测绘局、总参谋部测绘局、中国地震局自 1998 年 11 月到 2002 年 11 月圆满完成了 2000 国家重力基本网的建立工作。2000 国家重力基本网由 21 个基准点、126 个基本点和 112 个引点组成。同时,还确立了 1 个国家重力仪标定基线网(点位与 2000 国家重力基本网重力点重合),复测了国家重力仪格值标定场 6 处(计 60 个重力点),新建了国家重力短基线 2 处(计 4 个重力点),附加联测了 85 网、中国地壳运动观测网络重力网等重力点 66 个。

2000 国家重力基本网平差后的精度指标为:基本网中重力点平均中误差为 $\pm 7.35\mu Gal$,其中具有绝对重力观测成果的基准点平均中误差为 $\pm 2.3\mu Gal$,基本点平均中误差为 $\pm 6.6\mu Gal$,基本点引点平均中误差为 $\pm 8.7\mu Gal$。8 个国家重力仪格值标定场的 64 个重力点平均中误差为 $\pm 3.4\mu Gal$。联测的 85 网和地壳运动网等其他 66 个重力点平均中误差为 $\pm 9.5\mu Gal$。

2000 国家重力基本网是由基准点、基本点、引点以及长基线、短基线构成,并对已有的 85 网进行了联测,网形结构合理,充分考虑了国家基础建设、国防建设和防震减灾等方面的需要,种类齐全,功能完备,设计科学合理。该网精度高,覆盖范围大,点数多,点位顾及了我国实际情况,额度适宜,分布基本均匀。建网过程中采用了多项国内外先进技术和现代作业方式。该网数据处理理论方法严密,技术先进,平差结果可靠,精度真实可信。该网与 85 网相比具有质的飞跃,达到国际领先水平。

5. 我国新旧重力系统之间的转换

1985 年 9 月 6 日国家测绘局启用了 1985 重力基本网。而之前我国相关测绘部门已共计施测的数十万个不同等级的重力点,它们都属于 57 网系统,通过 85 网与 57 网的联测,经过相关计算,给出了两个系统之间的转换建议公式,即

$$g_{85} = g_{57} - 13.5(\text{mGal}) \tag{6.18}$$

需要注意的是,式(6.18)解决了两套系统之间的系统误差,57 网中的重力资料换算到 85 网后,可以与 85 网新资料共同解算,但是其精度仍需按照 57 网

精度指标来使用。由于85网测量精度相对已经较高,与2000国家重力基本网之间的系统误差可忽略不计,因此不存在系统之间转换的问题,但同样应使用各自的精度情况。

6.3 重力测量方法

1590年,意大利物理学家伽利略进行了世界上第一次重力测量。他利用球在斜面上的滚动,测得球在不同时间段的滚动距离。当换算到垂直方向后,伽利略发现球在第一个1s内走了4.9m,第二个1s内走了14.7m,第三个1s内走了24.5m。由此推得,球在第二个1s所走的距离比第一个1s增加9.8m,第三个1s所走的距离也比第二个1s增加9.8m,从而得出重力加速度的数值为9.8m/s^2。

直到17世纪,实际的重力测量才得以开展,而且当时也只是在陆地上进行。20世纪20年代,海洋重力测量的出现使得陆地重力工作得到进一步扩展,随着50年代后期出现的卫星技术,重力测量在研究全球板块构造、地壳深部构造、区域地质构造及圈定含油气远景区及煤田盆地等多个领域起到重要作用。20世纪70~80年代,小范围的航空重力测量工作开始试行,20世纪90年代中期航空重力测量已有了较大发展。21世纪初,卫星跟踪卫星技术的落地和重力梯度测量卫星的入轨,使重力测量进入全新的发展阶段。

测量重力的方法可分为两种:一种是绝对重力测量,它直接测定地面点的重力值;另一种是相对重力测量,首先测定两点之间的重力差,然后逐点推求各点的重力值。一般来说,绝对重力测量设备大,造价高,主要用于少量地面重力基准点的建立和维持;而相对重力测量则是测定地面重力的最基本的方法,广泛应用于测定地球表面上的重力值。

6.3.1 绝对重力测量

1. 用自由落体测定绝对重力

所谓自由落体运动,是指物体在只受重力作用下沿垂线所做的加速直线运动。根据力学知识,假定在运动路程中的重力加速度 g 为常数,则其运动方程为

$$l = l_0 + V_0 t + \frac{1}{2}gt^2 \tag{6.19}$$

式中：V_0和l_0分别为在计算时刻($t=0$)落体的运动速度和距离起点O的距离；l为经t时间后落体离开O点的距离图6.1所示为物体的自由落体运动。

利用物体自由运动测定重力值，可以用两种形式来实现：自由下落(简称为下落法)和对称自由运动(简称为上抛法)。

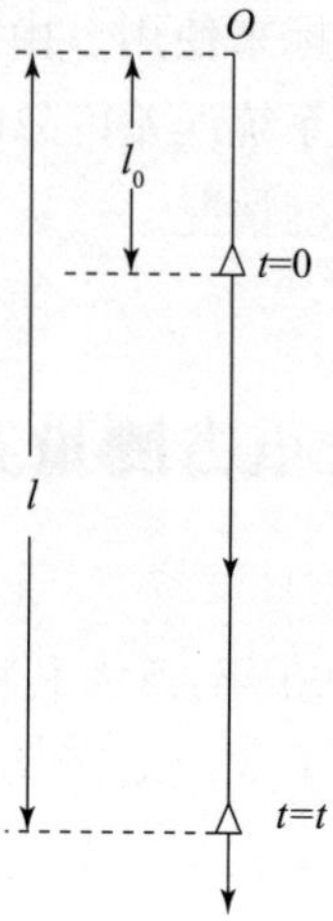

2. 用振摆测定绝对重力

如图6.2所示，由物理学可知，当一个摆角α足够小时，振摆的摆动周期T、摆长l和重力加速度g之间关系为

$$T = \pi \sqrt{\frac{l}{g}} \tag{6.20}$$

图6.1 物体的自由落体运动

可见，通过对T和l的测定，可以求得重力加速度g。重力测量精度要达到1mGal，当振摆周期为1s时，周期观测误差不得超过3.5×10^{-7}s；当摆长为1m时，它的测量误差不超过$1\mu s$。因此，使用摆测量重力值，要求测量周期和摆长的精度很高。由于单摆摆长受力后会发生变化，误差较大，因此通常采用刚体的物理摆来代替数学摆，而精确测量刚体摆的摆长有很多困难。1811年，德国天文学家 J. Bohnenberger 提出可倒摆原理，而后由不同学者制造出了可倒摆仪进行绝对重力测量。这种仪器操作复杂，精度提高有限，已经被淘汰。

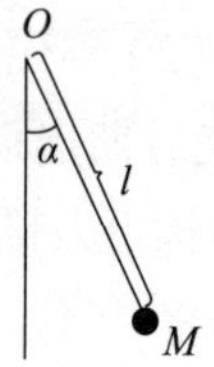

图6.2 振摆示意图

6.3.2 相对重力测量

通过比较两地重力差值，并结合重力基准点推求其他点重力的方法，称为相对重力测量。进行相对重力测量可采用动力法和静力法两种。

1. 用摆仪测定相对重力(动力法)

1881年人们发明了用来测定两点间重力差的相对摆仪。这种仪器里安装了一个摆长能够保持不变的摆，在两个点上分别测定摆的周期T_1和T_2或者他们周期的差$\Delta T=T_2-T_1$。设两点连续观测期间的摆长不变，根据式(6.20)消去摆长l，得

$$g_2 = g_1 \frac{T_1^2}{T_2^2} \tag{6.21}$$

或

$$\Delta g = g_2 - g_1 = -a_1(T_2 - T_1) + a_2(T_2 - T_1)^2 \tag{6.22}$$
$$a_1 = 2g_1/T_1, \quad a_2 = 3g_1/T_1^2$$

由此可见,只要观测了两点的周期,并已知起始点的重力值,就可算出两点的重力差,这就避免了测定物理摆归化摆长的工作,而单独测定摆的摆动周期是比较容易的。

这种方法的前提是在两点间的归化摆长不变。为了判断振摆在运输过程中是否发生变化,提高观测结果的精度,一般摆仪上都安装了几个摆同时进行观测,看各摆的周期差有无改变;另外在联测时,从起始点开始测得一个或几个点的重力值后,再回到原起始点重复观测,以检查和控制观测期间归化摆长的变化情况。这样的一组测量称为一个测线(或测程)。

这种方法虽然比绝对重力测量要简便一些,但这种仪器还是比较笨重,测量精度受环境影响大,现在已不采用。

2. 用重力仪测定相对重力(静力法)

采用静力法的相对重力测量的仪器,通常简称为重力仪。

重力仪的基本原理大致是相同的,它是利用物质的弹性或电磁效应测出由于重力的变化而引起的物理量变化。弹簧秤可以说是最简单的重力仪。因此,重力仪的核心部分或传感器部分,大多是用弹簧或弹性扭丝制成的。如图6.3所示,一个恒定的质体(质量 m)在重力场内的重量随 g 的变化而变化,如果用另一种力(弹力、电磁力等)来平衡这种重量或重力矩的变化,则通过对物体平衡状态的观测,就有可能测量出两点间的重力差值。

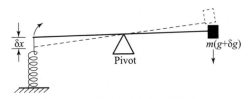

图6.3 弹簧式重力仪灵敏系统

按物体受重力变化而产生位移方式的不同,重力仪通常分为垂直型弹簧重力仪、扭丝型重力仪、旋转型弹簧重力仪、扭丝型弹簧重力仪(助动型),其中大多数以最后一种为基础。

从制造弹簧或弹性扭丝的材料来看,重力仪又分为金属弹簧重力仪和石英弹簧重力仪。典型的金属弹簧重力仪有联邦德国的 GS 型重力仪、美国的 L&R 系列重力仪。典型的石英弹簧重力仪有 worden 重力仪、CG 系列相对重力仪和国产 ZSM 系列重力仪。

重力观测比较简单,只需将重力仪安置在测站上,置平仪器后转动测微器让视场里的亮线和零钱重合,再在计数器上读取相应的读数即可。如此重复三次,取其平均值作为该测站的重力仪观测值。

6.3.3 空间重力测量

测定地球重力场的传统方法是利用重力测量仪器进行绝对重力测量和相对重力测量。绝对重力测量虽然能够得到很高精度的绝对重力值,但由于仪器体积庞大、设备复杂、对外界环境条件要求高、观测时间长、成本高等因素,不宜在地面大规模采用。相对重力测量与绝对重力测量相比,具有仪器体积小、设备简单、对外界环境要求低、测量时间短、成本费用低等优点,适于进行地面大规模的测量。然而在一些条件恶劣、交通不便、无人居住以及陆海交界等区域进行地面重力测量时,不仅效率低下,很难达到精度要求,航空重力测量技术的出现解决了以上问题。至于占地球总面积七成的海洋重力场,则需要借助于海洋重力测量等技术。但是船载海洋重力测量的速度很慢,效率低下。令人振奋的是,卫星测高等空间技术的出现很好地解决了高精度海洋重力观测资料获取的问题。

1. 航空重力测量

航空重力测量是以飞机为载体,综合应用重力仪、GNSS、测高仪以及姿态确定设备测定近地空间重力加速度的方法。它能够在一些难以开展地面重力测量的特殊地区(如沙漠、冰川、沼泽、原始森林等)进行作业,可以快速、高精度、大面积的获取均匀分布的重力场信息。较之经典的地面重力测量技术,无论是测量设备、运载工具、测量方法,还是数据采集方式、数据归算理论等,航空重力测量都截然不同,充分体现当代高新技术在大地测量领域的综合应用,对大地测量学、地球物理学、海洋学以及空间科学等都有非常重要的意义。

2. 卫星重力测量

卫星重力测量技术是继美国 GPS 系统成功建后在大地测量领域的又一项创新。卫星重力测量技术始于光学摄影技术,历经多种技术地面跟踪和卫星对地观测技术,现在已经进入以星载 GNSS 精密跟踪定轨为主的测高卫星和重力卫星的重力测量技术,其重要特征是更低的近极近圆轨道、连续的厘米级精度卫星定轨、实测重力场参数(如重力梯度)的星载设备,这些新技术的应用大大突破了传统重力测量的局限性。

1) 卫星测高技术

卫星测高概念是 1969 年在固体地球和海洋物理大会上由美国大地测量学者考拉提出的,它以卫星为载体,借助空间、电子和微波、激光等高新技术来测量全球海面高。卫星测高仪是一种星载的微波雷达,它通常由发射机、接收机、时间系统和数据采集系统组成。卫星测高技术就是利用这种测高仪来实现其功能。其基本原理是:利用星载微波雷达测高仪,通过测定微波从卫星到地球海洋表面再反射回来所经过的时间来确定卫星至海面星下点的高度,并根据已知的卫星轨道和各种改正,确定某种稳态意义上或一定时间尺度平均意义上的海面相对于一个参考椭球的大地高或海洋大地水准面高。海洋大地水准面高的确定为地球重力场高精度观测提供了大量有效的观测数据。

2) 卫星跟踪卫星技术

卫星跟踪卫星技术是指空间的多颗卫星之间的精密测距测速跟踪,随着 GPS 技术的发展,又演化为高—低卫星跟踪和低—低卫星跟踪两大类。

高—低卫星跟踪利用低轨卫星(高度 400~500km)上的星载 GNSS 接收机与 GNSS 卫星(高度 20000km 左右)构成低轨卫星空间跟踪网,同时低轨卫星上载有高精度加速计以补偿低轨卫星的非保守力摄动(主要是大气阻力影响),其跟踪精度达到厘米级,恢复低阶重力场精度可以较原有模型提高一个数量级以上,对应的低阶大地水准面精度达到毫米级。德国的 CHAMP 卫星采用的就是高低卫星跟踪模式。

低—低卫星跟踪技术是指两颗低轨卫星(一般相距 200km 左右),以微米级的测距测速精度相互跟踪,同时与 GNSS 卫星构成空间跟踪网。因此低—低卫星跟踪模式相当于两组高—低卫星跟踪再加上两颗低轨卫星之间的跟踪,观测值大大增加,其恢复的低阶重力场精度可以提高 2 个数量级以上,且中波长的地球重力场测定精度也相应提高了一个数量级。低—低卫星跟踪采用了微波或激光测距的跟踪方式,极大提高了卫星沿重力方向对重力场的敏感度,甚至能够感受地球水体、岩石等质量迁移,因此可以精确测定中低阶地球重力场随时间的变化。

3) 卫星重力梯度技术

卫星重力梯度技术是指在低轨卫星搭载高精度的超导重力梯度计,在卫星处直接测定重力梯度张量,通过求解边值问题来确定地球重力场的技术。六个加速度计分别安置在三条相互垂直的基线(约 70cm),每条基线上安装了两个加速度计,以差分方式测定三个轴向上的引力加速度梯度。非引力加速度(如空气阻力)以同样的方式影响卫星内所有加速度计,取差分可以较理想地被消除掉。由于观测量梯度值为地球重力位的二阶导数,因此卫星重力梯度观测有能力恢复地球重力场的高阶部分(达180阶以上),其精度可提高一个数量级以上。为了减小各种噪声的影响,卫星梯度仪一般放置在低温超导的环境中,但是由于体积的限制,以及低轨道大气阻力的影响,这类卫星的寿命仅1年左右,一般用于确定静态重力场的研究。

6.4 重力测量作业

6.4.1 测量设备

1. 绝对重力仪

绝对重力仪是20世纪70年代开始研究的一种集激光、真空、自动控制、精密机械、电子和计算机技术于一体化的精密仪器,可用于地球物理研究、环境监测、资源勘探、重力/重量/压力值的精密测量和校准、惯性导航等领域。

目前美国、中国、日本、法国、意大利、俄罗斯都已制成绝对重力仪。我国计量科学院研制的 NIM 系列激光绝对重力仪精度优于 $5\mu Gal$,达到国际先进水平。激光干涉绝对重力仪商品化最成功的是美国 Micro-g LaCoste 公司研制的 FG5 型和 A10 型绝对重力仪,其中:FG5 型绝对重力仪是一台集光、机、电、计算机、真空技术于一体的高、精、尖智能设备,测量精度可达 $2\mu Gal$;A10 型绝对重力仪是一种便携式的绝对重力仪,具有高精度、高重复性、便于操作的优点,可用直流电源工作,适用于野外流动重力测量,测量精度可达 $10\mu Gal$。

1)FG5 型绝对重力仪

FG5 型绝对重力仪由5个部件组成:落体舱、干涉仪、超长弹簧、系统控制器(电脑)、电子设备,如图6.4所示。落体舱是被抽成真空的腔体,是测试块(三面直角棱镜)做自由落体运动的场所;干涉仪是用来监视测试块的位置,通过干涉仪能得到测试块的位移及其相对应的时间;超长弹簧是一个孤立的设备,它的主要作用是为重力测量提供惯性参考,减少地面垂直运动对测量精度的影响;系统控制器(电脑)的主要作用是控制系统、采集和分析数据、保存处理结果;电子设备给测量系统提供高精度的时间系统以及相关的伺服控制。

图 6.4　FG5 型绝对重力仪

目前，Micro-g LaCoste 公司已对 FG5 型绝对重力仪进行了升级，推出了 FG5-X 型绝对重力仪。FG5-X 型绝对重力仪重新设计了落体舱内的质量块和驱动系统，使得落体舱在尺寸不变的情况下，落体距离增加 65%，可测量时间增加 30%。落体舱的外壳采用透明材料制作，使得落体舱内问题的诊断更直观、更准确，同时新设计了电子控制部分的系统接口模块，使得电子控制部分更小、更轻，具备更强的抗干扰能力。

2）A10 型绝对重力仪

A10 型绝对重力仪的测量原理是：测试块在机械装置的真空腔体里做自由落体运动期间，利用激光干涉仪、长周期惯性隔离装置（超级弹簧）和原子钟来精确地确定此块体的运动位置及对应时间，由此计算出块体的重力加速度。

A10 型绝对重力仪主要有上部单元、下部单元和电子控制箱三个部分组成（图 6.5），按照各部件的功能又可细分为落体舱（单独位于上部单元中）、干涉仪、超长弹簧、激光器（此三部件位于下部单元中）、电子控制、计算机及软件。

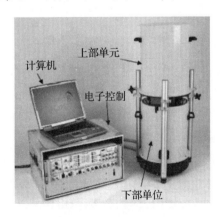

图 6.5　A10 型绝对重力仪

3)我国绝对重力仪样机

中国科学院测量与地球物理研究所自主研制出探矿绝对重力仪的实用样机,各项指标均满足设计要求,整体性能达到了国内领先水平,并接近国际先进水平,填补了国内在小型绝对重力仪研制的技术空白。小型探矿绝对重力仪采用双曲面轮式落体技术、高精度事件计时技术,样机观测精度优于 $50\mu Gal$,体积小、重量轻、使用便捷,提高了野外测量效率,在体积和重量上较国外现有同类产品具有优势,可快速为勘探提供重力控制点。

2. 相对重力仪

目前常用的相对重力仪基本上都是以弹簧的弹力来平衡重力,这些重力仪称为弹簧重力仪,例如我国的 ZSM 型石英弹簧重力仪和美国的拉科斯特(LCR)金属弹簧重力仪,还有加拿大的数字型相对重力仪器(CG-5)。这些相对重力仪都是由弹性系统、光学系统、测量机械装置、仪器面板及保温外壳等组成。

ZSM 型重力仪是北京地质仪器厂设计制造的石英弹簧重力仪。仪器高 40cm,重 4.5kg,测量重力差范围为 80~120mGal,测量精度一般为 0.1~0.3mGal。

LCR 重力仪是美国 LaCoste & Romberg 公司生产的一种金属弹簧重力仪,其外形呈方柱形,尺寸为 $20\times18\times25cm^3$,质量 3.2kg。仪器配有蓄电池、电池充电器、底盘和手提金属箱,重力仪、蓄电池和手提箱总质量约 9kg。该重力仪有 G(Geodetic)型和 D(Microgal)型,其中:G 型的直接测量范围可达 7000mGal,可在全球范围内进行相对重力测量,测量精度可以达到 $\pm20\mu Gal$;D 型的直接测程只有 200mGal,一般用于局部地区的重力普查,其测量精度略高于 G 型。

CG-5 相对重力仪是加拿大 LRS 公司生产的新一代地面相对重力仪,占有全球 90% 以上的市场份额。如图 6.6 所示,CG-5 重力仪采用电子自调零石英弹簧传感器,分辨率达 $1\mu Gal$,重复性优于 $5\mu Gal$,测量范围 8000mGal,工作温度范围宽(-40~+45℃),独特的专利设计使仪器具备高稳定性、高重复性、强抗冲击能力,单点测量周期短(1~2min),具有对潮汐、仪器倾斜、温度、噪声采样等自动校正补偿功能。CG-5 重力仪取代传统重力仪进行快速流动重力测量成为该领域一次革命,使野外重力测量变得更加准确、方便、快捷。目前最新型号 CG-6 已经投入使用,读数分辨率相比 CG-5 提高了近一个量级,达到 $0.1\mu Gal$。

图 6.6 CG-5 相对重力仪

下面以 CG-5 相对重力仪为例介绍使用过程和注意事项。

1) 准备工作

重力仪使用前,需要了解仪器供电、仪器的启动、仪器的安置及仪器的开机等内容。

CG-5 重力仪有两种供电方式:15V 外接电源供电和智能电池供电。外接电源应先把外接电源适配器插头与供电网插座连接,再连接重力仪面板背部的两针插座;智能电池标称电压 11V,容量 6.6Ah,工作温度范围 $-20\sim60℃$。2 个满电池可供 CG-5 重力仪在 25℃ 环境连续工作 14h。电量耗尽会导致电池标定参数丢失,电容量大幅减少,若发生此种情况,可采用外接电池充电器重新标定。因此需要注意,不要耗光电池电量。

CG-5 重力仪控制面板共有 27 个键,如图 6.7 所示。在仪器出厂第一次使用时,应使用冷启动(同时按下【SETUP/4】键和【ON/OFF】键)启动来重新设置仪器,按【9】键确定恢复缺省设置,按【RECALL/5】取消冷启动;仪器在使用期间不再进行冷启动,否则测量数据将丢失。仪器使用过程中若出现死机,则可进行热启动(同时按【ON/OFF】键和【F1】键);若同时按住【SETUP】键,则所有数据将被删除。

安置仪器时,首先将三脚架安放于测点处平地,然后将仪器平稳放在三脚架上,确保仪器底面的锥形凹槽和 V 形槽与三脚架螺旋顶部的球面端结合,在松手之前确保仪器没有错位。平稳就位后,松手完全放稳仪器。

按【ON/OFF】键启动 CG-5 重力仪的显示器及微处理器。如果操作中要用到 GNSS,则先将 GNSS 接收天线连接到背面 COM2 接口再开机。

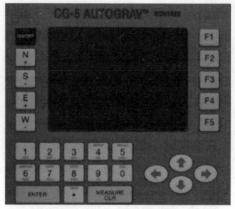

图6.7 CG-5重力仪面板

2)参数设置

CG-5重力仪进行测量前,必须进行各种参数设置。按【SETUP】键,进入设置界面,包括 Survey(测量)、Autograv(仪器)、Options(选项)、Clock(时钟)、Dump(传输)、Memory(内存)、Service(服务)7个选项。

当使用 GNSS 校准(使用仪器自带的 GNSS 天线)时,会出现坐标提示框和"CHECK GPS"。采集数据前,首先连接 GNSS 接收器,然后进行三套初始化参数设置,包括测量参数、仪器参数和选项参数。

在设置界面选择 Survey(测量)选项,再按 F5 进入菜单,进行参数设置,对其他项的参数设置也一样,当设置完后按 F5 退出设置菜单。测量选项中对 Survey ID(测量标记)、Customer(单位名称)和 Operator(操作者)进行设置。

在 Autograv(仪器)选项进行设置时,设置内容包括 Tide Correct(潮汐改正)、Cont. Tilt. Corr.(连续倾斜改正)、Auto Reject(自动舍弃)、Terrain Corr(地形改正)、Seismic Filter(地震滤波)、Save Raw Data(存储原始数据)。Options 选项参数设置内容包括 Read Time(读数时间)、Cycle Time(循环时间)、#of Cycles(循环次数)、Start Delay(启动延时)、Line Separation(测线间隔)、Station separation(测站间隔)、Auto station inc.(测站编号自动增加)、LCD Heater(LCD 加温器)和 Record Anb. Temp(记录环境温度)等。具体参数设置见图6.8。

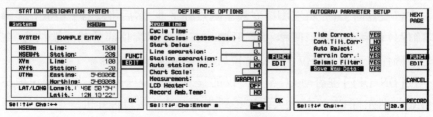

图6.8 CG-5重力仪参数设置

3) 调平和测量

开机或设置好参数后,按 MEASURE/CLR 键,会进入 station designation 界面。在此界面中,可输入 Station(测站)、Line(测线)以及 Elevation(高程)信息。其中,在设置 Options 时,Auto station Inc. 测站编号自动增加功能选择 YES,则在一个测量循环完成后,测站编号自动增加,不需进行手动进行更改。

按【F5/LEVEL】键进入仪器调平,可以按照屏幕顶部焦炉图标指示的方向,旋转三脚架的脚螺旋进行仪器调平。水平状态由十字丝和屏幕底部的弧秒显示。连续旋转脚螺旋直到交叉点进入中心小圆的内部(±10″),屏幕出现笑脸图标即可。注意先调平 Y 轴(垂直十字丝),再调节 X 轴。至此,仪器做好采集数据的准备。按【F5/READ GRAV】键开始测量。

4) 仪器使用注意事项

(1) 重力仪必须轻拿轻放,不得磕碰、较大角度倾斜等,测量运输中尽量保持仪器直立,以减少弹性后效作用。

(2) 观测时先平稳防止三脚架,仪器安置时避免滑落、震动,包括脚架松动。

(3) 观测数据以 3 个连续结果的最大互差小于 5μGal 为合格标准(可根据实际需要微调标准)。仪器虽有自动记录功能,为防止数据丢失,建议同时手工记录点号、重力值及时间。

(4) 测量参数设置完成后,不需要进行频繁改动。

6.4.2 重力网的建立

根据重力测量的用途和精度,可将重力测量分成两大类:重力控制测量和加密重力测量。前者的任务是建立控制网,它包括基本重力点、一等重力点和二等重力点三个等级。后者则是在重力控制点的基础上,根据各单位、各部门特殊任务的需要所进行的加密重力测量。级别不同,重力测量联测方法及使用的仪器均有所不同,下面分别讨论。

为了在一个国家或地区进行重力测量,获取详细的重力场数据,必须建立国家重力控制网。它为局部地区的重力测量提供起始数据,且可控制重力测量误差的积累。如前所述,我国已先后建立了 1957 年、1985 年和 2000 年国家重力基本网,这就为开展全国范围内的相对重力测量提供了起始基准。由于我国幅员辽阔,仅靠 2000 网中的少量重力控制点显然是不够的,还需在 2000 网的基础上进一步扩展一等重力网。

一等重力点是从 2000 网基本重力点为起始控制点,采取多测线逐点推进的方法,联测若干待定点,最后闭合到另一基本点,作为附合路线,或者闭合到原基本点,形成闭合路线。

一等重力网的点距为300km左右,沿着主要交通路线推进。附合环线或附合路线中的测段数要求不超过5段,测段重力差的联测中误差要求不超过±25mGal,重力值中误差不超过±60mGal。一等重力测量要求使用LCR-G型重力仪或精度相当的其他精密重力仪,必须在国家基本重力点间或国家级重力仪格值标定场标定仪器常数和参数。

二等重力点是在基本网和一等网基础上的进一步扩展,为加密重力测量提供有效的控制。因此,二等重力点的布设方法和密度可视加密重力测量的需要而定。这要求以高等重力点及其引点作为起始点,按闭合(附合)路线形式进行布设,路线中的测段数一般不能超过5段,但困难地区可放宽到8段。也可从一等以上的重力点开始,发展1~2个测段的二等支线点。

加密重力点布设,可根据不同的需要及施测地区重力场的复杂程度而定。加密重力点的特点是密度大、点距小,但精度较低。因此,可以采用目前装备的任何型号的重力仪。用汽车运载两台仪器观测一测线即可满足要求。

6.4.3 加密重力测量

加密重力测量的主要目的是测定地球重力场的精细分布,其中地面相对重力测量是加密重力测量的主要技术手段,也是本书的重点。以下主要从加密重力测量的点位布设方案、基本技术规定、重力观测记录步骤等方面进行介绍。

1. 点位布设方案

加密点的布设方案应根据不同用途和不同地形类别进行确定。针对地形类别,最常用的量化指标是重力异常代表误差,其系数是反映重力场等位面起伏变化的特征之一,是加密点布设方案的重要依据。重力异常代表误差系数可表示为

$$C = \frac{\Delta H}{90\sqrt{d}} \tag{6.23}$$

式中:C为重力异常代表误差系数;ΔH为最小格网中的最大高差,单位为米;d为最小格网的边长,单位为千米。

对于较大格网,如$30' \times 30'$,可划分成36个$5' \times 5'$的小格网,分别计算出各分格网的重力异常代表误差系数,取平均值作为大格网的重力异常代表误差系数。

地形类别与重力异常代表误差系数的对应关系按表6.3执行。

得知代表误差系数后,根据重力异常的需求精度,可利用式(6.24)得到单个格网的大小,进而得到加密点需布设的间隔、需测点数等指标。

$$E = C(\sqrt{x} + \sqrt{y}) \tag{6.24}$$

式中：E 为代表误差或需求精度，单位是毫伽；x、y 为矩形格网的长、宽，单位是千米。

表6.3 地形类别与重力异常代表误差系数的对应关系

地形类别	重力异常代表误差系数	地形类别	重力异常代表误差系数
平原	0.5	中山地	2.3
丘陵	0.8	大山地	3.5
小山地	1.4	特大山地	5.0

例如，某工程要求重力异常精度优于1mGal，对于小山丘地区，当重力格网长、宽近似相等时，格网边长应不大于0.13km。

另外，加密点在布设时需注意以下几点。

（1）宜均匀布设在重力场特征点和已有的大地控制点、水准点上。

（2）宜选择在地基稳定、远离人工震源或强磁场源的地点，同时点位要有良好的观测条件，便于重力、坐标和高程的观测。

（3）加密点可不用埋设标石，在条件允许的情况下，对丘陵和山地等地形变化剧烈地区宜增大加密点的布设密度。

（4）在国家一、二等水准路线上布设加密点时，应按照以下规定执行：一等水准路线上的每个水准点均应测定重力；高程大于4000m或水准点间的平均高差为150~250m的二等水准路线上，每个水准点也应测定重力；高差大于250m的一、二等水准测段中，地面倾斜变化处应加测重力；高程在1500~4000m之间或水准点间的平均高差为50~150m的地区，二等水准路线上重力点间平均距离应小于23km。

（5）在山地，对于30′×30′国家平均重力异常模型格网进行加密重力测量的最低布点密度按表6.4执行，并且均匀布设在格网不同高程的地点，布设点的平均高程与格网平均高程互差不大于200m。

表6.4 山地布点密度

类别	地区	布设点数			
		小山地	中山地	大山地	特大山地
一	交通方便、大地点多	6	9	12	16
二	青藏、沙漠边缘等交通困难地区	6	9	9	12
三	特殊困难地区	4	6	9	9

2. 基本技术规定

(1)进行加密重力测量应满足以下要求:①加密重力测量的重力控制点为基准点、基本点、基本引点、一等点、一等引点或二等点;②加密重力测线应形成闭合或附合测线,且闭合或者附合时间一般不大于60h,困难地区可放宽到84h;③加密重力测量的仪器台数和段差(相邻两重力点间的重力差值)数按表6.5执行。

(2)进行二等重力测量应满足以下要求:①二等重力测量的重力控制点为基准点、基本点、基本引点、一等点、一等引点;②二等重力测线应形成闭合或附合测线,且闭合或者附合时间一般不大于36h,困难地区可放宽到48h;③二等重力测线中的待测二等点数不大于4个;④二等重力测量可以采用三程循环法,即按重力点1—重力点2—重力点1—重力点2的方式测量,此时重力点1—重力点2—重力点1、重力点2—重力点1—重力点2作为两条测线计算;⑤在困难地区,二等重力测线中可加测加密点;⑥二等重力测量的仪器台数和段差数按表6.5执行。

表 6.5 仪器台数和段差数

等级	仪器台数	段差数
加密	≥1	≥1
二等	≥1	≥2

注:只有一个合格段差数时,不计算联测中误差

(3)联测中误差超限时可以进行补测,通常要求舍去的段差数不大于该测段总段差数的1/3,否则该测段以前观测无效,需重新开始观测。

3. 重力观测记录步骤

1)相对重力仪的测前准备

测前准备需注意以下事项:

(1)在观测前48h接通仪器充电电源,并给电池充电、检查仪器稳定情况。

(2)至少在观测前30min切断充电电源,换上电池电源。

(3)检查仪器的光学读数系统、水准器及照明是否正常。

(4)静置2h以上的仪器应运动5min后方可观测。

(5)各种工具及有关资料、函件是否齐全。

2）测站观测程序

测站观测程序如下：

(1)清理场地。

(2)安置仪器,使仪器横水准器与磁北方向平行。

(3)精确整平仪器,尽量保持仪器某一脚螺旋不动,使得仪器高在同一测线中变化不大。

(4)整平后的仪器在测站环境中停放 5min 后,再根据仪器的不同按照不同的程序进行读数。

对于 ZSM 相对重力仪观测,首先整平并打开内置照明灯;然后转动读数轮,使读数线到达预设位置,若转动读数轮读数线不移动,则需要考虑调整仪器量程。读数时,要确保读数轮沿同一方向归零。首先顺时针(或逆时针)转动读数轮,亮线精确对准读数线(或使检流计、数字电压表归零),读取计数器和读数轮读取第一次读数;然后反方向转动读数轮半圈,再顺时针(或逆时针)转动读数轮归零,读取第二次读数。最后重复第二次读数操作,读取第三次读数。

对于 LCR 相对重力仪观测,首先松摆,转动读数轮,使读数线到达预设位置;然后读数,确保读数轮沿同一方向归零,具体操作与 ZSM 相对重力仪类似;读数完毕后,搬站之前务必锁摆。

对于 CG-5、CG-6 相对重力仪,只需要按下测量按钮,仪器开始自动读数,选取一组(三个)合格读数。

(5)每次读数后,立即记录读数和时间,时间记录至整分。

(6)如果读数超限,应增加一次读数。增加一次读数仍超限的,应重测。

(7)关闭(CG-5、CG-6)仪器并装箱。

(8)检查手簿记录。

(9)观测结束。

3）测站观测注意事项

(1)观测过程中的各项操作应谨慎,严禁碰撞仪器。

(2)仪器在工作过程中应保持连续恒温,不得断电。如果需更换电池,则至少在观测前 30min 更换。

(3)一条测线中,不得进行仪器调整。

(4)测线中仪器静止 2h 以上时,应在静止点重复观测,以消除静态零漂。

(5)测线闭合观测前,若发现读错、记错或仪器受到猛烈震动时,则应返回前一站重测,按静态零漂计算。

(6)在重力控制点上观测时,仪器宜置于标志中心。多台仪器同时观测时,应尽量靠近标志中心。

（7）仪器不能置于标石上时，可以在标石旁观测，但应在记录中注明仪器至标石的高度。仪器高是指标石或标志顶面至仪器上面板的距离。

（8）LCR 和 BURRIS 相对重力仪观测中，在读数轮转动一圈以上时，应先锁摆，禁止在松摆时挪动仪器。

（9）测站上各类仪器的读数均估读到 0.001mGal，三次读数的互差不得大于 0.005mGal，若超过限差可补测一次，仍超限时，则需重新整平仪器后重测。一组读数的时间不得超过 8min。

4. 观测记录

加密重力测量野外观测采用观测手簿记录或电子记簿记录，观测记录格式示例参见表 6.6。

表 6.6　LCR 型相对重力仪的观测记录格式

仪器编号	G796	内温	49.2°C	日期	2024.8.18	观测者	××	天气	
点名		点号		仪器高	212mm	记录者	××	检查者	
运输工具	步行□汽车□火车□飞机□				仪器读数	分划/mV			
横气泡	上	中	下	灵敏度	2918.351	7.4	备注		
	2.1	0	2.2		2918.251	-7.5			
纵气泡	上	中	下		2918.351	7.4			
	1.5	0	1.5		Q = 14.9mV				
点名	西安	时间	读数	外温	2.4°C				
点号	P01	9:02	1234.561	气压	97200Pa				
仪器高	212mm	9:03	1234.560			备注			
等级		9:04	1234.560	仪器位置	↑→				
		9:05	1234.560						
中等		9:04	1234.560						
...	...	...	...	...	...	...	...	...	...

(1) 观测手簿记录规定:①手簿中的各项记录应当场填写,不得追记和转抄;②各项记录的字体应该清楚、端正,严禁涂改;③读数的小数部分及观测时间分的记录均严禁划改;④将错误的记录用横线划去,并在其上方记上正确内容,但不允许连环更改。

(2) 电子记簿记录规定:①电子记簿使用的软件应具有数据防伪能力;②电子记簿软件应具有观测数据记录、各项改正数计算、测线计算及联测精度计算等功能;③测站的各项观测数据应在现场输入,并不得更改。

5. 坐标和高程测定

重力点均需测定坐标和高程,可利用已有大地点的测量成果。其中,平面坐标可采用卫星定位系统等方法得到;高程可采用常规方法或卫星定位结果与(似)大地水准面模型相结合的方法得到。

重力点坐标相对于大地控制网点的平面点位中误差应优于100m,相对于精度不低于国家四等水准点的高程中误差一般优于1.0m,困难地区可放宽到2.0m。

6.4.4　零点漂移现象

当重力仪在同一地点进行连续观测时,观测结果会不断变化,而且在短期内一般与时间变化成比例,时间间隔越长读数越大,这种现象称为零点漂移或掉格。实测数据表明:国产 ZSMI 型重力仪每小时约变化 0.2mGal,ZSM400 型重力仪每小时约变化 0.1mGal,精度较高的仪器(如 LCR 重力仪)大约每月变化 1mGal。数值虽不相同,但都有缓慢而有规律的变化,这一点是相同的。

重力仪的弹性体一般为弹簧和石英扭丝,受力就会产生形变。形变可分为两种:在弹性限度以内,形变与负载的大小成正比,一旦去掉负载还能恢复原来状态,这是弹性形变;还有一种永久形变或非弹性形变,是由于弹性体的弹性疲乏所产生的。即使去掉负载也无法恢复,只能使弹性体渐渐失去弹性。零点漂移现象主要是由弹性体自身的永久形变而产生的,但同时也有外界温度变化和振动等因素的影响。只考虑主要因素时就称为零点漂移,同时顾及各种外界因素时就称为混合零点漂移。通常认为零点漂移是因弹性体的永久形变所引起的重力仪读数随着时间而变化的现象。重力仪的弹簧负载虽然很小,一般不会超过弹性限度,但是由于测量精度要求极高,因此任何一点永久形变都会带来影响。

重力仪弹性体的弹性会随温度和仪器受振等外界因素而变化,有时也会发现读数越来越小(升格)的现象,极个别情况还会产生掉格率的突然变化(突掉),这往往是仪器受剧烈震动引起的,危害性极大,必须尽量避免。

为了有效控制零点漂移,并在观测结果中加以改正,就需要规定正确的观测方法和计算改正方法。这也是重力仪观测必须在规定时间内返回起始点或闭合至另一控制点的原因,时间越长,零点漂移的非线性影响越大。只有按照闭合测线或附合测线要求的规程进行观测,才能进行所谓的零点漂移改正或掉格改正。

设在一条测线中,开始和结束分别在两个已知重力点 A 和 B 上(图6.9)。设 A、B 两点的重力值分别为 g_A,g_B,测线的观测顺序为 $A-1-2-\cdots-B$,各点上重力仪的读数为 $Z_A,Z_1,Z_2,\cdots,Z_B$,相应的观测时刻为 $t_A,t_1,t_2,\cdots,t_B$。若没有零点漂移,则 $\Delta Z_{AB}=Z_B-Z_A=(g_B-g_A)/C$,其中 C 为重力仪格值。

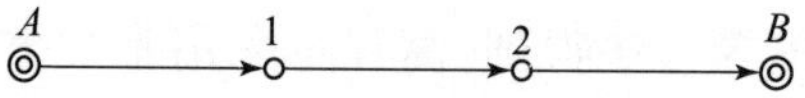

图6.9 附合测线

实际上,由于零点漂移的存在,故有

$$\Delta Z_{AB} \neq \Delta Z'_{AB} = Z_B - Z_A$$

差值 $\Delta Z_{AB}-\Delta Z'_{AB}$ 就是整个时间段 t_B-t_A 内的总的漂移量。如果将漂移量视为与时间成正比,则变化率 K 为

$$K=\frac{\Delta Z'_{AB}-\Delta Z_{AB}}{t_B-t_A} \tag{6.25}$$

单位时间内的漂移量 K 通常称为零漂率或者掉格率。有了零漂率即可计算各点观测值的改正数(称为零漂改正数)$K\Delta t_i$,因此,各点的正确读数应为

$$\begin{cases} Z'_1 = Z_1 + K(t_1-t_A) \\ Z'_2 = Z_2 + K(t_2-t_A) \end{cases} \tag{6.26}$$

零漂改正的一般公式为 $\Delta Z_i = K(t_i-t_A)$。

第7章 磁力测量

磁场是宇宙天体固有的基本物理属性之一,也是认知宇宙的重要信息来源。行星、恒星、中子星及星系都存在强度不同、结构各异的磁场,其中地球周围存在的磁场称为地球磁力场,简称为地磁场。地磁场是地球重要的物理场之一,也是人类不可缺少的生存环境之一。地磁场就像一道天然的屏障,保护地球上的生物免受高温、太阳风及高能粒子流的伤害。研究当代地球磁场的基本特征、组成、起源与演化的学科称为地磁学,它是地球物理学领域中的重要内容。地磁学以地磁要素的连续记录和地磁场实地测量为基础,研究地磁场分布、发展和演变的规律。地磁学从磁场的基本性质出发,将地磁要素分布、变化与解析方法相结合,对地磁场的结构以及时空分布规律进行定性、定量的描述,编制动态地磁数学模型,为地磁场理论研究及应用系统提供客观、真实的地磁场信息。

7.1 地磁场

地磁场不仅包含丰富地球物理信息,而且含有丰富环境信息和空间信息。近年来,由于地磁传感器分辨率不断提高,地磁信息的应用领域不断拓展,计算机技术、网络技术、微电子技术以及地磁要素测量技术迅猛发展和相互渗透,推动了地磁导航、定向、测姿、目标探测技术的进步。

7.1.1 地磁场基础

地磁场是一种客观存在的物质,是一种空间矢量场。通常采用地磁场的磁感线来形象地描绘地磁场的空间分布,磁感线在空间某点的切线方向即为该点的地磁场方向。磁感线的稀疏程度反映了地磁场的强弱,某处磁感线越密,代表地磁场越强,相反则越弱。地磁场的磁感线总是闭合曲线,从磁南极出发闭合到磁北极。

在国际单位制(SI)中磁感应强度 B 的单位为特[斯拉],符号 T,由于特[斯拉]单位太大,常用更小的单位纳特(nT)来表示,有 $1\text{nT} = 10^{-9}\text{T}$。在高斯单位制(CGSM)中磁感应强度的单位为高斯,符号 Gs,与国际单位制之间有 $1Gs = 10^{-4}T$。需要特别说明的是,本书中的地磁场强度特指地磁场的磁感应强度,而非地磁场的磁场强度。

地磁场是矢量弱磁场,在地面上的平均磁感应强度约为 $0.5 \times 10^{-4}T$。地磁场近似于一个置于地心的磁偶极子的磁场。这个磁偶极子 NS 的延长线 $N_m S_m$ 称为磁轴,它和地轴 $N_g S_g$ 斜交一个角度 $\theta_0 \approx 11.5°$。

由测量数据拟合的偶极子与地球旋转轴的夹角约为 $10.5° \sim 11.5°$,偶极子轴与地球表面的虚拟焦点称为地磁南极和地磁北极,见图 7.1。可以利用磁倾角要素给出北磁极与南磁极的定义,地理赤道附近为零倾线($I=0°$),亦称为磁赤道,是一条弯曲的磁倾角等直线(虚线部分)。由磁赤道向北,磁倾角为正,在北极附近理论上有一点(实际是一个小区域,$I=90°$),称为北磁极。磁赤道以南,磁倾角为负,有类似的变化特征,在 $I=-90°$ 处同样有一个南磁极,南北两磁极在地球表面上的位置不是对称的,而且是随时间变化的。

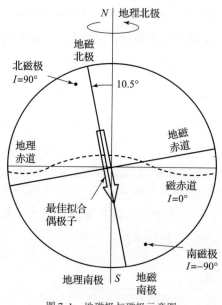

图 7.1 地磁极与磁极示意图

地球磁场由基本磁场、外源磁场和磁异常三部分组成。基本磁场也称为正常场,占地球磁场的 99% 以上。基本磁场主要由地核内电流的对流形成,它是一种内源磁场。外源磁场是起源于地球外部并叠加在基本磁场上的各种短期磁变化,如太阳黑子、磁暴等。磁异常是地下岩矿石或地质构造受地球磁场磁化后,在其周围空间形成并叠加在地球磁场上的次生磁场。

地磁场还可按照性质不同分为两部分:一部分是地球的主体磁场 T_s,也称为稳定磁场,通常占地磁场总强度的99%;另一部分是地球的变化磁场δT,变化的磁场通常很弱,一般不到地磁场总强度的1%,即使在强磁暴的情况下,地磁场总强度的瞬间变化极值也不会超过4%。地磁场可表示为

$$T = T_s + \delta T \tag{7.1}$$

地磁场T的地表观测值是各种不同成分磁场的矢量和。按其分布特性和变化规律的差异,地磁场分为主要来源于固体地球内部的内源场和地球外部电磁环境中各种感应电流体系的外源场。按各部分的稳定程度,地磁场分为变化磁场和稳定磁场,把稳定磁场和变化磁场均分解为起源于地球内、外的两部分,分别表示为

$$T_s = T_{si} + T_{se} \tag{7.2}$$

$$\delta T = \delta T_i + \delta T_e \tag{7.3}$$

式中:T_{si}为源于地球内部的稳定磁场,占稳定磁场总量的99%以上;T_{se}为源于地球外部的稳定磁场,仅占稳定磁场总量的1%以下;δT_e为变化磁场的外源场,来源于磁层和电离层等离子体产生的电流体系,约占变化磁场总量的2/3;δT_i为变化磁场的内源场,这种外部变化的电流体系的磁场还会在具有导电性质的地球内部感应出一个内部电流体系,约占变化磁场总量的1/3。

一般情况下,变化磁场为稳定磁场的10^{-4}到10^{-3}量级,偶尔可达到10^{-2}量级。故通常所指的地球稳定磁场主要是内源稳定场,由以下三部分组成,即

$$T_{si} = T_0 + T_m + T_a \tag{7.4}$$

式中:T_0为中心偶极子磁场;T_m为非偶极子磁场,也称为大陆磁场或世界异常;T_a为地壳磁场,又称为异常磁场或地磁异常。前两部分的磁场之和统称为地球基本磁场,世界地磁图大多为地球基本磁场的分布图。中心偶极子磁场T_0是地磁场时空分布的主要特征场,地球内源稳定磁场中80%~85%为中心偶极子磁场所主宰。内源稳定磁场的另一个组成部分,是地壳内的矿物性岩石及地质体在基本磁场磁化作用下所产生的磁场,即地壳磁场T_a,占内源稳定场约4%。对于磁力勘探、地磁导航和军事应用来说,测定和研究异常磁场(地壳磁场或地磁异常)具有重要研究价值。

7.1.2 地磁场要素

1. 地磁要素

通常可以利用地磁场总强度矢量T和它的分量来描述地磁场的特征。设以观测点为其坐标原点O,地面上任意点地磁场总强度矢量T(磁感应总强度矢

量)便可以用直角坐标来描述，X、Y、Z 三个轴的正向分别指向地理北、东和垂直向下方向，见图7.2。由图可知，该点的 T 矢量在直坐标系内三个轴上的投影分量分别为北向分量 X、东向分量 Y 和垂直分量 Z；矢量 T 的大小通常用 F 表示，T 在 XOY 平面内投影称为水平分量 H，其指向为磁北方向；T 和水平面之间的夹角称为磁倾角 I，在北半球，当 T 下倾时，I 为正，反之 I 为负；过该点 Z 与 H 方向的平面为磁子午面，它与地理子午面的夹角称为磁偏角，以 D 表示，地磁北极自地理北极向东偏，D 为正，西偏则为负。F、X、Y、Z、H、I 和 D 各个量都是表示该点地磁场大小和方向特征的物理量，称为地磁要素。

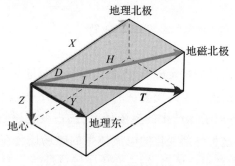

图 7.2　地磁七要素

综合 7 个地磁要素，由图 7.2 的几何关系得到地磁要素关系式为

$$\begin{cases} X = H\cos D \\ Y = H\sin D \\ Z = F\sin I \\ H = F\cos I \\ \tan I = \dfrac{Z}{H} \\ \tan D = \dfrac{Y}{X} \\ F^2 = H^2 + Z^2 = X^2 + Y^2 + Z^2 \end{cases} \quad (7.5)$$

为了分析和研究地球磁场的空间分布特征及随时间变化的规律，可以用地磁测量仪器长期、连续地测定各地磁要素。根据地磁观测结果绘制各种地磁要素分布图及其时变图，可以对地磁场的时空分布状态、变化规律进行描述。

2. 地磁图

地磁场是空间和时间的函数，可以归算到特定时刻的各测点的地磁要素数值描绘在地图上，再将数值相等的点连成曲线构成的一幅地磁要素的等值线图，这就是地磁图。各类地磁图以图像的形式定性、定量地描述地磁场的特征,应用地磁图时首先应学会识图,即从图中了解图示的范围、时间、地磁场成分、地磁要素、时间限度、比例尺大小等。主要应用包括以下两点。

(1)地磁场空间分布特征的描述:定性、直观地表现出图示区域内地磁要素的空间分布规律。

(2)估算测点的地磁要素数值:采用线性内插的方法来估算测点的地磁要素。

7.1.3 地磁场空间分布与时变特性

1. 基本磁场的空间分布特征

1)全球地磁场分布特征

世界地磁图基本上反映了来自地球核部场源和深部大区域板块产生的各地磁要素随地理分布的基本特征。图7.3为2020年全球磁偏角示意图,地磁等偏角线图是从一点出发汇聚于另一点的曲线簇。两条$D=0$的等偏角线把磁偏角分为正负两个区域,负等值线表示偏角值小于$0(D<0,$在北半球磁针西偏),正等值线表示偏角值大于$0(D>0,$在北半球磁针东偏)。等偏角线在南、北两半球上汇聚于4个点:两个是磁极;两个是地极。在南北磁极处,水平强度为0,倾角为$90°$。水平面内转动的磁针在此处可停止在任意位置,水平强度H的指向(磁子午线的方向)在此处已失去意义。因此,该处的磁偏角可以有$0°\sim\pm180°$的任意数值。同样,在南、北两地极处、地理子午线的概念亦失去了意义。

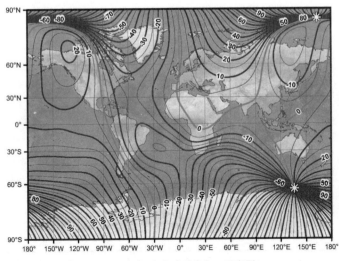

图7.3 2020年全球磁偏角D示意图

图 7.4 为 2020 年全球磁倾角示意图,由图中可见,等倾线大致和纬度线平行分布,形态更为匀称和规则。

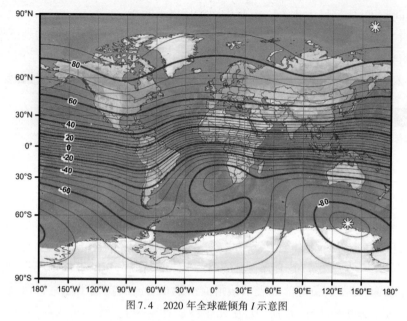

图 7.4　2020 年全球磁倾角 I 示意图

图 7.5 为 2020 年全球地磁场总强度示意图,在大部分地区,等值线也与纬线近乎平行。其强度值在磁赤道附近约为 30000～40000nT;由此向两极逐渐增大,在南北两磁极处总强度值大约是 60000～70000nT。

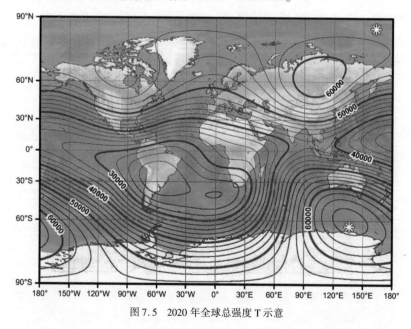

图 7.5　2020 年全球总强度 T 示意

根据各地磁要素在地理分布上的基本特征,可以认为地球基本磁场与一个位于地球中心并与其旋转轴斜交约 11.5°的地球中心偶极子场很类似。两者地磁要素分布基本特征大致吻合,但在相当大的区域内存在着明显的差异。从世界正常地磁图所表示的结果中减去地心偶极子磁场,所得差值即为非偶极子场。全球地磁场的分布特点可总结如下:

(1)地球有两个磁极,与地理极靠近,在磁极上磁倾角为 ±90°。水平分量为 0°,垂直分量最大,磁偏角无定值。

(2)水平分量除了在极地附近外的其他任何地方,均指向磁北极。垂直分量在北半球指向下,在南半球向上。

(3)两极处的总磁场强度为 60000~70000nT,赤道处的总磁场强度为 30000~40000nT,前者约为后者的 2 倍。

(4)磁倾角沿纬度按一定规律变化,与均匀磁化球体或偶极子磁场的分布十分相似。

(5)地球的磁极是不对称的,其磁轴与地球自转轴不重合,交角约为 11.5°,偶极子的中心偏离地心约 400~500km。

2)中国地磁场分布特征

2010.0 中国地磁参考场为 2010—2015 年中国及周边地区标准地磁内源场参考模型,提供中国大陆及海区该时间段内的标准地磁要素数据。该参考场基于的标准数据集为 1558 个空间点位的地磁三要素绝对值数据和 72 个地磁台站提供的地磁场长期变化数据。在大尺度上,我国地磁场主要有以下特征:

(1)磁偏角的零偏线由蒙古穿过我国中部偏西的甘肃省和西藏自治区延伸到尼泊尔、印度。零偏线以东磁偏角为负,其变化由 0~ -11°,零偏线以西磁偏角为正,变化范围由 0~50°,我国领海的磁偏角均为负值。

(2)磁倾角等值线与地理纬线基本平行,由南至北磁倾角从 -10°增至 70°。

(3)地磁场水平强度 H 值从南至北由 40000nT 降至 21000nT。

(4)地磁场垂直强度 Z 值从南至北由 10000nT 增至 56000nT。

(5)地磁场总强度由南到北递增,总强度值为 41000~60000nT。

2. 地磁场的时变特征

1)基本磁场长期变化的基本特征

地球基本磁场的强度和分布状态随时间进行的缓慢变化称为地磁场的长期变化,亦称为世纪变化,其尺度为 nT/y,这种变化最早是从地磁台长期的连续观测和记录中发现的。地磁场长期变化的时空规律及原因是探索地球内部物质结构及运动方式的重要线索,也是固体地球物理学的重要研究领域,基本磁场的长期变化也可以视为主磁场的长期变化。

人们早在16世纪就发现伦敦的磁偏角记录是随时间缓慢变化的,图7.6是伦敦、巴黎的磁偏角和磁倾角的长期变化图,其中:在公元1600—1700年这一百年间磁偏角向西移约13°,磁倾角约增大2°;而在随后的一百年间,磁偏角继续向西偏移,而磁倾角却逐渐减小。

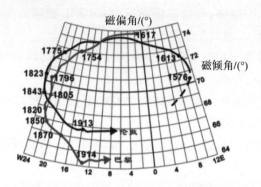

图7.6 伦敦、巴黎的磁偏角和磁倾角的长期变化图

基本磁场的长期变化的时间特征可以由长期变时间谱看出。基本磁场长期变化显示出某些优势周期,在长期变化时间谱上表现为若干明显的峰值。11年太阳活动周所引起的地磁场变化不属于基本磁场的长期变化,13年以上的变化周期主要有58年、450年、600年、1800年、8000年、10000年等周期变化。非偶极子场的长期变时间尺度为世纪量级,而偶极子场的长期变时间尺度为千年量级或更长。偶极子磁矩衰减和非偶极子场向西漂移是地磁场长期变化中最主要的全球性特征。

2)地磁场的平静变化

平静变化是起源于太阳光辐射引起电离层中形成的比较稳定的电流体系,这些电流体系相对于太阳(月亮)的位置、强度都几乎保持不变。地球由于自转而相对于这些电流体系运动着,形成了在时间上连续存在的周期性变化,并且是永远延续的变化。

平静变化比较简单,类型较少,一般分为太阳静日变化S_q和太阴日变化L。太阳静日变化依赖于地方太阳时,并以一个太阳日(24h)为周期,白天变化强,夜间平静,太阳静日变化强度与地方时有关。太阴日变化依赖于地方太阴时,并以半个太阴日为周期的变化。太阴日变化的极值出现的时刻,在一个朔望月中是逐日变化的,变化幅度是随纬度而改变的。此种变化非常微弱,磁偏角的最大振幅只有$40''$,H或Z最大振幅只有$1\sim 2nT$。

7.2 磁力测量方法

认识全球的地磁场分布及时变情况,需要有密布全球的测点以及固定点的连续观测。其中,固定点的连续观测是以地磁台站的方式进行的,而密布全球的测点则是由多种测量手段获取的。人造卫星上天以前,建立磁场模型所用的资料来自地面磁测、航空磁测和海洋磁测。人造卫星上天以后,卫星磁测成了建立主磁场和地壳磁场的主要数据来源。磁测卫星 POGO、MAGSAT、Oested、CHAMP、SAC-C 相继发射,不仅大大提高了主磁场模型的质量,而且使高精度、高分辨率地壳磁场模型的建立成为可能。

7.2.1 台站地磁观测

1. 地磁台站

地磁台站的基本任务是取得连续、完整、准确、可靠的地磁观测资料,为地磁学及地震预报等相关学科的研究和发展服务,为国民经济建设和国防建设服务。

目前,我国地磁台已发展到169个,其中北京、长春、佘山、广州、武汉、拉萨、兰州、乌鲁木齐等地磁台站是 WDC-A(世界数据中心)向全球推荐的世界主要地磁台,也是世界台网的重要组成部分。这8个地磁台构成了我国地磁台网的基本框架,使我国具有了一个装备基本齐全、分布基本合理的台网。

目前我国地磁台分为三类:Ⅰ类地磁台、Ⅱ类地磁台、区域地磁台。

Ⅰ类地磁台是控制全国的基准台。其主要任务是观测全国地磁场的正常分布及其变化规律,反映大区域地磁场的主要特征,监测基本磁场的长期变化,为震磁关系的研究和相关学科(如地球物理、高空物理、物探、宇航及国防等)提供基本场和变化磁场数据。我国Ⅰ类地磁台现有15个,间距约为1000km。这些台站配备了精度高、稳定性好的观测仪器,观测资料连续可靠。

Ⅱ类地磁台为区域基准台。其主要任务是加密Ⅰ类地磁台,反映区域地磁场分布及其变化场特征,为分析震磁信息、开展震磁关系研究与预报地震提供背景场资料。我国Ⅱ类地磁台现有19个,间距约为500km。

区域地磁台的主要任务是研究构造带的地震活动与地磁的关系、探索地震孕育、发生过程中的震磁信息。我国的区域地磁台目前有128个,主要设在多地震区和重点监视区。

2. 国际地磁台网

科学家很早就注意到地磁场的全球特性。从19世纪开始,地磁和空间物理学界不断地组织国际性的全球地磁场联合观测,从而大大推动了地磁学及地球物理学的发展。

数字化仪器、卫星通信、计算机的快速进步为实现全球资料的实时获取提供了技术条件。国际地磁台网(INTERMAGNET)就是在这种条件下应运而生的。截至2017年,有62个国家组织共150个地磁台站加入国际地磁台网,目前我国共有乌鲁木齐、兰州、北京、长春和肇庆共5个地磁台站入网。

7.2.2 野外地磁测量

地磁测量工作按其观测要素和应用领域分为地面地磁测量、航空地磁测量、海洋地磁测量、卫星地磁测量及井下地磁测量等,按其测量参量分为垂直分量、水平分量、磁偏角、磁倾角、总强度以及各种梯度和磁异常测量等。

在地磁测量中,必须根据不同的目的和需求,选择相应的观测要素、施测方法和技术途径,才能保证地磁测量数据的置信度和完整性,为地磁测量数据的数据处理和应用提供可靠的保障。

地磁测量工作通常分为四个工序,具体如下。

(1)方案设计。设计方案前,首先应收集有关测区的地磁资料、图件、地球物理、地质、交通、电磁环境资料,研究任务的性质、需求;然后制定地磁测量及数据处理方案、原则和大纲,组织编写测区地磁测量工作的设计书。

(2)野外踏勘。依据设计方案组织现场踏勘,选定地磁基准站(点)的具体位置,野外并进行经纬度、水平和垂直梯度测量,绘制地磁点之记,修订测量方案,制定详细实施计划。

(3)地磁测量。对地磁测量有关的仪器设备进行检验和校准,建立测区地磁基准站及区域地磁基准点、方位点及测量标志,进行地磁分量观测、方位观测、日变观测及梯度观测,对采集的数据进行质量检核、改正,整理和绘制各种各类成果及图件。

(4)数据处理。根据数据处理方案对地磁测量数据进行通化和处理。

近年来,我国在地面磁测、航空磁测及海洋磁测和卫星磁测领域进展显著,地磁测量仪器精度越来越高,分辨率已达到 $0.1 \sim 0.001 \text{nT}$,测量精度达 $\pm 1 \sim 2 \text{nT}$ 水平。

1. 测区、比例尺和测网的确定

测区范围应根据任务要求、测区地质、以往工作等情况合理确定,尽量使磁测结果轮廓完整规则,并尽可能包括地质、物探工作过的地段,周围有一定面积的正常场背景,以利于数据处理与解释推断。

基础地质调查的磁测工作比例尺应等于相应地质工作比例尺或较大一级比例尺。其线距大体为该工作比例尺图上 1cm 所代表的长度,点距可根据需要选定,一般是线距的 1/10~1/2。普查性磁测工作的线距不大于最小探测对象的长度,点距应保证至少有三个测点能反映有意义的最小异常。详查或勘探性磁测工作,应有 5 条测线通过主要磁异常或所要研究的地质体,点距应满足反映异常特征的细节及解释推断的需要,尽可能密一些。测线应垂直于测区内总的走向或主要探测对象的走向,必要时可在同一测区内布置不同方向的测线。常用比例尺的线距、点距列于表 7.1,表中线距变动范围为 2%。

表 7.1 地磁观测站与各种干扰源的最小距离

(单位:m)

比例尺	长方形测区		正方形测区
	线距	点距	线距点距相同
1:50000	500	50~200	500
1:25000	250	25~100	250
1:10000	100	10~40	100
1:5000	50	5~20	50
1:2000	20	4~10	20
1:1000	10	2~5	10
1:500	5	1~2	5

对于航空磁测,一般情况下区域性航空磁测最大比例尺为 1:20 万,最小比例尺为 1:100 万;综合性的航空磁测最大比例尺为 1:5 万,最小比例尺为 1:10 万;专属性航空磁测最大比例尺为 1:1 万,最小比例尺为 1:10 万。当测区内平均离地飞行高度不能低于 250m 时,不宜进行大于 1:5 万比例尺的航空磁测;对于高差大于 600m 的山区,则不宜进行大于 1:20 万比例尺的航磁测量。

2. 野外磁测的一般要求

为取得可靠的地磁数据,野外测量应当在环境良好的测点上进行。由于地磁测量容易受到各种干扰的影响,因此,测量人员在到达测点之后,首先应当仔细考查测点周围的环境状况,包括可能引起电磁干扰的各种因素,例如:测点附近是否存在铁磁性杂物;干扰源、测桩是否完好等。地磁台站(测点)离开各种电磁干扰源的最小距离见表7.2,是实际考察测点环境状况的重要依据。如果测点环境有变化,则应当立即进行处置,如消除测点附近的杂物、移去可移动的干扰源等,并进行检测,详细记录实际情况,注明无法排除的环境因素,为分析处理测量数据及其结果提供参考。

表 7.2 地磁观测站与各种干扰源的最小距离

(单位:m)

干扰源种类	距离	干扰源种类		距离
电车(直流)	3000	公路	三级以上 (运行的汽车)	500
铁路	1000			
铁路编组站的调车场	5000		三级以下 (运行的汽车)	200
地铁	3500			
飞机场	2000	机械厂 钢铁厂	钢铁总量万吨以上	3000
人工爆破源	500		钢铁总量千吨以上	2000
电力电缆线路	300		钢铁总量百吨以上	1000

每天进行地磁测量之前,应当根据不同的精度要求,调整和校对同步时间,一般将测量时间的同步精度校对在 $0.001 \sim 1s$ 之内。

野外测量最好在地球磁场比较平静的日期与时段内进行,尽量避开地磁变化较大、磁扰和磁暴的时间段。在每次野外测量中,应当尽量使磁力仪的传感器在测桩上方的高度与位置保持一致,以减少各次测量中传感器位置差异而带来的误差。

野外测量记录,要求完整、正确、清楚。记录内容包括测点名称、桩位号、仪器型号、测量时间、地磁数据,以及天气、环境、测量等有关情况。手工记录,要求字迹工整清楚。目前,野外观测可以应用仪器模块自动进行记录,或者将数据存于模块中,且可在现场进行数据处理。

3. 野外施工

1) 基点、基点网的建立

为了控制地磁观测过程中仪器零点位移及其他因素对仪器的影响,并将观测结果换算到统一的水平面,在磁测工作中要建立基点。基点分为总基点、主基点及分基点。总基点和主基点是观测磁场的起算点。如果测区面积很大,则必须划分若干个分工区进行工作,必须设立一个总基点。若干个分工区的主基点,形成一个基点网。分基点的主要作用是测线观测时控制仪器性能的变化。根据工区面积大小和磁测结果的改正方法,来确定是否需要设立分基点和形成分基点网(图7.7)。

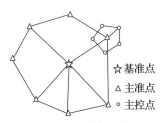

图7.7 基点布置图

对各类基点的选择需要有严格要求。在组成基点网或分基点网时,必须选用高精度仪器进行联测,联测时要求在日变幅度小和温差较小的早晨或傍晚前短时间内进行闭合观测。若主基点(或分基点)很多,则可以分成具有公共边的若干个闭合环进行联测,可以选用多台仪器一次往返观测,或用一台仪器多次往返观测。

由联测的结果计算均方误差和误差分配,要求联测的均方误差小于总均方误差的1/2。如果多环联测则必须进行平差处理。

2) 日变观测

地磁日变观测是消除地磁场周日变化和短周期扰动等影响、提高地磁测量质量的一项重要措施,是高精度地磁测量的常规项目,可与地磁基准站(点)网混合改正互补。

日变观测站,必须设在正常场(或平稳场)内温差小、无外界磁干扰和地基稳固的地方。进行日变观测时,时间同步≤1ms,一般采用自动记录仪器的仪器,采样和记录间隔≤60s,现代许多日变采样和记录间隔在1~10s之间,若采用机械式磁力仪,则测量间隔时间为5~10min。日变观测应覆盖野外地磁测量工作的完整时间段。

日变观测站观测数据的有效作用范围与地磁测量精度有关。当测量精度较低且变化场差异微小时,一般日变改正的有效半径为 50~200km,当高精度地磁测量时,一般以半径 25km 设一个站为宜。

3)测线地磁场观测

测线地磁场观测要按照地磁测量工作设计书规定的野外工作方法严格执行。针对不同地磁测量精度,应采用不同的观测仪器和校正方法,同时也应采用不同的野外观测方法。每条测线观测都是始于地磁基准站(点)而终于地磁基准站(点)。对建立分地磁基准站(点)网的,要求测量过程中 2~3h 闭合一次分地磁基准站(点)观测。

若使用高精度质子磁力仪观测,则必须用一台同类仪器按要求进行日变观测。这类仪器一般来讲无零点漂移及温度影响,只需对野外观测采集的测量数据做日变校正即可。

野外观测时,清理磁力仪附近的物体,地磁仪器和磁敏传感器操作者切忌携带磁性物品和电磁收发装置,常见的干扰物体产生 1nT 磁异常的概略距离见表 7.3。要详细进行地质、地形和干扰物的记录,以便分析异常时使用。如果发现明显异常,则要随时注意合理加密测线、测点,追索异常,以便准确地确定异常形态。

表 7.3 常见的物体产生 1nT 磁异常的概略距离

(单位:m)

物体	概略距离	物体	概略距离
发夹	1	锤子	4
皮带扣	1	铲子	5
手表	1	手机	5
金属笔	1	自行车	7
刀子	2	摩托车	20
螺丝刀	2	汽车	40
手枪	3	公交车	80

4)质量检查

质量检查的目的是了解野外所获得异常数据的质量是否达到了设计的要求。这是野外观测工作阶段贯彻始终的重要环节。

质量检查要有严格检查量,平稳场检查点数要大于总观测点数的 3%,绝对数不得少于 30 个点;异常场检查点数为总检查点数的 5%~30%。

地磁测量的质量检查评价以平稳场的检查为主。质量检查应贯穿于野外观测的全过程，做到不同时间、同点位、同传感器高度。

7.2.3 其他地磁测量方法

1. 海洋磁测

利用船只携带仪器在海洋进行地磁测量，不仅为编绘全球地磁图提供了占地球表面70%面积的海洋磁场观测值，而且为建立全球地磁数据库和全球地磁模型，研究海洋地质和海底资源提供了重要资料。此外，海洋磁测还是一种探明沉船、礁石等障碍物的海道测量方法。事实上，仅仅为了航海定向，海洋磁测也是绝对必要的。早在17世纪末，英国海军部就对磁偏角和磁倾角进行测量，编制出版了用于航海保障的磁偏角图。

海洋磁测主要有三种方法：①在无磁性船上安装地磁仪器；②用普通船只拖拽磁力仪；③把磁力仪沉入海底。对海洋区域的地磁场强度数据进行采集，将观测值减去正常磁场值，并进行地磁日变校正后得到海洋磁异常。海洋磁异常通常很强，距离海底2~5km的海面上测得的磁异常，峰—峰幅度可达几百乃至上千纳特。由于磁异常总强度反映的是磁场平均方向上的变化，因此磁异常的解释取决于观测点的纬度。磁力测量是寻找铁磁性矿物的重要手段，在海道测量中可用于扫测沉船等铁质航行障碍物、探测海底管道和电缆等。在军事上，海洋地磁资料可用于布设磁性水雷，对潜艇惯性导航系统进行校正。用各地的磁差值和年变值编成磁差图或标入航海图，是船舶航行时用磁罗经导航不可缺少的资料。因此，现在越来越多的国家都把海洋磁力测量作为海洋测量的重要内容，把海洋地磁图作为海洋区域的基本海图之一。

我国目前海洋地磁测量主要使用拖曳式船，采用质子旋进式磁力仪进行测量。工作时将传感器拖曳在船后的海面下数米，用线缆将传感器连接到船上的仪器主体部分，仪器主体与记录仪连接，在航行中进行测量。采样频率视航速而定，一般应保证100m有4~5个观测点，以便对百米宽的磁异常也能提供研究信息。

2. 航空磁测

将磁力仪安置在飞机上进行航空地磁测量，是一种快速、高效的地磁测量方法。航空地磁测量一般分为两种。一种是用核旋或光泵磁力仪对总场强进行标度测量，总场强高分辨率标度测量的基线飞行高度一般为150~300m，航线间距为 150~300km,测线飞行高度为 80~100m,航线间距为 400~500m。另一种是用磁通门磁力仪或核旋分量磁力仪测量地磁场的分量,这种方法需要高精度定向,飞行高度一般为几千米,航线的间距为几十千米。

在航空地磁测量前,应对航磁仪器系统、导航定位系统、飞机磁场补偿及地面日变监测系统按照规范与设计要求进行检验,以保证航空地磁测量的质量。此外还需要在停机坪附近建立地磁基准站,用于航磁校正。

3. 卫星地磁测量

卫星磁测为全球磁场的高精度快速测量提供了有力工具,开辟了地磁测量的新纪元。通过卫星磁测,可以在很短的时间内获得全球磁场资料,不仅可用来建立主磁场模型,而且可以研究全球范围内的磁异常分布特点,构建全球地壳磁场模型。此外,卫星磁测可用来研究地球本体以外的空间地磁场结构和电离层—磁层电流体系。

考虑测量地磁场精细结构、大气阻力、太阳风磁场等因素,磁测卫星一般选择在 600~2000km 高度,绕地球一周时间 1.5~3.5h。为了使卫星测量轨道能覆盖整个地球,通常选择轨道倾角接近 90°。轨道平面的选择也是一个重要的问题,为了减小电离层影响,通常采用晨昏面太阳同步轨道,避开了白天 S_q 电流体系和夜间极光带电集影响,而且卫星总在太阳照射下不会进入地球阴影区,有利于卫星太阳能电池工作。

1958 年,苏联发射了第一颗测量地磁场的卫星,上面装有磁通门矢量磁力仪。以后又有美国的先锋 3 号、苏联的宇宙 26 号、49 号、321 号等,这些卫星只携带测量总强度的质子旋进磁力仪或光泵磁力仪。后来的地磁卫星,例如美国 POGO 系列卫星、MAGSAT 卫星、Oersted 卫星,德国 CHAMP 卫星,欧洲空间局 Swarm 卫星等,均装备了精度更高的磁力仪,除测量总强度外,还可以进行矢量磁场三分量测量。

7.2.4 地磁数据下载

中国地磁数据网由中国科学院地质与地球物理研究所建设,主要任务是包括观测台各台仪器的远程监控、数据上传和汇集。中国科学院地质与地球物理所综合站包括漠河、北京、三亚、南极中山站的地磁数据和武汉站电离层数据的数据库系统,具有 5 个台站的 9 套观测设备、11 种数据,以统一的格式为标识,综合利用现代通信和信息技术,为子午工程数据总中心、国内外科研机构提供地磁数据基础信息和服务。

7.3 磁力测量作业

地磁场三分量的野外测量,通常使用质子旋进磁力仪测量地磁场总强度 F,使用地磁经纬仪测量地磁偏角 D 和地磁倾角 I。

7.3.1 地磁测量设备

为了客观准确地描述地磁场的分布状态和变化规律,不仅需要客观、精确地测定地磁要素的量值及分布状态,还需要确定这些量值的变化率,对这些地磁参数进行探测和计量的磁敏传感器及附属计量装置统称为磁力仪。磁力仪按照其测量对象不同可做如下区分。

1. 光泵、质子磁力仪(磁强计)

1)质子旋进磁力仪

质子旋进磁力仪是一种可测量地磁场磁感应强度大小 F 的仪器。20 世纪 50 年代中期,帕卡德和胡里安发现在装满水溶液的容器外缠绕线圈,并对该线圈施加强极化电流,当线圈极化电流突然中断后的短暂(大约 1s)时间内,在线圈上可以测到音频信号,而信号的频率与外磁场的强度呈正比,利用这一现象,他们制作了 V – 4910 质子旋进磁力仪。质子旋进磁力仪在航海、航空及地面等地磁测量领域均得到不同程度的应用,这种仪器具有较高灵敏度和准确度,可测量地磁场总强度的绝对值、相对值或梯度值。

2)光泵磁力仪

光泵磁力仪同质子旋进磁力仪一样,属于磁共振类仪器。不同的是,光泵磁力仪利用电子的顺磁共振现象,而质子旋进磁力仪利用的是核磁共振。因为这类仪器普遍采用光泵技术,所以被称为光泵磁力仪或光吸收磁力仪。

光泵磁力仪可测量磁场总强度 T 及其分量,其响应频率很高,可在快速变化中进行连续地磁测量,灵敏度也很高,一般为 0.01nT 量级,理论灵敏度高达 10^{-4}nT。

2. 地磁经纬仪

地磁经纬仪可以精确地测定地磁偏角和地磁倾角,可在地磁台站和野外兼用,是测量磁偏角、倾角精度最高的仪器之一,具有性能稳定、操作简便、用途广泛、易于携带等特点。地磁经纬仪与测量地磁总强度的仪器配合,是理想的地磁矢量观测组合。图 7.8 为常用的 CTM – DI 地磁经纬仪。

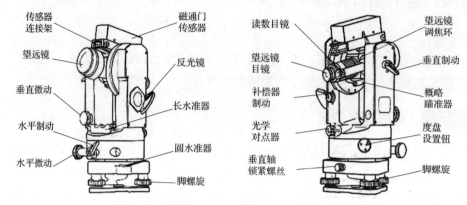

图 7.8 CTM – DI 地磁经纬仪

CTM – DI 地磁经纬仪是由无磁经纬仪和磁通门检测系统两大部分构成。无磁经纬仪与普通经纬仪的本质区别是高度绝磁,确保 D、I 的观测结果不受磁性物质污染。磁通门检测系统是一具有高灵敏度和高稳定度的电桥,其传感器安置在无磁经纬仪的望远镜上,经磁通门检测系统的数字表盘显示,当磁通门方向与磁场方向垂直时,数字表盘示数为零。通过无磁经纬仪的测角系统和特定观测程序组合,便可以精确测定地磁偏角和地磁倾角。

CTM – DI 地磁经纬仪主要技术指标如下。

(1) 基线值观测标准偏差: $\sigma_{DB} \leq \pm 6''$, $\sigma_{IB} \leq \pm 6''$。

(2) 观测准确度: $\Delta D \leq 12''$, $\Delta I \leq 12''$。

(3) 换向差: ΔD、$\Delta I < 10'$。

(4) 三方位基线值与平均值的最大差值: ΔD、$\Delta I \leq 12''$。

(5) 无磁经纬仪一测回水平方向标准偏差(室内): $\leq \pm 4''$。

(6) 整机磁化率显示(安装传感器前): $\leq 2 \times 10^{-6}$。

(7) 零场偏移: ± 1nT。

(8) 零场偏移的温度系数: 0.01nT/℃。

(9) 系统噪声: <0.2nT。

(10) 最大分辨率: 0.1nT。

(11) 动态范围: 两档, ×10 ±1999nT 和 ×1 ±199.9nT, 有过量程保护。

(12) 显示器至传感器最小安全距离: 2.0m。

(13) 电源: 交直流两用, DC12V, AC220V。

(14) 工作温度范围: -10 ~ +40℃。

3. 其他地磁测量仪器

1）超导磁力仪

20世纪60年代中期,人们利用超导技术研制了一种灵敏度更高磁力仪,又称为SQUID磁力仪（超导量子干涉仪）,该仪器测程范围宽,磁场频率响应高,观测数据稳定可靠,其灵敏度高出其他磁力仪几个数量级,可达10^{-6}nT,分辨率相当于地磁场变化的十亿分之一,比目前地磁脉动记录仪器高10000倍。

2）霍尔传感器

霍尔传感器是一种磁电传感器,可以用来测量地磁场的大小及其变化,也可以在各种与磁场有关的场合中使用。霍尔传感器以霍尔效应为理论基础,由霍尔元件和附属电路组成集成传感器,在工业、交通、军事和日常生活中有着非常广泛的应用。

7.3.2 地磁测量仪器检验与标定

地磁测量仪器的检验、标定和校准是地磁测量中不可或缺的技术基础,许多地磁测量结果需要仪器检验获得的信息和检验参数来支撑,绝对观测的地磁测量仪器最好能进行正规的国际比较和检验,以便确保测量数据的绝对精度以及地磁基准信息的统一。

野外测量期间如果发现仪器故障,那么能在现场排除的尽量在现场排除,否则应立即更换。更换的仪器应进行严格标定。地磁测量仪器应建立完备的技术档案,内容包括仪器型号、故障发生时间、故障现象描述、维修记录和检修后仪器的状况等。

1. 绝对观测仪器检验

在地磁测量工作中使用仪器,没有检验和比较的仪器是无法得到正确的测量结果的,绝对测量仪器的校正与检验与磁变仪的检验同等重要,即使地磁参考台中使用的质子旋进磁力仪也是需要标定和校正的。

尽管新型的由微处理器控制的磁力仪由菜单操作,但是质子旋进磁力仪属于典型的按钮式仪器,该仪器的传感器是绝磁材料制造的,不会产生附加磁场。

质子旋进磁力仪中设置有用于测定质子的Larmor频率的晶体振荡器,振荡器的频率有可能随时间变化,也是温度的函数,因此必须对它进行定期检验和校正。除非质子旋进磁力仪的温控电路能使仪器保持恒温状态,否则必须在不同温度条件下对晶振频率进行检验,以便进行温度改正。

经过量值传递的高质量石英钟、精度>10^{-9}的频率计或更高的信号源是磁力仪频率检验和校准的标准器具。

检测时,将信号源产生的2kHz信号用缠绕传感器外壳一周的线圈传导给传感器,磁力仪将产生与该频率相应的46974.4nT场值。如果传感器的输出偏离该值,那么可以用改正因子修正磁力仪的读数,或者对晶振频率校准。由于晶振频率是温度的函数,磁力仪工作中的电压产生布朗运动会导致温度变化,因此晶振频率也是电压的函数,这要求对电池工作电压的变化进行检验。

如果磁力仪共用一个晶振,通过时钟或频率输出可以简单地比对和校正晶振频率。有些磁力仪时钟频率和质子计数频率不是同一个晶体,此时,对时钟的校正不同于磁力仪精度的检验。部分磁力仪灵敏度或调谐的磁场值输出数值略有不同(新磁力仪采用自动调谐),可由仪器生产厂家进行校正。

大部分质子旋进磁力仪的故障都与产生放大微信号的模拟测量部分有关。典型的故障原因是插座处的不良接触、磁场梯度太大或者外部噪声。这些原因均会导致信噪比降低。

通常,单独检测和判断磁通门传感器输出是否正确都是比较困难的(例如一枚非绝磁螺钉的附加磁场)。但是,用两台磁力仪进行比较检测,磁力仪的计量检测及故障判断就容易多了。

对于弱磁性物质检验及经纬仪部件的绝磁状况,可以利用磁通门传感器、无定向磁力仪或经典磁力仪进行故障检查和位置判断。检测时磁通门固定,将经纬仪的可疑部件靠近传感器或旋转照准部,如果不同位置的测量结果不同,则表明绝磁状况有问题。

无定向磁力仪由两个磁铁以相反的位置固定在垂直棒上,用低扭力纤维将棒的一端悬吊起来,由于磁铁处于在相反的位置上,有同等的磁矩,因此地球磁场对该系统没有影响。当有磁性的被检测样品与两块磁铁的距离不等时,该系统会发生偏转。

磁通门是测量磁偏角和磁倾角的绝对式磁力仪。磁通门磁轴与经纬仪望远镜光轴的平行性经常存在小的偏角,虽然通过合理的观测程序进行绝对测量,这些偏角不会对最后结果造成任何误差,但在快测量中还是需要修正的。

磁通门误差产生通常有下列原因:①光轴和磁通门传感器的方向不一致;②零点偏差;③读数非线性;④望远镜十字丝不垂直;⑤望远镜光轴与水平轴不垂直。

在确信磁场平静的情况下进行磁偏角的测定。在磁子午面确定后,旋转经纬仪使之垂直于磁子午面(在东—西向的位置)。如果传感器的磁轴与垂直磁子午线的方向有水平夹角β,与水平面有倾角α,必然对传感器施加偏置场b,这

时传感器读数 R 就不为零,则有
$$R = H\sin\beta + Z\sin\alpha + b \tag{7.6}$$
经纬仪绕垂直轴准确旋转180°,可得
$$R = -H\sin\beta + Z\sin\alpha + b \tag{7.7}$$
在水平面内转动磁通门传感器(同光轴相比),将 β 调整为零,使含 H 的项为零,这意味着旋转180°前后的二个 R 读数之差减少了一半,通过反复校正直到含 H 的项为零。在确认 β 调整为零后,进行传感器的磁轴校正。在磁子午面将望远镜安置到 I 位置,由于 α 角的存在,传感器读数 R 不为零,将望远镜绕经纬仪水平轴准确旋转180°,由于含 Z 的项改变符号,R 读数改变,在垂直方向上旋转传感器,调整二个 R 读数之差的一半,重复校正,直到含 Z 项消失。

磁通门校准并不像上面说的那么简单,因为调整传感器一个方向经常影响其他方向,因此需要反复核对和调整。传感器磁轴与望远镜光轴之间完全平行是难以达到的,调整到 $<10'$ 已是不错的结果。传感器与望远镜固定良好是相当重要的,稍有松动,便有可能改变望远镜与磁通门的相互关系。

对于电路系统的零偏,也可以通过使磁通门传感器的读数来调整。此外,检验温度变化对传感器的影响,比磁轴和光轴平行性以及零场偏移更重要,因为经纬仪和磁力仪受热不均匀,会改变单面磁力仪的集合关系。在野外测量时,温度变化也会使磁力仪电路系统的性能产生影响,除了选择有温控补偿的电路之外,最好在测量之前用几分钟时间使电路系统预热充分,以保持恒定的观测温度。

要确定磁通门的读数是否与计算值相符,还必须进行线性检验。可通过将经纬仪从零的位置向正和负的方向转动,取其读数,例如在接近零位置的每弧分的位置上读取读数,通常不用更远处的数据。如果角度值是 β,磁场值是 H,则对应于角度 β 的读数 X 可表示为
$$X = H\sin\beta \tag{7.8}$$
通常望远镜视准轴与水平轴不可能严格垂直,通常用正、倒镜读数取中数的方法消除其影响,因此应在盘左和盘右两个位置上交替进行测量。

2. 传感器磁轴与望远镜光轴平行性检验

由于外界环境的变化和电子元器件的老化,磁通门电子线路零点会发生微小的偏移。磁通门传感器磁轴方向与磁通门电路零点漂移时常交织在一起,并组成一个虚拟的磁通门磁轴。理想的磁通门的磁轴与望远镜的主光轴应该相互平行,但在磁通门校准时很难到位。

设在垂直方向上磁通门磁轴偏向望远镜光轴上方为 $+\alpha$,反之为 $-\alpha$,在水平方向上由上方观察,磁轴与望远镜光轴的夹角顺时针为 $+\beta$,反之为 $-\beta$。

完整的磁偏角测量需要在四个位置上进行，即：D_{WU} 望远镜向西，传感器在望远镜上方；D_{EU} 望远镜向东，传感器在望远镜上方；D_{WD} 望远镜向西，传感器在望远镜下方；D_{ED} 望远镜向东，传感器在望远镜下方。

在磁偏角测量时，每个位置的影响见图 7.9，在四个位置的平均值中有

$$\begin{aligned}
\overline{D} &= (D_{WD} + D_{ED} + D_{EU} + D_{WU})/4 \\
&= (D_i + \alpha - \beta + D_i - \alpha + \beta + D_i - \alpha + \beta + D_i + \alpha - \beta)/4 \\
&= (D_i + D_i + D_i + D_i)/4 \\
&= D_i
\end{aligned} \tag{7.9}$$

式中：D_i 为磁轴与光轴平行时的地盘位置。磁轴与望远镜光轴不平行的影响消除了，可见磁通门的磁轴与望远镜光轴一致性与否，不影响测量结果。

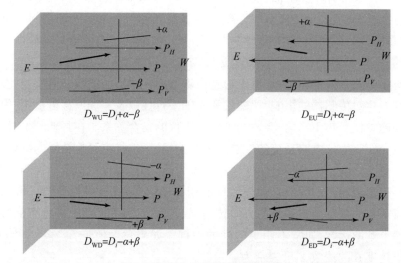

图 7.9 磁轴与主光轴不平行的影响

在快速测量或动态测量中只在一个位置上进行观测，其影响不可忽视，因此需要对磁轴与望远镜光轴之间的夹角以及磁力仪电路零场偏移进行检测和计算，以便对观测值进行修正。当夹角过大时，零场偏移较大，应予以调整。

7.3.3 地磁场强度

地磁场强度 F 是测量地磁场磁感应强度的大小，一般采用质子旋进磁力仪或光泵磁力仪进行测量，作业时需建立一个辅助的 F 测点同时观测，距主测点约为 10m。这就避免了在主测点进行一系列的绝对测量过程中因交换仪器而引起的时间差的问题，但一定要确定两测点间的 F 差值。F 的绝对观测可与磁偏角 D 和磁倾角 I 观测同时进行，这样就能减少一系列测量时磁场波动所引起的误差。

质子旋进磁力仪的主测点和辅助测点间的 F 差值，可通过一台质子旋进磁力仪轮流在两个测点上进行一系列测量来确定，重复测量多次直到对结果的一致性满意为止。为了缩短测量时间，减少地磁场变化带来的误差影响，应事先准备两个特制的传感器架，使质子旋进磁力仪能迅速固定在需要的位置。如有必要，也可参考磁变仪记录对地磁场变化做出修正。平均差值（主测点减去辅助测点）就是测点间的 F 差值，必须使用这个值对辅助测点所有 F 测量值进行改正。

如果有两台质子旋进磁力仪和两个观测者，那么可在两个地点同时进行一系列观测。交换两台质子旋进磁力仪同时进行第二组观测。两组观测的 F 差值在理论上应相同，如果 F 差值不同，说明两台仪器可能存在仪器差，那么需要对一台或两台质子旋进磁力仪重新标定。注意，用这种方式确定的 F 差值之差是两台质子旋进磁力仪器差值的两倍。

7.3.4 磁偏角与磁倾角

磁偏角 D 和磁倾角 I 的测量一般使用地磁经纬仪开展的，需按照先测磁偏角后测磁倾角的顺序依次进行，测量顺序及记簿方法分别见表 7.4 和表 7.5。

表 7.4 磁偏角 D 测量记录手簿

地磁站、点				日期			观测者		
T.A. =		°	′				″		
磁偏角 D									
CL		°	′	″	CR	°	′		″
TD(±90°) = (CL+CR)/2						°	′		″
TD(±90°) =									
指零水平度盘读数					时间 TD(UT)				
姿态		°	′	″		h	m		s
E.D.									
W.D.									
E.U.									
W.U.									

续表

MM = (ED + WD + EU + WU)/4				时间平均值 TD = (TED + TWD + TEU + TWU)/4			
MM =	°	′	″	TD	h	m	s
D = MM + (TA) − TD ± 90°							
D =	°	′	″				

表 7.5 磁倾角 I 测量记录手簿

地磁站、点				日期		观测者		
MM =	°	′	″	MM + 180° =	°	′	″	
指零垂直度盘读数				时间 T_I(UT)				
姿态	°	′	″		h	m	s	
N.U.								
S.D.								
S.U.								
N.D.								
I = [(360 − ND) + (180 − SU) + (SD − 180) + NU]/4				时间平均值 $T_I = (T_{NU} + T_{SD} + T_{SU} + T_{ND})/4$				
I =	°	′	″	$T_I =$	h	m	s	

1. 利用地磁经纬仪测量磁偏角

使用地磁经纬仪测量磁偏角的方法如下：

(1)将经纬仪近似水平地置于测点标记上方的中心位置,其高度应与测点说明中的高度一致,并记录该高度。

(2)将绝磁经纬仪精确置平。

(3) 设置和检查方位标志。

(4) 在正常位置(绝磁经纬仪照准部位于盘左,磁通门在上)用望远镜瞄准方位标志,调节水平度盘记录水平度盘读数 M_{1u}。

(5) 纵转望远镜(倒镜,绝磁经纬仪照准部位于盘右,磁通门向下)后重复上述操作并记录 M_{1d}。

(6) 使用垂直度盘和垂直水准器将望远镜准确置于 270°位置(望远镜处于水平和倒镜位置)。转动经纬仪照准部,使望远镜向西,借助水平微动将磁通门的输出指示置零,读取水平度盘读数 D_{WD}。

(7) 照准部水平旋转 180°,使望远镜向东,借助水平微动使磁通门的输出指示置零,读取水平度盘读数 D_{ED}。

(8) 纵转望远镜,使望远镜仍向东,用垂直度盘和垂直水准器将望远镜准确置于 90°位置(望远镜处于水平和正镜位置),借助水平微动使磁通门的输出指示置零,读取水平度盘读数 D_{EU}。

(9) 照准部旋转 180°,借助水平微动使磁通门的输出指示置零,读取水平度盘读数 D_{WU}。

(10) 重新瞄准方位标志,观测完整测回,并记录水平度盘读数 M_{2u}、M_{2d}。

(11) 对磁通门传感器进行最后置零应在整分时刻,以便和磁变仪或参考台的采样时间同步。

根据方位标志的测量平均值计算方位角 $\overline{M}$,有

$$\overline{M} = (M_{1u} + M_{1d} + M_{2u} + M_{2d} - 360°)/4 \tag{7.10}$$

由磁力传感器 4 个置零位置的水平度盘读数计算磁子午线平均值 $\overline{D}$,有

$$\overline{D} = (D_{WD} + D_{ED} + D_{EU} + D_{WU})/4 \tag{7.11}$$

已知方位标志的真方位角 A,并计算磁偏角 D,有

$$D = \overline{D} - \overline{M} + A \tag{7.12}$$

注意 $\overline{D}$、$\overline{M}$ 和 A 所在的象限,以免使磁偏角值出现差错。

4 次观测抵消了磁通门探头磁轴与望远镜光轴之间的定向误差以及磁通门可能存在的零场偏移。观测时,一般按上述顺序进行观测,但也可以按照任意顺序。另外,电子设备箱必须与探头保持足够远的距离,因为电池带有相当的磁性。

2. 利用地磁经纬仪测量磁倾角

磁倾角的测量要在磁偏角测量之后立即进行,利用磁北方向在度盘上的读数 $\overline{D}$ 使望远镜处于磁子午面内。当水平度盘的读数锁定在磁北方向时,这就意味着望远镜和磁通门探头已经处于磁子午面内。

磁倾角 I 的测量方法和磁偏角 D 测量方法类似,都是采用近零测量法,将望远镜绕水平轴旋转找到磁通门示数器为零的位置,并记下垂直度盘的读数。

使用地磁经纬仪测量磁倾角的方法如下:

(1)在磁偏角测量结束后,转动照准部使水平度盘读数位于磁偏角观测确定的 $\overline{D}$ 值,此时望远镜主光轴位于磁子午线方向。

(2)在正常位置(绝磁经纬仪照准部位于盘左,磁通门在上),视准轴在磁子午线面内,将望远镜绕着水平轴旋转,使用垂直微动,将磁通门置于输出指示为零的位置,(无垂直补偿器绝磁经纬仪须调整指标符合水准器)读取垂直度盘读数 I_{NU} 并记录。

(3)纵转望远镜(绝磁经纬仪照准部位于盘右,磁通门在下),望远镜指向南,使用垂直微动,将磁通门置于输出指示为零的位置,读出垂直度盘读数 I_{SD}。

(4)借助于水平微动将绝磁经纬仪照准部精确旋转 $180°$,望远镜指向北,使用垂直微动,将磁通门置于输出指示为零的位置,读出垂直度盘读数 I_{ND}。

(5)纵转望远镜(绝磁经纬仪照准部位于盘左,磁通门在上),望远镜指向南,使用垂直微动,将磁通门置于输出指示为零的位置,读出垂直度盘读数 I_{SU}。

由磁力传感器 4 个零位的垂直度盘读数计算磁力线与水平面夹角的平均值 I,有

$$I = (I_{NU} + I_{SD} - I_{ND} - I_{SU})/4 + 90° \tag{7.13}$$

7.3.5 三分量同时测量

地磁场是矢量场,要确定地面一点(测点)的地磁场,必须测量地磁场三个独立的分量,即地磁场水平分量 H、垂直分量 Z 与地磁偏角 D,或者地磁场总强度 F、地磁偏角 D 与倾角 I。

目前,地磁场三分量的野外测量,通常使用质子旋进磁力仪测量地磁场总强度 F,使用地磁经纬仪测量地磁偏角 D 和地磁倾角 I。

在测量工作开始之前,应当考察测点环境状况,特别是有无电磁干扰,若有电磁干扰,则应当设法排除,并作详细记载。

通常,地磁三分量的测量顺序是:首先用质子旋进磁力仪测量地磁场总强度 F,然后用地磁经纬仪测量地磁偏角 D 与倾角 I,最后再用质子旋进磁力仪测量地磁场总强度 F,分别得到 F、D、I、F 的多组测量数据。测量时,必须保证质子旋进磁力仪的传感器位置与地磁经纬仪的感应线圈位置相同,且都对准该标桩的中心点。若用三角架测量,则应对准标志的中心点,每次测量时应当尽量使三角架高度保持一致。地磁经纬仪要调节水平,测量磁偏角 D 所采用的参考标志

必须固定不变,参考标志通常距离测点 >200m。

测量地磁场偏角,是用地磁经纬仪测量出地磁北极与参考标志之间的夹角 D_n,用天文、GNSS 或陀螺等测量方法确定地理北极与参考标志之间的夹角 D_m,由此可以得到地磁场的偏角 D,即

$$D = D_m - D_n \tag{7.14}$$

对于绝对观测来说,最佳的方法是 D 和 I 的测量与 F 的测量同时进行,这样可简化数据通化。为此,需要设立一个辅助的 F 测点。如果有两个观测者,在主测点的观测者进行 D 和 I 测量时,输出指示为零时刻(最好整分),在副测点的观测者同时读取一个 F 值(整分前后几个连续读数的平均)。

如果在辅助测点有一个质子旋进磁力仪,仅一个观测者也能进行同步 F 观测。质力旋进磁力仪记录仪必须经过标定,而且必须包括时间信息。在 D 和 I 观测完成后,相应的 F 值可从质子旋进磁力仪记录中获得。

不使用质子旋进磁力仪记录而在 D 和 I 观测之后进行 F 测量,也可以对 D 和 I 观测与 F 观测的不同步引起的误差进行校准。在 D 或 I 读数的时间和进行 F 测量的时间之间的磁场变化,可通过三分量磁变仪记录的数据来决定。因为记录了不同的分量,所以改正比较复杂。

7.3.6 地磁测量相关误差

对地磁测量质量的控制和评估是非常重要而又十分困难的工作,影响地磁测量结果的理论误差源主要来自于仪器和观测环境的缺陷、定位定向不确定度的影响和数据通化中不恰当的假设以及其他一些不确定的因素等。

1. 仪器误差

高精度地磁测量仪器是非常精准的物理计量仪器,如果质子旋进磁力仪的频标已严格校准,传感器是完全绝磁的,那么该仪器的观测值就是精确的绝对测量结果。但是由于晶振及元器件老化,电路产生的电磁感应、仪器零件在磁场中的感应磁化不可能完全消除,尽管有磁力仪的标称分辨率已达到 ±0.01nT,但绝对测量精度很难达到 ±0.1nT。在中纬度地区,最好的质子旋进磁力仪和地磁经纬仪的测量误差为 $F < ±0.2\text{nT}, D < ±1\,2'', I < 4''$。

2. 定位、定向误差

在绝对地磁观测中,由地磁测量仪器定位、定向导致的误差将影响观测值的置信度。地磁测量仪器的安置应严格保持一致,因为地磁场在不同空间的分布

状态是不同的。定位误差的大小取决于观测位置地磁场的水平和垂直梯度以及仪器偏离的距离,即:在1nT/m的梯度环境中,定位精度在±10cm内即可;当梯度为1000nT/m时,定位精度需要在±1mm以内。为保证方位角测量的测量精度,测量仪器至方位标志的距离应大于200m。

3. 使用参考台的数据通化误差

假设地磁参考台与测量点的地磁变化始终是相同的,所有地磁要素的瞬时差值为常数,这样可以使用参考台的测量数据对其他地磁测量数据进行改正。

事实并非如此,由于地磁要素瞬时变化和日变曲线因地而异,随纬度的变化率大于经度,地磁场的扰动、与地方时有关的分布形态差异等导致了多种数据通化误差。这种源于不恰当假设的误差也是变化的,可以由观测值的离散度推算。

4. 使用磁变仪的数据通化误差

使用磁变仪数据进行数据通化,可以避免地磁参考台与测量点的地磁变化始终基于相同的假设,但较大的温度系数和传感器较差的物理稳定性成为磁变仪的两个误差源。

由于观测环境的限制,一个临时的观测点很难严格控制温度变化或高精度搭解温度系数,在温差较大的环境下控制观测系统的物理稳定性漂移也是不太现实的。利用磁变仪数据进行数据通化需要相对参考台夜间正常值的偏离值对磁变仪数据进行改正,由于位置差异,这个偏离值也是存在误差的。

5. 年均值的数据通化误差

假设年均值的数据通化为

$$E(t) - E_0(t) = E - E_0 \tag{7.15}$$

式中:$E(t)$,$E_0(t)$为t时刻地磁要素的观测值;E,E_0为观测点和参考台的年均值。式(7.15)建立在两地的地磁场变化完全相同的假设之上,其中隐含全年所有时段两地的年长期变形态相同,数值相等且呈线性,日变化和瞬时变化均相同。实际情况可能是两地年长期变恒定,但不相等;两地年长期变形态不同,变化不均匀,量值不相等。两地地磁场的这些差异,是年均值通化理论的误差源。

7.3.7 地磁测量精度

地磁测量精度是衡量野外磁异常观测质量的主要标志,也是确定野外方法的依据,同时决定了工效和成本。因此,正确确定地磁测量精度是地磁测量工作设计中极为重要的环节。

1. 地磁测量的均方误差和平均相对误差

地磁测量工作是以均方误差来表示偶然误差的,并以此反映地磁测量质量。野外地磁测量中异常的真值是未知数,只能做到等精度的重复观测。因此,衡量地磁测量质量的均方误差计算公式为

$$m = \pm \sqrt{\frac{\sum_{i=1}^{N}(B_{i1}-B_{i2})^2}{2N}} \tag{7.16}$$

式中:B_{i1} 和 B_{i2} 分别为第 i 个检查点上不同时间两次等精度的观测值;N 为检查点数。

若同一观测点上检查观测次数多于两次,则可计算均方差,即

$$m = \pm \sqrt{\frac{\sum_{i=1}^{N}\sum_{j=1}^{K}(B_{ij}-\overline{B}_i)^2}{M-N}} \tag{7.17}$$

式中:K 为多于两次以上重复观测次数;$M = N \times K$ 全部检查点重复观测的总次数;$\overline{B}_i$ 为第 i 点上 K 次重复观测的平均值。

2. 地磁测量精度的确定

地磁测量工作中采用的磁力仪类型不同,可以达到的地磁测量精度也各不相同。目前,我国高精度的磁力仪已普遍使用。根据此实际情况,可将地磁测量精度分为如下三级。

(1)高精度:均方误差≤5nT。
(2)中精度:均方误差 6~15nT。
(3)低精度:均方误差 >15nT。

均方误差小于 2nT 的高精度地磁测量,均定义为特高精度地磁测量。

采用何种地磁测量精度,首先要考虑地磁测量的地质任务,及探测对象的最小有意义的磁异常强度 $B_{\text{MAX}低}$。根据误差理论知道,大于三倍均方误差的异常是可信的。根据测量要求,能正确刻画某地质体异常形态至少要有两条非零的等值线,等值线的间距不得小于三倍均方误差。因此,通常确定地磁测量精度为 $m < (1/5 - 1/6)B_{\text{MAX}低}$。在考虑上述原则的同时,在不影响完成地磁测量约定的主要任务下,兼顾未来地磁测量资料的综合利用,可适当提高地磁测量精度。

3. 地磁测量精度的保证

确定了地磁测量精度后,为了达到规定的精度,需要对各个环节的独立因素

的误差进行分配。若有多台仪器在同一测区施工,必须做仪器一致性检查。假定仪器的均方误差为m_1,地磁基准站(点)及地磁基准站(点)网建立的均方差为m_2,野外磁异常观测均方差为m_3,消除干扰的各项改正的均方差为m_4,整理计算的均方差为m_5,其他因素为m_6。根据误差理论,总观测精度的均方误差平方等于各个独立因素均方误差的平方之和。为保证地磁测量精度实现,必须满足误差分配公式,即

$$m^2 = m_1^2 + m_2^2 + m_3^2 + m_4^2 + m_5^2 + m_6^2 \tag{7.18}$$

各个环节的精度确定后,就可确定各个环节相应的工作方法和技术指标,以便确保总精度的实现。

4. 地磁测量质量检查

质量检查的目的是了解野外所获得异常数据的质量是否达到了设计的要求。这是野外测量工作贯彻始终的重要环节。

质量检查的基本要求是:要有严格检查量,平稳场检查点数要大于总观测点数的3%,绝对数不得少于30个点;异常场检查点数为总检查点数的5%~30%。前者采用均方误差评价,计算公式为式(7.16),并以正态分布图表示;后者采用平均相对误差评价,计算公式为式(7.17)。

地磁测量的质量检查评价以平稳场的检查为主。检查应贯穿于野外测量的全过程,做到不同时间、同点位、同传感器高度。

第 8 章 测量数据处理

数据处理作为测量工作的一道重要工序,涉及大地测量学基础、空间大地测量学、控制测量学、测量平差等专业基础理论和计算机相关技术,主要包括测量数据概算、平差计算、精度估计和成果输出等内容,其目的是评估测量数据的质量,剔除和修正各类观测数据,提高观测结果的精确性和可靠性。

8.1 数据处理一般流程

虽然在具体的计算过程中因大地测量各专业数据处理的特点会有所差别,但数据处理流程基本一致,主要包括资料分析、技术设计、数据处理和检查验收四个环节。

1. 资料分析

全面掌握外业测量成果情况,特别是资料获取、数据采集、概算、特殊情况处理和外业验收等情况。

2. 技术设计

内业数据处理的技术设计一般以技术计划或实施方案的形式进行,经上级批准后即可作为内业计算实施的重要依据,不得擅自修改。在具体实施过程中如遇特殊情况确需更改相关技术指标或内容时,则必须由任务承担单位提出申请并陈述理由,经批复后方可更改,并将申请和批复件作为重要的技术文档保存,以备查验。

技术计划或实施方案主要包括以下内容。

(1)外业概况:主要对测区概况、测量方法和数量、施测单位和时间、使用仪器、数据采集和概算程序、作业依据、验收情况等做出简要描述。

(2)内业计算:包括数据处理所采用的系统基准、计算软件以及数据准备的要求、计算项目、技术要求、组织实施等内容。

（3）情况说明：主要针对资料分析过程中遇到的特殊情况及计算过程和成果中必须交代的问题进行描述。有特殊情况需要处理时，要同时提出解决方案。

（4）成果整理：根据上级业务部门要求和任务项目需求，针对成果输出打印的数量、要求以及装订整理的顺序和要求等内容进行描述。

3. 数据处理

（1）数据准备：按数据处理软件的格式要求准备数据文件，要求数据必须与外业原始成果进行两遍无误式校对，且在校对数据过程中要对异常数据进行分析，提出处理意见，并经主管工程师确认同意后方可提供使用。最终将数据异常情况及处理方法作为重要条目，写入计算说明文档相应部分。

（2）平差计算：按技术计划（方案）要求，采用指定的数据处理系统，对符合要求的数据进行平差计算，解算完成后要仔细检查解算结果和各项精度统计指标是否异常或超限，并进行适当处理，直至解算结果正常，各项质量检核结果符合要求，最后输出解算结果和各项精度统计指标。

（3）成果表编纂：在对计算采用的数据以及数据处理方法、过程和结果经过两级验收无误后，方可开展各类成果表的编纂工作，以满足各类用户的实际应用需求。成果表的编纂一般由平差软件内置的成果表制作程序或与数据处理软件配套的成果表制作程序完成，成果表的编纂要求准确、统一、清晰、易用。

（4）成果输出整理：按照技术计划（方案）的成果整理要求进行成果整理装订，计算成果一般输出两份，并根据项目的不同对采用数据和计算过程数据单独整理装订成册。

4. 检查验收

内业数据处理成果必须经"两级检查一级验收"方可提供使用。根据成果项目不同，检查验收的内容和比例均应按相应的要求进行。

8.2　水平控制网数据处理

经典大地控制网是将水平控制网与高程控制网分别独立建立的，其中水平控制网主要采用三角测量法和导线测量法等经典大地测量技术用于获得地面点的水平坐标(x,y)或(L,B)，即可确定地面点的水平坐标基准。

在水平控制网野外数据采集结束后，应立即对地面边角等观测数据进行概算。概算的目的是系统地整理检查外业成果,按闭合条件进行质量检核。同时,将地面观测成果化算为标石中心的高斯平面的观测成果,为平差计算做好准备,这也是把好数据质量关的重要一环。

8.2.1 水平控制网概算

水平控制网概算主要包括以下内容:①外业成果资料检查;②编制已知数据表,绘制控制网略图;③绘制控制网观测图,编制三角点成果卡片;④三角网近似球面边长和球面角超计算;⑤归心改正计算;⑥三角网测站平差;⑦近似坐标计算;⑧将地面观测元素归算至参考椭球面上;⑨将参考椭球面上的元素归算到投影平面上;⑩依水平控制网的几何条件检查观测成果的质量。

1. 外业成果资料检查

外业成果资料是控制测量的原始记录,若存在错误则必将直接影响和损害成果的质量,而在计算时又难以发现,因此在概算前应对外业成果及资料进行认真全面的检查。检查的主要项目和内容包括:

(1)观测手簿,包括水平方向(角度)手簿、垂直角手簿以及边长手簿。要检查这些原始数据是否清楚、运算是否准确、合乎要求,各项限差是否满足有关规范规定,度盘位置是否正确,仪器高、觇标高的量取是否合乎要求,测站点和观测点的气温、气压是否正确记录,各项整饰注记是否齐全等。

(2)观测记薄,要全面核对记薄和手簿有关内容有无差错、成果的取舍和重测是否合理、结果转抄是否正确等。

(3)归心投影用纸,要检查原始投影点线是否清楚、正确,投影时间、次数是否符合要求,示误三角形、检查角及投影偏差是否合限,应改正的方向有无错漏,归心元素量取是否正确,注记和整饰是否齐全等。

(4)仪器检验资料,要检查仪器检验项目、方法及次数是否符合规定,计算是否正确,检验结果是否满足限差要求,点之记注记是否完整,觇标及标石委托保管书有无遗漏等。

2. 编制已知数据表,绘制控制网略图

直接测定的起始边长、天文方位角称为起始数据。通过推算求得的高等边长、方位角、坐标,作为低等控制依据时,称为起算数据。起始数据和起算数据统称为已知数据。已知数据是计算的依据,若抄录有误则直接影响全部计算,因此这项工作最好由两名具有一定水平的人员独立编制,经认真仔细检查校对方可使用。为计算方便,一般还需绘制控制网略图,必要时可注明图幅编号。各控制点应注明点名(或编号)、等级,同时应绘出直角坐标网线或经纬线网等。

3. 绘制控制网观测图,编制三角点成果卡片

对于导线网而言,需要在控制网略图的空白区抄写相应的观测数据,包括已知坐标、垂直角观测数据、边长观测数据以及水平角观测数据,这份带有观测数据的控制网略图称为控制网观测图。为阅读方便,应注有图例和说明。

对于三角网而言,每个三角点的观测和概算资料应汇总在一张卡片上,该卡片称为三角点成果卡片。从观测手簿、记簿、归心投影用纸抄录有关资料,填写在卡片上的相应栏内,并仔细校对。

有了控制网观测图或三角点成果卡片,使得数据的组织、检查和分析变得方便且高效。不论是手工计算还是电子计算机程序计算,都是利用它抄取或组织数据,因而图上的数据必须经过认真检查,以确保正确无误。

4. 三角网近似球面边长和球面角超计算

1)近似球面边长的计算

近似球面边长计算的目的是为计算归心改正、近似坐标、球面角超以及三角高程推算提供近似边长值,其计算公式为

$$\begin{cases} a = \dfrac{b}{\sin B}\sin A \\ c = \dfrac{b}{\sin B}\sin C \end{cases} \tag{8.1}$$

式中:b 为起算边;a、c 为推算边;A、B、C 为各边所对应的三角形内角。

2)球面角超的计算

计算球面角超的目的是检查方向改正计算的正确性,以及在球面上检查三角形闭合差,其计算公式为

$$\varepsilon = \dfrac{S}{R^2} \tag{8.2}$$

式中:S 为球面三角形的面积;R 为球的半径。

5. 归心改正计算

中心标石是三角点或导线点的永久性标志,点的位置是以标石的十字中心表示。因此,一切观测和计算成果都要以标石中心为准。在进行水平角观测和距离测量时,原则上需要把仪器中心、照准圆筒(或回光)中心和标石中心安置

在同一条铅垂线上,要求"三心"一致。但由于受外界条件影响(如日晒、风雨等作用以及觇标基底倾斜、沉降使觇标位置产生变化,或受到遮挡等),实际观测时"三心"往往不一致。因此,需要对观测成果加以改正,以归算到标石中心上去,这项改正称为归心改正,包括水平方向观测值归心改正和测距边长观测值归心改正。

1) 水平方向观测值归心改正

(1) 测站点归心改正。测站点归心改正是因测站点上仪器中心与标石中心不一致而产生的,其计算公式为

$$c_i = \frac{e_Y}{S_i}\rho\sin(M_i + \theta_Y) \tag{8.3}$$

式中:e_Y 为测站点偏心距;S_i 为测站点至目标点的概略距离;M_i 为测站点上各观测方向值;θ_Y 为测站点偏心角。

当一、二等水准测量在 $\theta_Y > 5\ S_i$ 或三、四等水准测量在 $e_Y > 11\ S_i$ 时,归心改正计算公式为

$$\sin c_i = \frac{e_Y}{S_i}\rho\sin(M_i + \theta_Y) \tag{8.4}$$

(2) 照准点归心改正。照准点归心改正是因照准筒中心与照准点标石中心不一致而产生的,其计算公式为

$$r_i = \frac{e_T}{S_i}\rho\sin(M_i + \theta_T) \tag{8.5}$$

式中:e_T 为照准点偏心距;θ_T 为照准点偏心角。

当一、二等水准测量在 $e_Y > 5S_i$ 或三、四等水准测量在 $e_Y > 11S_i$ 时,归心改正计算公式为

$$\sin r_i = \frac{e_T}{S_i}\rho\sin(M_i + \theta_Y) \tag{8.6}$$

(3) 测距边长归心改正。测距边长的归心改正包括测站归心改正和镜站归心改正。如果测站、镜站存在小偏角,即偏心距 $e < 0.3\mathrm{m}$,镜站偏心距 $e' < 0.3\mathrm{m}$,则测距边长的测站归心改正和镜站归心改正计算公式为

$$\begin{cases} D = D_e - e\cos\theta \\ D' = D_{e'} - e'\cos\theta' \end{cases} \tag{8.7}$$

如果测站、镜站存在大偏角,即测站偏心距 $e > 0.3\mathrm{m}$,镜站偏心距 $e' > 0.3\mathrm{m}$,则测站边长的测站归心改正和镜站归心改正应按严密公式求解,即

$$\begin{cases} D = \sqrt{D_e^2 + e^2 - 2D_e e\cos\theta} \\ D' = \sqrt{D_{e'}^2 + e'^2 - 2D_{e'} e'\cos\theta'} \end{cases} \tag{8.8}$$

式中:D_e 为偏心观测的水平边长;e、e' 分别为测站偏心距和镜站偏心距;θ、θ' 分别

为测站偏心角和镜站偏心角。

理论上,应先将观测边长化至水平面后再进行归心改正。不过当边长垂直角较小时,在何时计算边长归心改正关系不大,可任意在斜边、水平边上进行边长归心改正,并采用式(8.8)进行求解。

6. 三角网测站平差

若某测站上观测方向数少于 6 个,则采用方向观测法进行角度观测,通常采用算术中数的方法求出各个方向的平差值;若某测站上观测方向数多于 6 个,则需要采用分组观测法进行角度观测,此时应在各组的观测结果按测站平差之后再进行各组的联合平差,即分组测站平差,以消除各组联测方向的方向观测值不一致的矛盾,最后得到以共同零方向为准的观测方向值。

7. 近似坐标计算

近似坐标计算的目的是计算方向改正、距离改正和平面子午线收敛角,计算近似坐标一般按坐标增量公式进行逐点推算。

8. 将地面观测元素归算至参考椭球面上

地面观测元素的归算包括水平观测方向的归算、观测天顶距的归算、地面观测长度(斜距)的归算、天文经纬度和天文方位角的归算等,从而由地面点构成的水平控制网归算为参考椭球面上由大地点构成的控制网,以便在参考椭球面上进行计算处理。

1) 水平观测方向的归算

将地面上的水平观测方向归算至参考椭球面上,由此得到参考椭球面上两点间的大地线方向,所加的改正包括垂线偏差改正、标高差改正和截面差改正,通常把这三项改正简称为"三差改正"。

(1) 垂线偏差改正,即

$$\begin{aligned}\delta_1 &= -(\xi_i \sin A_{ij} - \eta_i \cos A_{ij}) \cot z_{ij} \\ &= -(\xi_i \sin A_{ij} - \eta_i \cos A_{ij}) \tan \alpha_{ij}\end{aligned} \quad (8.9)$$

式中: ξ_i, η_i 为测站点 i 垂线偏差的子午圈分量和卯酉圈分量; A_{ij} 为观测方向的大地方位角; z_{ij}, α_{ij} 为照准点 j 方向的天顶距和垂直角。

(2) 标高差改正,即

$$\delta''_2 = \frac{e^2(H_j + \zeta_j + a_j)}{2 M_j} \rho'' \cos^2 B_j \sin(2A_{ij}) \quad (8.10)$$

$$\rho'' = \frac{360°}{2\pi} \times 3600 \approx 206265$$

式中:e 为椭球第一偏心率;H_j 为照准点标石中心的正常高;ζ_j 为照准点的高程异常;a_j 为照准点的觇标高;B_j,M_j 分别为照准点的大地纬度和子午圈曲率半径。

(3)截面差改正,即

$$\delta''_3 = -\frac{e^2 S_{ij}^2}{12 N_i^2}\rho''\cos^2 B_i \sin(2A_{ij}) \tag{8.11}$$

式中:S_{ij} 为参考椭球面上两点间的大地线弧长;B_i,N_i 为测站点的大地纬度和卯酉圈曲率半径;其他字母含义同前。

现行作业规范中,各等级三角测量中所加三差改正的计算如表 8.1 所列。

表 8.1 三差改正的计算

三差改正	一等	二等	三、四等
垂线偏差改正 δ_1	加	加	酌情
标高差改正 δ_2			
截面差改正 δ_3		不加	

2)观测天顶距的归算

按三角高程测量方法计算地面相邻点的高差时,需要将野外测量的天文天顶距 Z_1 归算为参考椭球面的大地天顶距 Z,所加的改正称为观测天顶距的垂线偏差改正 ε,其计算公式为

$$Z_1 = Z + \varepsilon = Z + \xi\cos A + \eta\sin A \tag{8.12}$$

3)地面观测长度(斜距)的归算

将地面上的观测长度(斜距) D 归算至参考椭球面上,由此得到参考椭球面上两点间的大地线弧长 S,实用中采用精密的斜距归算公式为

$$S = \frac{D'R_A}{R_A + H_m} + \frac{D^3}{24 R_A^2} + 1.25 \times 10^{-16} H_m D^2 \sin(2B_i)\cos A_{ij} \tag{8.13}$$

$$D' = \sqrt{D^2 - (H_i - H_j)^2},\ H_m = \frac{(H_i + H_j)}{2}$$

式中:H_i,H_j 为测距边两端点的大地高;R_A 为观测方向的法截线曲率半径。

4)天文经纬度的归算

将天文测量得到的天文经纬度 (λ, φ) 归算为参考椭球面上的大地经纬度 (B, L),其归算公式为

$$\begin{cases} B = \varphi - \xi \\ L = \lambda - \eta\sec\varphi \end{cases} \tag{8.14}$$

式中:ξ,η 为垂线偏差在子午圈和卯酉圈上的分量。

5)天文方位角的归算

将天文测量得到的天文方位角 α 归算为参考椭球面上的大地方位角 A,该归算公式称为拉普拉斯方位角公式,即

$$\begin{aligned}A &= \alpha - (\lambda - L)\sin\varphi \\ &= \alpha - \eta\tan\varphi\end{aligned} \quad (8.15)$$

9. 将椭球面上元素归算到投影平面上

参考椭球面上元素的归算包括大地线方向的归算、大地线弧长的归算、大地方位角的归算等,从而把参考椭球面上由大地线连接而成的控制网归算成投影平面上由直线连接而成的平面控制网,以满足控制地形测图及控制网计算简便的需求。

1)大地线方向的归算

将参考椭球面上两点间大地线方向归算至投影平面上相应两点间的直线方向,所加的改正称为方向改正,即

$$\delta_{ij} = -\delta_{ji} = \begin{cases} -\dfrac{\rho''}{6R_m^2}(x_j - x_i)\left(2y_j + y_i - \dfrac{y_m^3}{R_m^2}\right) - \dfrac{\rho''\eta_m^2 t_m}{R_m^3}(y_j - y_i)y_m^2 & (8.16\text{a}) \\ -\dfrac{\rho''}{6R_m^2}(x_j - x_i)(2y_j + y_i) & (8.16\text{b}) \\ -\dfrac{\rho'' y_m}{2R_m^2}(x_j - x_i) & (8.16\text{c}) \end{cases}$$

$$\eta_m = e'\cos B_m, t_m = \tan B_m, y_m = (y_i + y_j)/2$$

式中:R_m 为大地线两端点平均纬度 B_m 处的平均曲率半径。

当 $y_m > 250\text{km}$ 时,式(8.16a)精确至 $0.001''$,适用于一等三角测量计算;当 $y_m < 250\text{km}$ 时,式(8.16b)精确至 $0.01''$,适用于二等三角测量计算;式(8.16c)误差小于 $0.1''$,通常用于三等及其以下三角测量计算。

通常在完成大地线的方向改正后,还需要检核方向改正的正确性,其检核公式为

$$\varepsilon = -(\delta_A + \delta_B + \delta_C) \quad (8.17)$$

式中:ε 为球面角超,利用式(8.2)计算可得;$\delta_A,\delta_B,\delta_C$ 分别为平面三角形各内角的角度改正,它等于三角形相邻两边的方向改正之差。

2)大地线弧长的归算

将参考椭球面上两点间大地线弧长归算至投影平面上相应两点间的直线长度,所加的改正称为距离改正,即

$$\Delta S = \begin{cases} S\left(\dfrac{y_m^2}{2R_m^2} + \dfrac{\Delta y^2}{24R_m^2} + \dfrac{y_m^4}{24R_m^4}\right) & (8.18a) \\[2mm] S\left(\dfrac{y_m^2}{2R_m^2} + \dfrac{\Delta y^2}{24R_m^2}\right) & (8.18b) \\[2mm] \dfrac{y_m^2}{2R_m^2} S & (8.18c) \end{cases}$$

$$\Delta y = y_j - y_i$$

当 $S < 70\text{km}$ 和 $y_m < 350\text{km}$ 时,式(8.18a)误差小于 0.001m,适用于一等边角测量计算;式(8.18b)适用于二等边角测量计算;式(8.17c)通常用于三等及以下边角测量计算。

3) 大地方位角的归算

将参考椭球面上的大地方位角归算为投影平面上的坐标方位角,除了要加入方向改正外,还要加入平面子午线收敛角 γ。它可由大地坐标按式(8.19a)计算,也可由平面坐标按式(8.19b)计算。

$$\gamma'' = \begin{cases} l''\sin B\left[1 + \dfrac{l''^2\cos^2 B}{3\rho''^2}(1 + 3\eta^2 + 2\eta^4) + \dfrac{l''^4\cos^4 B}{15\rho''^4}(2 - t^2)\right] & (8.19a) \\[2mm] \dfrac{\rho''y}{N_f}t_f - \dfrac{\rho''y^3}{3N_f^3}t_f(1 + t_f^2 - \eta_f^2) + \dfrac{\rho''y^5}{15N_f^5}t_f(2 + 5t_f^2 + 3t_f^4) & (8.19b) \end{cases}$$

式中:$l = L - L_0$,L_0 为投影平面所在的中央子午线经度。

由此可得坐标方位角为

$$T_{ij} = A_{ij} - \gamma_i - |\delta_{ij}| \qquad (8.20)$$

10. 依水平控制网的几何条件检查观测成果的质量

在角度和距离测量时,测站上各项观测限差只针对每个测站本身,它仅能反映本测站观测成果的内部符合程度,无法发现某些系统误差的影响,更无法反映整个测区的成果质量,因此,有必要根据控制网中几何条件进行全面的质量检核,以保证外业观测成果的精度达到设计要求。

1) 三角测量成果检核

对于三角测量而言,依控制网的几何条件检查观测成果质量,主要包括三角形闭合差(含测角中误差)、极条件闭合差、基线条件闭合差、方位角条件闭合差。其中,前三项检核即可在参考椭球面上进行,也可在高斯平面上进行;而方位角条件闭合差则应在高斯平面上进行。

(1) 三角形闭合差与测角中误差。

三角形闭合差为平面三角形内角之和与180°的差值,若三角形在球面上,

则三角形闭合差为

$$W = 180 + \varepsilon - (A' + B' + C') \quad (8.21)$$

式中:ε 为三角形球面角超;A',B',C' 为球面三角形的三个内角。

三角形闭合差只能反映某个三角形的测角精度,就整个控制网而言,这种检核仍然是局部的。为从整体上评价控制网的观测质量,就要根据控制锁网中所有三角形闭合差计算测角中误差。

设锁网中有 n 个三角形,各三角形闭合差为 W_i,用三角形闭合差计算测角中误差的公式为

$$m = \pm \sqrt{\frac{[ww]}{3n}} \quad (8.22)$$

式(8.22)称为菲列罗公式。通常,在 $n>20$ 时计算的测角中误差才是可靠的,能比较全面、客观地反映整个三角锁网的测角精度,它是评定外业成果质量的重要指标。

设各内角的测角中误差为 m,由误差传播定律,可得三角形闭合差的中误差为

$$m_w = \sqrt{3}m \quad (8.23)$$

通常取二倍的中误差作为闭合差的限差,即

$$m_{限} = 2\sqrt{3}m \quad (8.24)$$

各等级三角形闭合差的限差与测角中误差如表 8.2 所列。

表 8.2　三角形闭合差的限差及测角中误差

（单位:(″)）

等级	一	二	三	四
测角中误差	±0.7	±1.0	±1.8	±2.5
三角形闭合差	±2.5	±3.5	±7.0	±9.0

(2)极条件闭合差。

在中点多边形和大地四边形中,经过不同的三角形(推算路线)推算的同一条边长应相等,该条件称为极条件。由于观测值有误差,使得该极条件不满足,其不符值称为极条件闭合差,其计算公式为

$$W'' = \left(1 - \frac{\sin B_1 \sin B_2 \cdots \sin B_n}{\sin A_1 \sin A_2 \cdots \sin A_n}\right)\rho'' \quad (8.25)$$

极条件闭合差的限差为

$$W_{限} = 2m\sqrt{[\cot^2 \beta]} \quad (8.26)$$

式中:m 为对应等级测角中误差,以秒为单位;β 为式(8.25)中的角 A_i 和角 B_i。

(3)基线条件闭合差检验。

在三角锁网中,若有两条以上的已知边,则从一条已知边开始经过角度传算推算至另一条已知边,推算边应与原已知边相等,该条件称为基线条件。由于观测值有误差,使得该基线条件不满足,其不符值称为基线条件闭合差,其计算公式为

$$W'' = \left(1 - \frac{S_i}{S_j}\frac{\sin B_1 \sin B_2 \cdots \sin B_n}{\sin A_1 \sin A_2 \cdots \sin A_n}\right)\rho'' \quad (8.27)$$

式中:S_i,S_j 为两条已知边长。

基线条件闭合差的限差同式(8.26)。

(4)方位角条件闭合差。

在三角锁网中,若存在两个以上不相连的已知坐标方位角,由其中一个已知坐标方位角开始,经过若干个角(为便于计算通常使用间隔角),传算至另一个已知方位角,则其推算值应与原已知坐标方位角相等,该条件称为方位角条件。由于观测值有误差,使得该方位角条件不满足,其不符值称为方位角条件闭合差,其计算公式为

$$W = T_i + \sum(\pm C_i) - T_j \quad (8.28)$$

基线条件闭合差的限差为

$$W_{限} = 2\sqrt{2m_T^2 + nm^2} \quad (8.29)$$

式中:T_i,T_j 为已知坐标方位角;C_i 为间隔角;n 为传递方位角的个数;m_T 为已知坐标方位角的中误差,以秒为单位。

2)导线网测量成果检核

对于导线网而言,依控制网的几何条件检查观测成果质量,主要包括角度闭合差、坐标闭合差、导线全长相对闭合差和测角中误差估算。

(1)角度闭合差。

附合路线方位角闭合差及其限差的计算公式为

$$\begin{cases} W = T_1 + \sum \beta_i - (n-1) \times 180 - T_2 \\ W_{限} = 2\sqrt{n}m \end{cases} \quad (8.30)$$

导线闭合环内角和闭合差及其限差的计算公式为

$$\begin{cases} W = \sum \beta_i - (n-2) \times 180 \\ W_{限} = 2\sqrt{n}m \end{cases} \quad (8.31)$$

(2)坐标闭合差。

附合路线坐标闭合差计算公式为

$$\begin{cases} W_x = x_A + \sum \Delta x - x_B \\ W_y = x_A + \sum \Delta y - y_B \end{cases} \quad (8.32)$$

导线闭合环坐标闭合差计算公式为

$$\begin{cases} W_x = \Sigma \Delta x \\ W_y = \Sigma \Delta y \end{cases} \quad (8.33)$$

坐标闭合差的限差计算公式为

$$\begin{cases} W_{x限} = 2 m_{W_x} = 2 \sqrt{\sum_{i=1}^{n} (\cos^2 T_i\, m_{D_i}^2) + \left[\sum_{i=1}^{n} (y_n - y_i)^2\right] \dfrac{m^2}{\rho^2}} \\ W_{y限} = 2 m_{W_y} = 2 \sqrt{\sum_{i=1}^{n} (\sin^2 T_i\, m_{D_i}^2) + \left[\sum_{i=1}^{n} (x_n - x_i)^2\right] \dfrac{m^2}{\rho^2}} \end{cases} \quad (8.34)$$

式中：x_A, x_B 为已知点坐标；m_{D_i} 为边 D_i 的中误差；m 为对应等级的测角中误差，以秒为单位。

注意：工程导线中通常不进行 $W_{x限}$ 和 $W_{y限}$ 的计算，而是以导线全长相对闭合差代之。

(3) 导线全长相对闭合差。

导线全长相对闭合差及其限差计算公式为

$$\begin{cases} W_D = \sqrt{W_x^2 + W_y^2} \\ f = \dfrac{W_D}{\Sigma D} \end{cases} \quad (8.35)$$

式中：f 的限差可在相应的测量规范中查到。

(4) 测角中误差估算。

设在一个导线网中由 n 个角度闭合差 W（包括方位角闭合差、多边形内角和闭合差），闭合差计算中用到的测角个数为 k，则可以计算测角中误差，计算公式为

$$m = \sqrt{\dfrac{1}{n}\left[\dfrac{WW}{k}\right]} \quad (8.36)$$

注意，利用式(8.36)计算测角中误差，要求闭合差的个数 n 应超过 20。

此外，在导线测量中，每个测站还要计算圆周条件闭合差，并由此估算测角中误差，其计算公式为

$$\begin{cases} \Delta = \beta_左 + \beta_右 - 360° \\ m = \dfrac{1}{2}\sqrt{\dfrac{[\Delta\Delta]}{n}} \end{cases} \quad (8.37)$$

式(8.37)具有一定的局限性，因为它不包含水平折光、照准目标的系统偏差等系统性误差影响。用它估算的测角中误差从理论上判断应当是偏小的。

8.2.2 大地问题解算

实际上,在将地面上的观测元素归算至参考椭球面上后,可以在参考椭球面上进行计算处理,由已知点计算未知点的大地坐标,或者根据两点的大地坐标计算它们之间的大地线长和大地方位角,这类问题称为大地问题解算,又称为大地主题解算、大地坐标计算或大地位置计算,它包括大地问题正解和大地问题反解。大地问题正解是已知一点的大地坐标(B_1,L_1)、大地方位角A_1和两点间的大地线长S,求解另一点的大地坐标(B_2,L_2)和大地方位角A_2。大地问题反解是已知两点的大地坐标,求解这两点间的大地线长和大地线在两点的大地方位角。

大地问题解算公式有几十种之多,其中具有代表性的是适用于任意距离的贝塞尔大地问题解算公式。建立以椭球中心为球心、以任意长为半径的辅助球,按以下三个步骤解算:

(1)按一定条件将参考椭球面元素投影到球面上。
(2)在球面上解算大地问题。
(3)将求得的球面元素按投影关系换算为相应的参考椭球面元素。

在进行贝塞尔大地问题解算时,需要满足三个投影条件:

(1)投影后球面上点的球面纬度等于参考椭球面上对应点的归化纬度。
(2)参考椭球面上两点间的大地线投影到辅助球面上为大圆弧。
(3)大地方位角投影后数值不变。

8.2.3 高斯投影正反算

通过大地问题解算与平差计算,可得到参考椭球面上各点的大地坐标。为进一步得到高斯平面上的平面直角坐标,可由参考椭球面上点的大地坐标通过特定的数学关系式得到相应点的高斯平面直角坐标;而由高斯平面上点的直角坐标同样也可通过特定的数学关系式得到相应点的大地坐标。这种大地坐标与高斯平面直角坐标的相互换算简称为高斯投影正反算。

1. 高斯投影正算

高斯投影正算是由参考椭球面上点的大地坐标(B,L)换算为高斯平面上相应点的平面直角坐标(x,y),其实用公式为

$$\begin{cases} x = X + Nt\left[\dfrac{1}{2}m^2 + \dfrac{1}{24}(5-t^2+9\eta^2+4\eta^4)m^4 + \dfrac{1}{720}(61-58t^2+t^4)m^6\right] \\ y = N\left[m + \dfrac{1}{6}(1-t^2+\eta^2)m^3 + \dfrac{1}{120}(5-18t^2+t^4+14\eta^2-58\eta^2t^2)m^5\right] \end{cases} \quad (8.38\text{a})$$

$$\begin{cases} x = X + Nt\left[\dfrac{1}{2}m^2 + \dfrac{1}{24}(5 - t^2 + 9\eta^2 + 4\eta^4)m^4\right] \\ y = N\left[m + \dfrac{1}{6}(1 - t^2 + \eta^2)m^3 + \dfrac{1}{120}(5 - 18t^2 + t^4)m^5\right] \end{cases} \quad (8.38b)$$

$$m = l° \cos B \cdot \pi/180°$$

式中:X 为由赤道至纬度 B 的子午线弧长。

式(8.38a)的计算精度为 $0.001m$,式(8.38b)的计算精度为 $0.1m$,可根据精度需要选择使用。

2. 高斯投影反算

高斯投影反算是由高斯平面上点的直角坐标(x,y)换算为参考椭球面上相应点的大地坐标(L,B),其实用公式为

$$\begin{cases} B = B_f - \dfrac{1}{2}V_f^2 t_f\left[\left(\dfrac{y}{N_f}\right)^2 - \dfrac{1}{12}(5 + 3t_f^2 + \eta_f^2 - 9\eta_f^2 t_f^2)\left(\dfrac{y}{N_f}\right)^4\right] + \\ \qquad\left[\dfrac{1}{360}(61 + 90t_f^2 + 45\eta_f^4)\left(\dfrac{y}{N_f}\right)^6\right]\dfrac{180}{\pi} \\ L = L_0 + l = L_0 + \dfrac{1}{\cos B_f}\left[\left(\dfrac{y}{N_f}\right) - \dfrac{1}{6}(1 + 2t_f^2 + \eta_f^2)\left(\dfrac{y}{N_f}\right)^3\right] + \\ \qquad\left[\dfrac{1}{120}(5 + 28t_f^2 + 24t_f^4 + 6\eta_f^2 + 8\eta_f^2 t_f^2)\left(\dfrac{y}{N_f}\right)^5\right]\dfrac{180}{\pi} \end{cases} \quad (8.39a)$$

$$\begin{cases} B = B_f - \dfrac{1}{2}V_f^2 t_f\left[\left(\dfrac{y}{N_f}\right)^2 - \dfrac{1}{12}(5 + 3t_f^2 + \eta_f^2 - 9\eta_f^2 t_f^2)\left(\dfrac{y}{N_f}\right)^4\right]\dfrac{180}{\pi} \\ L = L_0 + l = L_0 + \dfrac{1}{\cos B_f}\left[\left(\dfrac{y}{N_f}\right) - \dfrac{1}{6}(1 + 2t_f^2 + \eta_f^2)\left(\dfrac{y}{N_f}\right)^3\right] + \\ \qquad\left[\dfrac{1}{120}(5 + 28t_f^2 + 24t_f^4)\left(\dfrac{y}{N_f}\right)^5\right]\dfrac{180}{\pi} \end{cases} \quad (8.39b)$$

$$V_f = \sqrt{1 + e'^2 \cos^2 B_f}$$

式中:下注脚f为与垂足纬度B_f有关的量;B_f可由子午线弧长公式迭代求出。

式(8.39a)的计算精度为 $0.0001''$,式(8.39b)的计算精度为 $0.01''$,可根据精度需要选择使用。

8.2.4 平差计算

水平控制网的平差计算,不管是在参考椭球面上还是在高斯平面上进行,也不管采用哪种平差方法,所得结果都是一样的。相比较其他平差方法,参数平差

的误差方程具有形式统一、逻辑性强、便于程序设计等优点,因此大多选择参数平差法。由于它在平差计算时,以未知点的坐标作为未知参数,因此参数平差也称为坐标平差。

水平控制网的平差计算通常需要借助于专业的数据处理软件才能完成,目前在基层测绘部队使用较为广泛的是《平差之星》软件,该软件包含外业观测数据归算、外业成果的质量检核和平差计算等三个基本功能。在使用时,只需按照软件的说明文档要求,将原始观测数据分类存储于不同的数据文件中,即可自动完成不同等级各类水平控制网的平差计算工作;与此同时,生成精度评估数据文件,通过对精度估计数据的统计分析,由此确定观测数据和解算数据的质量,从而为相关单位提供更加精确可靠的成果。

8.3 高程控制网数据处理

如前所述,经典大地控制网是将水平控制网与高程控制网分开独立布设的,其中高程控制网采用水准测量、三角高程测量和电磁波测距高程导线测量等方法用于获得地面点的高程。

目前,我国高程系统采用正常高系统,这就必然要求高程控制网数据处理的观测值和计算结果都应该属于正常高系统。由几何水准测量测定两点间的原始高差并非正常高差,需要加入一系列改正才能化为正常高差;而三角高程测量和电磁波测距高程导线测量测定的是两点间的大地高差,通常在平原地区若不顾及垂线偏差的影响可视为正常高差,但在高山地区当垂线偏差数值大且不成线性变化时,需加以区别。

8.3.1 水准测量外业高差改正数计算

在高程控制网平差前需要将满足国家或军队相应等级测量规范要求的观测高差加入一系列改正,包括水准标尺长度改正和温度改正、正常水准面不平行改正、重力异常改正、固体潮改正、海潮负荷改正和水准路线闭合差改正,最终化为正常高差。

(1)水准标尺长度改正,即

$$\delta = f \times h \tag{8.40}$$

式中:f 为标尺改正系数,等于一副标尺名义米长测定中数减去1000,单位为mm/m;H 为往测或返测高差值,单位为米。

(2) 水准标尺温度改正，即

$$\partial = \Sigma[(t - t_0) \times a \times h] \tag{8.41}$$

式中：t 为标尺温度，单位为摄氏度（℃）；t_0 为标尺长度检定温度，单位为摄氏度；a 为标尺因瓦带膨胀系数，单位为 mm/(m℃)；h 为测温时段中的测站高差，单位为米。

(3) 正常水准面不平行改正，即

$$\delta\varepsilon = -(\gamma_{i+1} - \gamma_i) \times \frac{H_m}{\gamma_m} \tag{8.42}$$

$$\gamma_m = \frac{(\gamma_i + \gamma_{i+1})}{2} - 0.1543 H_m$$

式中：γ_i、γ_{i+1} 分别为 i 点、$i+1$ 点椭球面上的正常重力值，单位为 10^{-5} m/s^2；H_m 为两水准点概略高程平均值，单位为米；γ_m 为两水准点正常重力平均值，单位为 10^{-5} m/s^2。若重力值需取至 0.01×10^{-5} m/s^2，则计算公式为

$$\gamma = 978032(1 + 0.0053024\sin^2 B - 0.0000058\sin^2 2B)$$

式中：B 为水准点的大地纬度。

(4) 重力异常改正，即

$$\lambda = (g - \gamma)_m \times \frac{h}{\gamma_m} \tag{8.43}$$

式中：h 为测段观测高差，单位为米；γ_m 为两水准点正常重力平均值，单位为 10^{-5} m/s^2；$(g-\gamma)_m$ 为两水准点空间重力异常 $(g-\gamma)_空$ 的平均值，单位为 10^{-5} m/s^2。各水准点空间重力异常 $(g-\gamma)_空$ 计算公式为

$$(g - \gamma)_空 = (g - \gamma)_布 + 0.1119H$$

式中：$(g-\gamma)_布$ 为水准点的布格异常，从相应的数据库检索，取至 0.1×10^{-5} m/s^2；H 为水准点的概略高程，单位为米。

(5) 固体潮改正，即

$$v = [\theta_m \cos(A_m - A) + \theta_s \cos(A_s - A)] \times \gamma \times s \tag{8.44}$$

$$\theta_m = \frac{2D_m}{gR}\left(\frac{C_m}{r_m}\right)^3 \sin 2Z_m + \frac{2D_m}{gC_m}\left(\frac{C_m}{r_m}\right)^4 (5\cos^2 Z_m - 1)\sin Z_m$$

$$\theta_s = \frac{2D_s}{gR}\left(\frac{C_s}{r_s}\right)^3 \sin 2Z_s$$

式中：s 为测段长度；γ 为潮汐因子，取 0.68；A 为观测路线方向方位角；A_m，A_s 分别为测段平均位置至月球、太阳方向的方位角；θ_m，θ_s 分别为月球、太阳引起的地倾斜；D_m，D_s 为分别为月球、太阳的杜德逊常数；R 为地球平均曲率半径；g 为地球平均重力加速度；C_m，r_m 分别为地心至月球的平均距离和瞬时距离；C_s、r_s 分别为地心至太阳的平均距离和瞬时距离。Z_m、Z_s 与 A_m、A_s 计算公式为

$$\cos Z_m = \sin\delta_m \sin\phi + \cos\phi\cos\delta_m \cos t_m$$

$$\cos Z_s = \sin\delta_s \cos\phi + \cos\phi\cos\delta_s \cos t_s$$

$$\cos A_m = \frac{(\sin\delta_m \cos\phi - \sin\phi\cos\delta_m \cos t_m)}{\sin Z_m}$$

$$\cos A_s = \frac{(\sin\delta_s \cos\phi - \sin\phi\cos\delta_s \cos t_s)}{\sin Z_s}$$

$$\sin\delta_m = \sin\varepsilon\sin\lambda_m \cos\beta_m + \cos\varepsilon\sin\beta_m$$

$$\cos\delta_m \cos t_m = \cos\lambda_m \cos\beta_m \cos\tau + \sin\tau(\cos\varepsilon\sin\lambda_m \cos\beta_m - \sin\varepsilon\sin\beta_m)$$

$$\sin\delta_s = \sin\varepsilon\sin\lambda_s$$

$$\cos\delta_s \cos t_s = \cos\lambda_s \cos\tau + \sin\tau\cos\varepsilon\sin\lambda_s$$

$$\tau = \tau_0 + (T_B - 8) + \frac{(T_B - 8)}{365.2422}$$

式中：ϕ 为测段平均位置的纬度；$\delta_m, t_m, \delta_s, t_s$ 依次为月球的赤纬、时角和太阳的赤纬、时角；ε 为黄赤交角；β_m 月球真黄纬；λ_m, λ_s 分别为月球、太阳的真黄经；τ 观测的地方恒星时；τ_0 为世界时零点的恒星时；T_B 为观测时的北京时刻。

(6) 海潮负荷改正，即

$$L = (\xi\cos A + \eta\sin A)s \tag{8.45}$$

$$\xi = \sum_p [\xi^p \cos(\omega_p T + x_p + \alpha_{p\xi})]$$

$$\eta = \sum_p [\eta^p \cos(\omega_p T + x_p + \alpha_{p\eta})]$$

式中：A 为观测路线方向方位角；s 为测段长度；ξ、η 分别为海潮负荷引起的地倾斜南北、东西分量；ξ^p, η^p 分别为各分潮引起的地倾斜南北、东西分量；ω_p 为各分潮的角频率；T 为观测的世界时；x_p 为各分潮依天文引数求得的初相角；p 为分潮数；$\alpha_{p\xi}, \alpha_{p\eta}$ 分别为各分潮地倾斜南北、东西分量的相位，它们与 ξ^p、η^p 可利用 CSR4.0+CS 或精度更高的海潮模型求得。

(7) 水准路线闭合差改正，即

$$v_i = -\frac{n_i}{\Sigma n} \cdot W \tag{8.46}$$

式中：W 为已施加上述所有各项改正后的闭合差，单位为毫米；n_i 为第 i 测段的测站数。

需要说明的是，对于一、二等水准测量通常需要加入上述所有改正项，对于三、四等水准测量通常只加入水准标尺长度改正、正常水准面不平行改正和水准路线闭合差改正，其中正常水准面不平行改正计算公式为

$$\varepsilon = -A \cdot H \cdot \Delta B \tag{8.47}$$

$$A = 0.0000015371\sin 2B$$

式中：ΔB 测段末点纬度减去始点纬度的差值，单位为分；H 为测段始、末点近似

高程平均值，单位为米；A 为常系数，可以测段始、末点纬度的平均值计算。

（8）水准测量精度估算

1）每千米水准测量偶然中误差的计算。

每完成一条水准路线的测量，必须进行往返测高差不符值及每千米水准测量偶然中误差 M_Δ 的计算（小于 100km 或测段数不足 20 个的路线，可纳入相邻路线一并计算），计算公式为

$$M_\Delta = \pm \sqrt{\frac{1}{4n}\left[\frac{\Delta\Delta}{R}\right]} \tag{8.48}$$

式中：Δ 为测段往返测高差不符值，单位为毫米；R 为测段长度，单位为千米；n 为测段数。

2）每千米水准测量全中误差的计算。

当构成水准网的水准环超过 20 个时，应按环线闭合差 W 计算每千米水准测量全中误差 M_W，其计算公式为

$$M_W = \pm \sqrt{\frac{1}{N}\left[\frac{WW}{F}\right]} \tag{8.49}$$

式中：W 为水准环闭合差，单位为毫米；F 为水准环线周长，单位为千米；N 为水准环数。

8.3.2 三角高程测量高差验算

为保证三角高程测量的精度，应对高差成果进行检核，查看是否合乎有关限差的要求。验算的项目包括有往返测闭合差、环线闭合差和附合路线闭合差。

1. 往返测闭合差及其限差

理论上，往测高差与返测高差应大小相等，符号相反，但由于测量有误差，导致往返测高差通常并不相等，因此其不符值即为往返测高差闭合差，计算公式为

$$W = h_{ij} + h_{ji} \tag{8.50}$$

我国规定，往返测高差闭合差的限差计算公式为

$$W_{限} = \pm 0.1d \tag{8.51}$$

式中：d 为以千米为单位的边长。

2. 附合路线闭合差及其限差

在导线网中，连接两个已知高程点间的三角高程路线是一条高程附合路线。从已知高程点开始经过高差传算推算至另一已知高程点，推算高程值应与已

高程值相等。由于观测值有误差,使得推算高程值与已知高程值并不相等,其差值称为附合路线闭合差,其计算公式为

$$W = H_A + \Sigma(\pm h_i) - H_B \qquad (8.52)$$

式中:H_A,H_B为已知高程点;h_i为观测高差,它前面的正负号取决于推算方向与测量方向是否一致,一致则取正,不一致则取负。

附合路线闭合差的限差计算公式为

$$W_{限} = \pm 0.05\sqrt{[d^2]} \qquad (8.53)$$

式中:d为中各水准路线长度,以千米为单位。式(8.53)计算结果以米为单位。

3. 环线闭合差及其限差

若干条三角高差边首尾相接构成了一个环线,则环线闭合差的计算公式为

$$W = \Sigma(\pm h_i) \qquad (8.54)$$

式中:h_i为观测高差,它前面的正负号取决于推算方向与测量方向是否一致,一致则取正,不一致则取负。

环线闭合差的限差与附合路线闭合差的限差计算公式相同,均采用式(8.53)计算。

8.3.3 平差计算

与水平控制网的平差计算相类似,高程控制网的平差计算也选择参数平差法,在平差计算时,它是以未知点的高程作为未知参数。

高程控制网的平差计算通常需要借助于专业的数据处理软件才能完成,目前在基层测绘部队使用较为广泛的是《平差之星》软件,具体操作可参照相关文档。

8.3.4 正高、正常高与大地高之间的关系

正高$H_正$为地面点沿铅垂线到大地水准面的距离,它无法通过测量直接得到。

正常高$H_常$为地面点沿铅垂线到似大地水准面的距离,可由几何水准测量精确得到。

大地高H为地面点沿法线到参考椭球面的距离,可由GPS测量直接获得,也可由三角高程测量间接获得。

正高、正常高与大地高(图8.1)之间满足

$$H = H_正 + N = H_常 + \xi \qquad (8.55)$$

式中:N为大地水准面差距,是大地水准面至参考椭球面的距离;ξ为高程异常,

是似大地水准面至参考椭球面的距离。

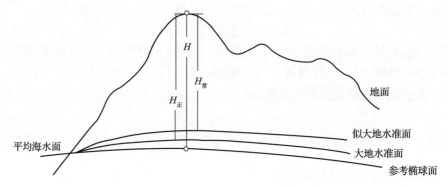

图 8.1　正高、正常高与大地高之间的关系

8.4　GNSS 控制网数据处理

GNSS 外业测量比较简单,内业数据处理是利用 GNSS 建立控制网的关键所在。GNSS 数据处理步骤主要包括数据预处理、基线解算、网平差和成果输出等。通常情况下,使用随机软件(如中海达公司的 HGO、司南导航公司的 Compass Solution 等)即可完成常规 GNSS 网的数据处理。但对于基准建立等高精度应用,需要借助于 GAMIT、Bernese 等专业软件。

8.4.1　数据预处理

数据预处理是 GNSS 静态测量数据处理的第一步,其主要目的是对原始数据进行数据传输、质量控制和格式转换。

1. 数据传输

GNSS 接收机在野外所采集的观测数据存储在接收机的内部存储器或可移动存储介质上,在完成观测后,如果要对它们进行处理分析,就必须将其下载到计算机中。这一数据下载过程即为数据传输。

2. 格式转换

下载到计算机中的数据按 GNSS 接收机的专有格式存储,一般为二进制文件。通常只有厂商所提供的数据处理软件能够直接读取这种数据以进行处理。若所采用的数据处理软件无法读取该格式的数据(这种情况通常发生在采用第三方软件进行数据处理时),或在项目中有多家不同厂商接收机负责采集数据,则需要事先通过格式转换将它们转换为所采用数据处理软件能够直接读取格式的数据,如常用的 RINEX 格式(与接收机无关的交换格式)的数据。

RINEX 格式是指与接收机无关的数据交换格式,其存储方式为 ASCII 码明文,其内容包括观测值、星历(导航信息)、气象数据等。RINEX 格式通用性强,已成为事实上的标准,特别适合多种型号的接收机联合作业,多数 GNSS 处理软件都能直接进行处理。RINEX 文件命名规则为 8+3 文件名。以 wuhn2931.02o 为例,前 4 位为测站名称 wuhn,第 5-7 位为年积日 293,第 8 位为观测时段标识符,第 10-11 为年份的后两位(如 2002 年表示为 02),最后一位为 GNSS 观测值(O 表示观测值文件,N 表示 GPS 导航电文文件,M 表示气象数据文件,G 表示 GLONASS 导航电文文件,C 表示钟文件等)。

近年来,RINEX3 命名规则产生了变化,采用长文件名。例如,北斗卫星观测数据文件为 ALGO00CAN_R_20121601000_15M_01S_CO.rnx,其含义可参考相关文档。

3. 质量检核

在进行 GNSS 测量数据解算之前应进行质量检核,主要过程如下。
(1)观测值统计。
观测值统计的数据项主要包括:
- 理论历元数,可用实际跟踪到的卫星数目及观测时间长度来计算。
- 实际历元数,可利用观测文件中实际包含的历元数进行统计。
- 观测值删除率,可利用删除的历元数与实际历元数的比值。
- 总周跳数,可用 MP_1、MP_2 和 IOD 周跳数之和来计算。

(2)不同频率信号的信噪比。
通过分析随高度角变化的信噪比,可以确定接收机对低高度角卫星信号的追踪能力。

(3)多路径噪声统计。
以线性组合方式分析 L1、L2 的多路径效应:MP_1、MP_2 分别表示 L1、L2 载波上的多路径效应对伪距和相位影响的综合指标,即

$$\begin{cases} MP_1 = p_1 - \left(1 + \frac{2}{\alpha-1}\right)\phi_1 + \left(\frac{2}{\alpha-1}\right)\phi_2 \\ MP_2 = p_2 - \left(\frac{2\alpha}{\alpha-1}\right)\phi_1 + \left(\frac{2\alpha}{\alpha-1} - 1\right)\phi_2 \end{cases} \tag{8.56}$$

除计算多路径效应指标外,还需统计周跳信息。o/slps 表示观测值和周跳个数的比值,是观测数据中周跳数量的直接反映。一般来说,o/slps 值越大,观

测数据质量越好。有时也用周跳比 CSR 来表示,可由 o/slps 计算得到,即 CSR = 1000/o/slps。

(4)电离层延迟和电离层延迟变化率。

观测时段的电离层延迟(ION)、电离层延迟变化率(IOD)可用来监测相位模糊度中的突然变化。如果 IOD 大于 400cm/min,一般认为存在相位周跳,有

$$IOD = \frac{\alpha}{\alpha-1}[(L_1 - L_2)_j - (L_1 - L_2)_{j-1}]/(t_j - t_{j-1}) \qquad (8.57)$$

式中:t_j,t_{j-1} 分别为第 j 和 $j-1$ 个历元的观测时刻;α 为频率的平方比。

以上检核均可通过相关软件自动完成,如 GeoToolkits(大地测量计算工具集)。该软件包含了 20 余项常用大地测量专业计算功能,部分项目功能包含多个功能子项。GeoToolkits 可对北斗等 GNSS 数据进行质量检查,并对 TEQC 的 QC 结果文件进行图形化展示,直观方便。

GeoToolKits 进行 GNSS 质量检核的第一步是配置观测文件和导航星历,如图 8.2 所示。

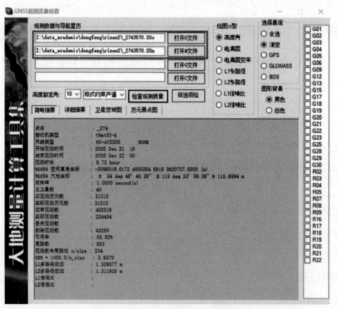

图 8.2　GeoToolKits 观测质量检验摘要

配置完成后,单击"检查观测质量"按钮即可自动完成 GNSS 观测质量检核。在"简略摘要"给出了 GNSS 观测质量检核的简要总结。选择右侧的"绘图类型",以及星座和卫星的选择,单击"按项绘制"可以对相关检测结果进行绘图展示。图 8.3 给出了绘图类型"高度角",选择星座为"全选"的"卫星空域图"示例。

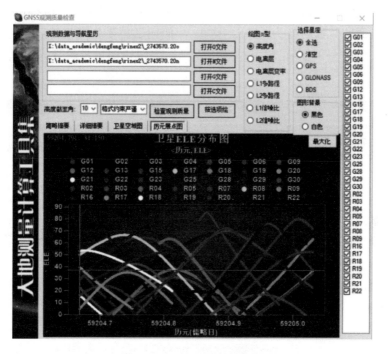

图 8.3 GeoToolKits 高度角检核图

在完成数据质量检核后,确认 GNSS 观测数据质量良好,可以进行基线解算。

8.4.2 基线解算

GNSS 基线解算就是将 GNSS 观测值通过数据处理得到测站的坐标或者测站间的基线向量。每一个厂商都会配备相应的数据处理软件,虽然它们在具体操作的细节上存在一些差异,但总体的步骤和功能大致相同。较为知名的国际 GNSS 数据处理软件有天宝公司的 Trimble Geomatics office 和莱卡公司的 Leica Geo Office,考虑到近年来国内 GNSS 接收机厂商发展迅速,无论是接收机产品还是相关配套软件都有了显著提升,在国内相关领域的应用越来越广泛。本书以上海华测公司发布的 CGO 软件为例进行讲解。CGO 软件可以对静态或动态采集的 GNSS 原始数据进行后处理,得到较好的基线解算和网平差结果。

1. 数据导入

一般来说,各接收机厂商随接收机一起提供的数据处理软件可以直接处理从接收机中导出的原始数据,但不同品牌接收机并不通用。因此,采用标准的 RINEX 格式更为方便，几乎适用于所有的数据处理软件。值得注意的是，从接收机原始数据转换为 RINEX 格式，一般还是需要各接收机厂商提供的随机软件。如图 8.4 所示，单击左上角的"导入"按钮即可批量导入数据至 CGO 软件。

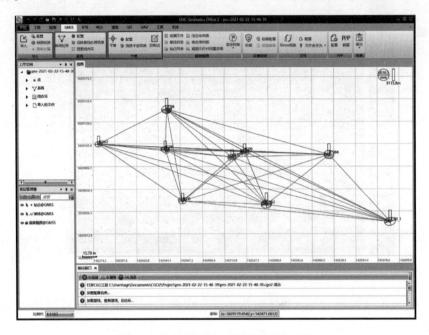

图 8.4　CGO 软件导入、基线处理、平差功能

2. 数据编辑

在导入 GNSS 观测数据之后，需对其进行检查，以发现并改正由于外业观测时的误操作而引起的错误。检查的项目包括测站名、天线高、天线类型、天线高量取方式等。如果发现错误，则可用编辑工具直接修改，也可用数据处理软件进行修改。

3. 参数设置

基线解算的控制参数用来确定数据处理软件使用何种方式来进行基线解算。设定控制参数是基线解算时的一个重要环节，控制参数的设置直接影响基线解算结果的质量，基线的精化处理也是通过控制参数的设定来实现的。在 CGO 软件中，可通过单击"基线"面板中的"配置"按钮进行基线解算控制参数配置。

4. 基线解算

基线解算过程一般自动进行，无须人工干预。在软件中选择"基线处理"功能开始执行即可。

5. 基线质量控制

基线解算完毕后，基线结果并不能马上用于后续处理，还必须对基线解算的质量进行评估，只有质量合格的基线才能用于后续的处理。若基线解算结果质量不合格，则需要对基线进行重新解算甚至重新测量。基线的质量评估指标包括 RATIO、RDOP、RMS、同步环闭合差、异步环闭合差和重复基线较差以及 GNSS 网无约束平差基线向量改正数等。如图 8.5 所示，可通过单击"数据图表"面板的"基线列表"查看基线质量。

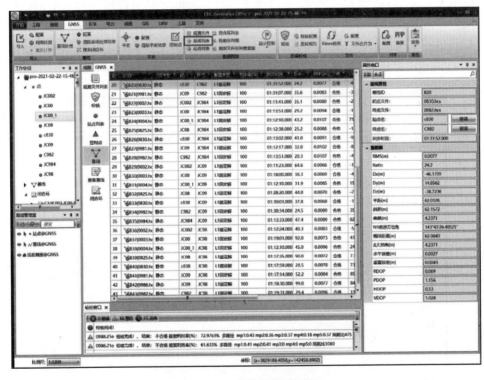

图 8.5　CGO 软件基线解算质量

8.4.3 网平差

在对基线进行解算后,当基线中一个或多个测站坐标已知时,可确定其他测站的坐标。对于多条基线形成 GNSS 的控制网,可利用网中点与点、基线向量与基线向量、点与基线向量之间的各种几何关系,通过参数估计方法消除由观测值和(或)起算数据中所存在的误差引起的网形几何结构不一致(如环闭合差不为 0、复测基线不相等、由一个已知点沿某基线推算出的另一已知点的坐标与其已知值不符等),从而获得更为精确可靠的测量成果,这种处理方式就是 GNSS 控制网平差。

根据平差时所采用的起算数据的数量,可将平差分为无约束平差和约束平差。

无约束平差是指在平差过程中不引入使 GNSS 网产生由非观测量所引起的变形的外部约束条件,即实际采用的起算条件数量不超过理论上必要的起算条件数量。对于 GNSS 控制网来说,三维平差时必要的起算条件数量为三个,一般是一个起算点的三维坐标向量。GNSS 控制网无约束平差不仅可以用来获取未知点的三维坐标向量,还可以用来评估网的内符合精度。如图 8.6 所示,可通过单击"平差"面板的"控制点"按钮设置控制点坐标。

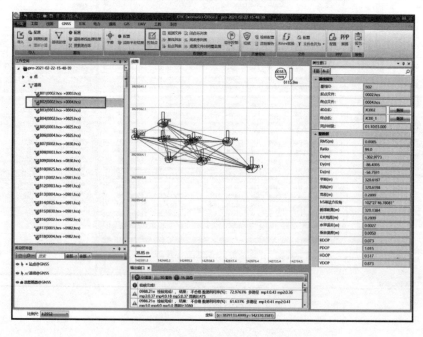

图 8.6　CGO 软件设置控制点和基线编辑

约束平差是指平差过程中引入了使得 GNSS 网产生由非观测值所引起变形的外部起算数据,如引入多个起算点坐标向量。GNSS 网约束平差的目的是获取未知点在指定坐标系的坐标向量和评估网的外符合精度。

在使用 GNSS 数据处理软件进行网平差时,相关步骤具体如下。

(1)提取基线向量,构建 GNSS 基线向量网。注意,必须选择相互独立的基线,且基线应构成闭合的几何图形。考虑后续质量控制,尽量选择质量较好和边长较短的基线。如图 8.6 所示,可通过选择"工作空间"的某条基线,右键设置是否禁用来选择组成控制网的基线。

(2)无约束平差。如果发现含有粗差的基线,则需进行相应的处理,保证构成控制网的所有基线均满足质量要求。如图 8.6 所示,可通过单击"平差"面板的"平差"按钮完成无约束平差解算。GNSS 控制网无约束平差得到的是各点的空间直角坐标系和大地坐标,它们是属于一个椭球参数与 WGS84 或北斗坐标系相同的独立坐标系,但实用中往往需要得到这些点在某个国家或地区坐标系中的坐标,因此需要将两个坐标系进行转换,可采用布尔莎七参数模型进行转换。

(3)约束平差。指定平差的基准、坐标系统、起算数据,检验约束条件的质量,完成平差解算。

(4)质量分析与控制。GNSS 控制网无约束平差所得相邻点距离精度,应满足规范中各等级网的要求,且基线改正数的绝对值和经过粗差剔除后的同一基线相应改正数较差的绝对值均应满足相关要求。GNSS 控制网约束平差时,还需对起算数据进行检验。以起算数据为已知点的检验为例,首先固定一个已知点进行平差,此时其他已知点坐标估值与真值可能有一定的系统性偏差,然后增加一个已知点进行平差,同样比较其他已知点坐标估值和真值,其差异应在厘米级。

8.4.4　成果输出

数据处理完成后,应编写专门的数据及其结果分析报告。需输出的信息包括:

(1)测区和各测站的基本信息。

(2)观测值的数量、数据剔除率、时段起止时刻和持续时间的统计信息。

(3)平差计算采用的坐标系统、基本常数、起算数据、观测值类型和数据处理方法。

(4)平差计算采用的先验约束条件、先验误差。

(5)平差结果及平差值的精度。

8.5 重力测量数据处理

重力测量外业完成后,应对外业资料进行汇总和整理。重力点点位数据按统一的编号规定生成点位数据文件;全部绝对重力观测原始数据应按点号顺序和观测年份先后次序,生成绝对重力观测数据文件;相对重力观测数据按测线顺序生成相对重力观测数据文件。数据处理主要检查外业数据的可靠性、完整性,处理外业观测数据并进行精度评定。

8.5.1 测线计算

相对重力测量观测的读数需要经过一系列改正归算才能用于生成地球重力场中的各类产品。一般包括格值标定、固体潮改正、仪器高改正、零漂改正、绝对重力值归算等步骤,下面逐步介绍这些常用公式。

1. 格值常数与格值标定

运用 ZSM 或 LCR 重力仪测量相对重力时,需要利用格值常数,将仪器读数差转化为重力差。确定格值的过程即为格值标定,即

$$C = \frac{\Delta g}{\Delta s} \tag{8.58}$$

式中:Δg 为已知的标准重力差,通常在基线标定场内测量得到;Δs 为重力仪计数器上的读数差。

对于量程较短的 ZSM 重力仪,格值与读数的乘积即为相对参考点的重力差;而对于 LCR 重力仪,需要利用分段线性函数进行转化,相关格值如表 8.3 所列。

表 8.3 LCR 重力仪格值表

仪器读数	毫伽值	内插因子
2500	2625.88	1.05218
2600	2731.10	1.05239
2700	2836.34	1.05262

实际测量时,假设仪器此时读数为 2654.365,在转换为重力差时,首先将读数分为整百和非整百两部分,即 2600 + 54.365;然后查表,找到 2600 对应的毫

伽值和内插因子,分别为 2731.10 和 1.05239。于是读数 2654.365 对应的重力差为 $2731.10 + 54.365 \times 1.05239 = 2788.31 \text{mGal}$。

2. 固体潮改正

测站观测值的固体潮改正的计算公式为

$$\delta t = -165.17 F(B) \left(\frac{C}{r}\right)^3 \left(\cos^2 Z - \frac{1}{3}\right) - $$
$$1.37 F^2(B) \left(\frac{C}{r}\right)^4 \cos Z \cdot (5\cos^2 Z - 3) - \quad (8.59)$$
$$76.08 F(B) \left(\frac{C_s}{r_s}\right)^3 \left(\cos^2 Z_s - \frac{1}{3}\right)$$

$$F(B) = 0.998327 + 0.00167 \cos 2B$$

式中:δt 为固体潮改正值,单位为微伽(10^{-3}毫伽);B 为测站大地纬度;C, C_s 分别为地心至月心和至日心的平均距离,单位为千米;r, r_s 分别为地心至月心和至日心的距离,单位为千米;Z, Z_s 分别为测站点对月亮和对太阳的地心天顶距。

为求月亮和太阳的天顶距,需完成以下计算。

(1) 计算观测时刻的儒略世纪数,有

$$T = \frac{T_0 - 2415030.0 + (t-\delta)/24}{36525}$$

式中:T_0 为计算日的儒略日;δ 为计算时刻;t 为计算时刻采用 UTC 的北京时。

(2) 计算 6 个天文引数,分别为

$$S = 270.43659 + 481267.89057 T + 0.00198 T^2 + 0.000002 T^3$$
$$h = 279.69668 + 36000.76892 T + 0.00030 T^2$$
$$p = 334.32956 + 4069.03403 T - 0.01032 T^2 - 0.00001 T^3$$
$$N = 259.18328 - 1934.14201 T + 0.00208 T^2 + 0.000002 T^3$$
$$p_s = 281.22083 + 1.71902 T - 0.00045 T^2 + 0.000003 T^3$$
$$\varepsilon = 23.45229 - 0.01301 T - 0.000002 T^2$$

上式各计算结果均以度为单位。

(3) 计算月亮的 c/r 及 $\cos Z$,有

$$\frac{c}{r} = 1 + 0.0545 \cos(s-p) + 0.0030 \cos 2(s-p) + 0.01 \cos(s-2h+p) +$$
$$0.0082 \cos 2(s-h) + 0.0006 \cos(2s-3h+2p_s) + 0.0009 \cos(3s-2h-p)$$

$$\lambda = s - 0.0032 \sin(h-p_s) - 0.001 \sin(2h-2p) + 0.001 \sin(s-3h+p+p_s) +$$
$$0.0222 \sin(s-2h+p) + 0.0007 \sin(s-h-p-p_s) - $$

$$0.0006\sin(s-h) + 0.1098\sin(s-p) - 0.0005\sin(s+h-p_s) +$$
$$0.0008\sin(2s-3h+p_s) + 0.0115\sin(2s-2h) + 0.0037\sin(2s-2p) -$$
$$0.0020\sin(2s-2N) + 0.0009\sin(3s-2h-p)$$
$$\beta = -0.0048\sin(p-N) - 0.0008\sin(2h-p-N) + 0.003\sin(s-2h+N) +$$
$$0.0895\sin(s-N) + 0.001\sin(2s-2h+p-N) + 0.0049\sin(2s-p-N) +$$
$$0.0006\sin(3s-2h-N)$$

$$\sin\delta = \sin\varepsilon\sin\lambda\cos\beta + \cos\varepsilon\sin\beta$$
$$\cos\delta\cos H = \cos\beta\cos\lambda\cos\theta + \sin\theta(\cos\varepsilon\cos\beta\sin\lambda - \sin\varepsilon\sin\beta)$$
$$\cos Z = \sin\varphi'\sin\delta + \cos\varphi'\cos\delta\cos H$$
$$\theta = (t-\delta) \times 15° - h + L - 180°$$
$$\varphi' = \varphi - 0°.193296\sin2\varphi$$

(4) 计算太阳的 c_s/r_s 及 $\cos Z_s$，有

$$\frac{c_s}{r_s} = 1 + 0.0168\cos(h-p_s) + 0.0003\cos(2h-2p_s)$$
$$\lambda_s = h + 0.0335\sin(h-p_s) + 0.0004\sin(2h-2p_s)$$
$$\beta_s = 0$$
$$\cos Z_s = \sin\varphi'\sin\varepsilon\sin\lambda_s + \cos\varphi'(\cos\lambda_s\cos\theta + \sin\theta\cos\varepsilon\sin\lambda_s)$$

3. 仪器高改正

测站观测值的仪器高改正计算公式为

$$\delta h = \theta \cdot h \tag{8.60}$$

式中：δh 为仪器高改正值，单位为毫伽；θ 为重力垂直梯度，单位为毫伽/米；h 为测站点的仪器高，单位为米。

4. 测站观测值归算

在得到格值常数、固体潮改正、仪器高改正后，可得到测站观测归算值为

$$g'_i = C(s) + \delta t \times 10^{-3} + \delta h \tag{8.61}$$

式中：g'_i 为测站观测归算值，单位为毫伽；s 为测站仪器读数，单位为格；$C(s)$ 是读数为 s 时对应的重力差（CG-5、CG-6 相对重力仪认为其数值等于 s）；δt 为固体潮改正值，单位为微伽；δh 为仪器高改正值，单位为毫伽。

5. 零漂改正

测站观测归算值的零漂改正计算公式为

$$g_i = g_i' + K(t_i - t_A) \tag{8.62}$$

$$K = \frac{(G_B - G_A) - [(g_B' - g_A') - \sum(g_D' - g_C')]}{(t_B - t_A) - \sum(t_D - t_C)} \tag{8.63}$$

式中：g_i 为零漂改正后的归算值；G_A，G_B 为测线始、末点已知重力值，单位为毫伽；g_A'，g_B'，g_i' 为测站始、末、待定点观测归算值，单位为毫伽；g_C'，g_D' 各静态观测点的始、末观测归算值，单位为毫伽；t_A，t_B，t_i 为测线始、末、待定点的观测时间；t_C，t_D 为静态观测点的始、末观测时间。注意：当静止时长小于 2h 时可忽略静态零漂，认为静态零漂为零。

6. 绝对重力值归算

待测点的绝对重力值计算公式为

$$G_i = G_A + \Delta g_i \tag{8.64}$$

$$\Delta g_i = g_i - g_A \tag{8.65}$$

式中：G_i 为待定点绝对重力值；G_A 为测线始点已知绝对重力值；Δg_i 为重力段差；g_i 为零漂改正后的测站归算值；g_A 为测站始点的观测归算值。上述变量单位均为毫伽。

8.5.2 重力异常归算

重力异常通常包括真实重力值和正常重力值两部分，其中正常重力值计算公式为

$$\gamma_0 = 978032.53361 \times (1 + 0.00530244\sin^2 B - 0.00000582\sin^2 2B) \tag{8.66}$$

式中：γ_0 为计算点在正常椭球面上的正常重力值，单位为毫伽；B 为计算点的大地纬度。

(1) 空间重力异常可表示为

$$\Delta g_h = G - \gamma_0 + [0.3086 \times (1 + 0.0007\cos 2B) - 0.72 \times 10^{-7} H] H \tag{8.67}$$

式中：Δg_h 为空间重力异常；G 为计算点的实测重力值，单位为毫伽；γ_0 为计算点在正常椭球面上的正常重力值，单位为毫伽；H 为计算点的正常高，单位为米。

(2) 布格重力异常可表示为

$$g_b = \Delta g_h - 0.1119H \tag{8.68}$$

式中：g_b 为布格重力异常，单位为毫伽；Δg_h 为计算点的空间重力异常，单位为毫伽；H 为计算点的正常高，单位为米。

8.5.3 精度评定

重力联测中误差计算公式为

$$m_\Delta = \pm \sqrt{\frac{\sum (\Delta g_i - \Delta \overline{g})^2}{n(n-1)}} \tag{8.69}$$

式中：m_Δ 为重力联测中误差；Δg_i、$\Delta \overline{g}$ 分别为重力段差、平均重力段差，单位为毫伽；n 为段差个数。

8.5.4 算例说明

表 8.4 是以 ZSM 相对重力仪测量为例，展示的记簿与计算结果。测量路线为郑州—梅山镇—小庙—郑州，测量过程中仪器在梅山镇静止了一段时间（时间超过 2h）。待测量及记簿工作完成后，即可进行改正。其中，格值常数在本例中为 0.1106，采用标定的方法测得（如测量的仪器是 CG - 5、CG - 6 则无需此步骤）。

表 8.4 重力测量记簿与计算

日期：××××   观测者：××× C：0.1106   计算者：×××

天气：××××   记簿者：××× K：-0.392   检查者：×××

测站	时间(hh:mm)	读数	中数	$K \cdot \Delta t$	S'	$\Delta s'$	Δg	g
郑州	07:03	453.1 453.2 453.3	453.2	—	453.2	—	—	978557.74
梅山镇	09:25	237.7 237.6 237.7	237.7	-0.9	236.8	-216.4	-23.93	978533.81
小庙	11:15	843.4 843.6 843.5	843.5	-1.6	841.9	388.7	42.99	978600.73
静1	13:50	847.2 847.1 847.2	847.2 (843.5) (3.7)	—	—	—	—	—
郑州	17:02	459.7 459.9 459.8	459.8 (-3.7) 456.1	-2.9	453.2	—	—	—

第9章 成果质量控制

测绘成果的质量直接影响到经济建设、国家领土和海疆安全、防灾减灾、生产安全、船舶航行安全等方面,因此在测绘成果的生产过程中,应有一系列的生产管理和质量管理制度,保证测绘成果质量的现势性、真实性、准确性和可靠性;与此同时,用户也需要对最终提交的测绘成果进行质量检查与成果验收,确保达到国家或军队规定的测绘技术规范和标准,满足使用要求。

大地测量质量管理贯穿于生产作业的全过程,生产单位都要执行检查验收制度。一般作业过程检查由中队(队)组织实施,最终检查由大队组织实施;验收由专门的质量管理机构实施。质量评定作为验收中的最重要工作,实现成果的全面检查,按质量元素准确评价成果质量,是质检人员的重要责任。

9.1 概述

测绘成果质量控制是围绕影响成果质量的各种因素,对测绘项目的实施过程进行有效的监督和管理。由于测绘项目的实施阶段是形成最终成果实体的重要阶段,因此,对测绘项目实施阶段的质量控制是测绘成果质量控制的重点。

1. 质量控制的重要作用

质量控制的重要性主要体现在:
(1)质量控制是用户获得最佳收益的前提。
(2)质量控制是保证测绘生产单位提供满足用户要求成果的有力保障。
(3)质量控制有利于测绘生产进度计划的顺利实施。
(4)质量控制是整个测绘项目所有控制的核心。

2. 质量控制的一般原则

在测绘项目实施过程中的质量控制,一般应遵循以下原则:
(1)坚持质量第一、用户至上的原则。

(2)坚持以人为本的管理原则。
(3)坚持以预防、预控为主的原则。
(4)坚持质量标准、严格检查的原则。
(5)贯彻科学、公正、守法的职业规范原则。

3. 质量控制的技术依据

质量控制的技术依据主要包括：

(1)测绘任务书。测绘任务书规定了参与测绘生产的单位在质量方面的义务，以及有关各方必须履行的各项规定。

(2)技术设计文件。经过审批的技术设计书或作业指导书等设计文件，是测绘生产实施阶段质量控制的重要依据。

(3)国家和军队颁布的有关测绘的法律、法规和规范性文件。

(4)有关质量检查检验的技术标准。技术标准有国家标准、军队标准、行业标准和地方标准之分。它们是建立和维护正常测绘生产和工作秩序应遵守的准则，也是衡量成果质量的尺度。

4. 质量控制的基本内容

测绘项目实施阶段的质量控制主要是通过生产单位对该项目的预期投入(主要是人员、设备、作业环境等)、组织生产过程和生产出来的测绘成果进行全过程的控制，以期按标准达到预定的成果质量目标。

为完成测绘项目实施阶段质量控制的任务，应当做好上岗人员的审核工作、仪器检验情况的审定工作、测绘项目的组织落实和制度制订工作、生产工序过程的质量控制工作、质量管理制度的落实和执行工作、困难地区和隐蔽地区的质量检查工作，以及做好过程成果和中间成果的检查工作。

5. 质量控制的主要方法

测绘成果质量是在测绘生产过程中形成的，而不是最后检验出来的。测绘成果形成的整个过程是由一系列相互联系与制约的作业活动所构成。因此，确保作业活动过程的效果和质量是整个测绘成果得以保证的基础和前提。

对于质量控制而言，就是要认真地做好作业规范性的检查。对于测绘成果质量，主要是通过"两级检查一级验收"的方法，对项目各个工序的过程成果和最终成果进行有效的质量控制。对于大型和新开展的测绘项目，还应进行一定规模的试生产验证。

1)试生产验证

作业开工时应实施首件成果的质量检验,也就是要做好"第一个点"的试生产实验,在此基础上总结经验教训,把质量问题消除在萌芽状态,并对技术设计进行验证。

通过试生产验证,完善作业流程与检查流程,加强过程检查的质量控制,保证各生产过程均处于受控状态,为后续项目的大规模展开提供可靠的生产、技术流程与质量控制的依据。首件成果质量检验点的设置,由测绘单位根据实际需要自行确定。

2)工序(过程)成果质量控制

工序(过程)成果泛指测绘生产过程中各工序生产出来的阶段性成果,该成果可能是测绘最终成果的组成部分,也可能是生产过程中的一个过程成果。工序(过程)成果质量的检查检验,就是对工序操作及其完成成果的质量进行实际而及时的检查,并将所检查的结果同该工序质量特性的技术标准进行比较,从而判断是否合格或优良。只有作业过程中的中间成果质量都符合要求,才能保证最终测绘成果的质量。

3)两级检查一级验收

测绘成果应依次通过测绘单位作业部门的过程检查、测绘单位质量管理部门的最终检查,以及项目管理单位组织的验收或委托具有资质的质量检验机构进行的质量验收。

9.2 检查验收与质量评定

测绘成果的检查验收与质量评定,是进行测绘项目质量控制的重要手段,是整个测绘项目中的一个重要环节。通过检查验收与质量评定,判断成果质量总体水平,为准许成果投入使用和对不合格成果确认处理提供依据。

9.2.1 术语和定义

(1)单位成果:为实施检查与验收而划分的基本单位。

(2)批成果:同一技术设计要求下生产的同一测区的、同一比例尺(或等级)单位成果集合。

(3)批量:批成果中单位成果的数量。

(4)样本:从批成果中抽取的用于评定批成果质量的单位成果集合。

(5)样本量:样本中单位成果的数量。

(6)全数检查:对批成果中全部单位成果逐一进行的检查。

(7)抽样检查:从批成果中抽取一定数量样本进行的检查。

(8)质量元素:说明质量的定量、定性组成部分,即成果满足规定要求和使用目的的基本特征。

(9)质量子元素:质量元素的组成部分,描述质量元素的一个特定方面。

(10)检查项:质量子元素的检查内容,说明质量的最小单位,以及质量检查和评定的最小实施对象。

(11)详查:对单位成果质量要求中的全部检查项进行的检查。

(12)概查:对单位成果质量要求中的部分检查项进行的检查。

(13)错漏:检查项的检查结果与要求存在的差异。

(14)高精度检测:检测的技术要求高于生产的技术要求。

(15)同精度检测:检测的技术要求与生产的技术要求相同。

(16)简单随机抽样:从批成果中抽取样本时,使每一个单位成果都以相同概率构成样本,可采用抽签、掷骰子、查随机数表等方法。

(17)分层随机抽样:将批成果按作业工序或生产时间段、地形类别、作业方法等分层后,根据样本量分别从各层中随机抽取1个或若干个单位成果组成样本。

9.2.2 基本规定

1. 二级检查一级验收

测绘成果质量通过二级检查一级验收方式进行控制,其要求如下:

(1)测绘单位实施成果质量的过程检查和最终检查。过程检查采用全数检查。最终检查一般采用全数检查,涉及野外检查项的可采用抽样检查,样本以外的应实施内业全数检查。

(2)验收一般采用抽样检查。质量检验机构应对样本进行详查,必要时可对样本以外的单位成果的重要检查项进行概查。

(3)检查验收工作应独立、按顺序进行,不得省略、代替或颠倒顺序。

(4)最终检查应审核过程检查记录,验收应审核最终检查记录。审核中发现的问题作为资料质量错漏处理。

2. 检查验收依据

检查验收依据包括有关的法律法规、国家标准、行业标准、设计书、测绘任务书、合同书和委托验收文件等。

3. 数学精度检测

对于图类单位成果的高程精度检测、平面位置精度检测及相对位置精度检测,检测点(边)应分布均匀、位置明显。检测点(边)数量视地物复杂程度、比例尺等具体情况确定,每幅图一般各选取 20~50 个。

按单位成果统计数学精度,困难时可以适当扩大统计范围。在允许中误差 2 倍以内(含 2 倍)的误差值均应参与数学精度统计,超过允许中误差 2 倍的误差视为粗差。同精度检测时,在允许中误差 $2\sqrt{2}$ 倍以内(含 $2\sqrt{2}$ 倍)的误差值均应参与数学精度统计,超过允许中误差 $2\sqrt{2}$ 倍的误差视为粗差。检测点(边)数量少于 20 时,以误差的算数平均值代替中误差;大于 20 时,按中误差统计。

高精度检测时,中误差计算公式为

$$M = \pm \sqrt{\frac{\sum_{i=1}^{n}\Delta_i^2}{n}} \tag{9.1}$$

式中:M 为成果中误差;n 为检测点(边)总数;Δ_i 为较差。

同精度检测时,中误差计算公式为

$$M = \pm \sqrt{\frac{\sum_{i=1}^{n}\Delta_i^2}{2n}} \tag{9.2}$$

4. 质量等级

样本及单位成果质量采用优秀、良好、合格和不合格四级评定。

测绘单位评定单位成果质量和批成果质量等级。验收单位根据样本质量等级核定批成果质量等级。

5. 记录及报告

检查验收记录包括质量问题及其处理记录、质量统计记录等。记录填写应及时、完整、规范、清晰,检验人员和校核人员签名后的记录禁止更改、增删记录。

最终检查完成后,应编写检查报告。验收工作完成后,应编写检验报告。检查报告和检验报告随测绘成果一并归档。

6. 质量问题处理

验收中发现有不符合技术标准、技术设计书或其他有关技术规定的成果时,应及时提出处理意见,交测绘单位进行改正。当问题较多或性质较重时,可将部分或全部成果退回测绘单位或部门重新处理,再择机进行验收。

对于经验收判为合格的批,测绘单位或部门首先对验收中发现的问题进行处理,然后进行复查。对于经验收判为不合格的批,首先将检验批全部退回测绘单位或部门进行处理,然后再次申请验收。再次验收时应进行重新抽样。

对于过程检查、最终检查中发现的质量问题,应予以改正。在过程检查、最终检查工作中,如果对质量问题的判定存在分歧,则由测绘单位总工程师裁定;验收工作中,如果对质量问题的判定存在分歧,则由委托方或项目管理单位裁定。

9.2.3 检查验收的项目内容

待查的成果资料,应按测区、路线等逐点整理,装订成册,编制目录,开具清单,所有数据须提供两套光(磁)介质文件。主要的项目内容包括:

(1) 测绘任务书、技术设计书、实施方案、数据处理方案等。
(2) 仪器检定资料。
(3) 选点与埋石资料,包括点之记和委托保管书。
(4) 各种网点图、路线图、展点图等。
(5) 观测资料,包括观测记录手簿和归心投影资料等。
(6) 计算资料,包括外业概算资料、数据处理成果及起算数据等。
(7) 技术总结。
(8) 检查、验收报告。
(9) 其他应上交的资料。

9.2.4 检查验收的方法步骤

(1) 接收待查成果和资料。按任务要求接收任务完成者提交的成果和相关数据、资料,并履行交接手续。

(2) 检查待查成果和资料的齐全完整性。根据检查验收的项目内容和技术特点,分析待查成果和资料是否满足检查验收要求。

(3) 检查起算数据的正确性。对外业测量和数据处理采用的起算数据进行来源和正确性的检查与校对。

(4) 检查外业测量方法、数据处理方法及采用软件的正确性。依据相关标准规范和技术设计书,检查外业测量方法是否正确、数据采集软件是否经过审核批准、数据处理检查方法是否正确、数据处理软件是否经过审核批准、各项指标是否满足限差要求。

(5) 检查测量数据的正确性。检查外业测量数据是否存在粗差、错记、漏记等;对于数据处理成果,按规定的比例对采用的外业数据进行抽查校对。

(6) 检查特殊问题处理情况。对照技术设计书,检查外业测量和数据处理中特殊问题的处理是否正确合理、是否符合要求。

(7) 检查成果整饰情况。检查成果的整饰情况,包括:说明文字叙述是否准确、清晰、完整;成果整理装订是否符合技术要求、是否整齐美观。

(8) 填写检查验收记录表。对发现的问题进行记录,并提出修改处理意见。

(9) 复查修改处理情况。对所做的修改处理结果进行全面复查。

(10) 质量等级评定。填写质量评定统计表,依据相应的质量评定标准和方法进行质量等级评定并做出评价结论,编写检查、验收报告。

9.2.5 单位成果质量评定

1. 单位成果质量构成与表征

1) 单位成果质量构成

单位成果质量一般由赋予一定权重的质量元素构成,质量元素由赋予一定权重的质量子元素构成,质量子元素由其相应的质量特性(检查项)体现,具体参见国家或军事测绘成果质量检查与验收相关标准。

质量元素、质量子元素的权一般不作调整。当检验对象不是最终成果(一个或几个工序成果、某几项质量元素等)时,按照国家标准所列相应权的比例,调整质量元素的权,调整后的成果各质量元素权之和应为 1.0。

2) 单位成果质量表征

单位成果质量水平以百分制表征。

2. 质量评分方法

1) 成果质量错漏扣分标准

成果质量错漏扣分标准见表 9.1。

表 9.1 成果质量错漏扣分标准

错漏类型	说明	扣分值
A 类	极重要检查项的错漏,或检查项的极严重错漏。	42
B 类	重要检查项的错漏,或检查项的严重错漏。	$12/t$

续表

错漏类型	说明	扣分值
C类	较重要检查项的错漏,或检查项的较重错漏。	$4/t$
D类	一般检查项的轻微错漏。	$1/t$

注:一般情况下取 $t=1$。需要进行调整时,以困难类别为原则,按《测绘生产困难类别细则》进行调整(平均困难类别 $t=1$)

2) 质量子元素评分方法

(1) 数学精度评分方法。根据成果数学精度值的大小,按表9.2采用分段直线内插的方法计算质量分数;多项数学精度评分时,若单项数学精度得分均大于60分,则取其算术平均值或加权平均作为质量分数,该质量分数即为质量子元素得分。

表9.2 数学精度评分标准

数学精度值	质量分数 S
$0 < M \leq M_0/3$	$S = 100$
$M_0/3 < M \leq M_0/2$	$90 \leq S < 100$
$M_0/2 < M \leq 3/4 \times M_0$	$75 \leq S < 90$
$3/4 \times M_0 < M \leq M_0$	$60 \leq S < 75$

其中,$M_0 = \pm \sqrt{m_1^2 + m_2^2}$,$M$ 为成果中误差的绝对值;M_0 为允许中误差的绝对值;m_1 为规范或相应技术文件要求的成果中误差;m_2 为检测中误差(高精度检测时取 $m_2 = 0$);S 为质量分数(分数值根据数学精度的绝对值所在区间进行内插)

(2) 其他质量子元素评分方法。首先将质量子元素得分 S_2 预置为100分,根据表9.1的要求对相应质量子元素中出现的错漏逐个扣分。S_2 计算公式为

$$S_2 = 100 - \left[a_1 \times \left(\frac{12}{t} \right) + a_2 \times \left(\frac{4}{t} \right) + a_3 \times \left(\frac{1}{t} \right) \right] \quad (9.3)$$

式中:S_2 为质量子元素得分;a_1, a_2, a_3 为质量子元素中相应的B类错漏、C类错漏、D类错漏个数;t 为扣分值调整系数。

(3) 质量元素评分方法。采用加权平均法计算质量元素得分 S_1,计算公式为

$$S_1 = \sum_{i=1}^{n} (S_{2i} \times p_i) \quad (9.4)$$

式中：S_1，S_{2i} 分别为质量元素、相应质量子元素得分；p_i 为相应质量子元素的权；n 为质量元素中包含的质量子元素个数。

(4) 单位成果质量评分。采用加权平均法计算单位成果质量得分 S，计算公式为

$$S = \sum_{i=1}^{n} (S_{1i} \times p_i) \quad (9.5)$$

式中：S，S_{1i} 分别为单位成果质量、质量元素得分。

(5) 单位成果质量评定。根据单位成果的质量得分，按表9.3划分质量等级。当单位成果出现以下情况之一时，即判定为不合格：①单位成果中出现A类错漏；②单位成果高程精度检测、平面位置精度检测及相对位置精度检测，任一项粗差比例超过5%；③质量子元素质量得分小于60分。

表9.3 单位成果质量等级评定标准

质量得分	质量等级
$S \geq 90$	优
$75 \leq S < 90$	良
$60 \leq S < 75$	合格
$S < 60$	不合格

9.2.6 抽样检查程序

抽样检查的程序包括组成批成果、确定样本量、抽取样本、检验、样本质量评定、批质量判定和编制报告。

1. 组成批成果

批成果应由同一技术设计要求下生产的同一测区（工程）的单位成果汇集而成。生产量较大时，可根据生产时间、作业方法或作业单位等条件分别组成批成果，实施分批检验。

2. 确定样本量

根据检验批成果的批量，按照国家或军事测绘成果质量检查与验收相关标准中规定的抽查比例确定样本量。

3. 抽取样本

在从检验批成果的批量中抽取样本时,应满足如下要求:

(1)样本应分布均匀。

(2)以点、测段、区域网等为单位在批成果中随机抽取样本。一般采用简单随机抽样,也可根据生产方式或时间、等级等采用分层随机抽样。

(3)按样本量从批成果中提取样本,并提取单位成果的全部有关资料。下列资料按 100% 提取样品原件或复印件:①项目设计书、专业设计书、生产过程中的补充规定;②技术总结、检查报告及检查记录;③仪器检定证书和检验资料复印件;④其他需要提供的文档资料。

4. 检验

根据测绘成果质量的内容与特性,分别采用详查、概查的方式进行检验。

(1)详查。根据各单位成果的质量元素及检查项,按有关的规范、技术标准和技术设计的要求逐个检验单位成果并统计存在的各类错漏数量,按照评定方法确定单位成果质量。

(2)概查。概查是指对影响成果质量的主要项目和带倾向性的问题进行的一般性检查,一般只记录 A 类错漏、B 类错漏和普遍性问题。若概查中未发现 A 类错漏或 B 类错漏小于 3 个,则判定成果概查合格;否则,判定成果概查不合格。

5. 样本质量评定

(1)当样本中出现不合格单位成果时,直接评定样本质量不合格;

(2)全部单位成果合格后,根据单位成果的质量得分,按算术平均方式计算样本质量得分,由此评定样本质量等级,评定标准参照表 9.3。

6. 批成果质量判定

(1)最终检查批成果质量评定。最终检查批成果合格后,按以下原则评定批成果质量等级:①优秀级:优秀率和良好率达到 90% 以上,其中优秀率达到 50% 以上;②良好级:优秀率和良好率达到 80% 以上,其中优秀率达到 30% 以上;③合格:未达到上述标准的。

(2)批成果质量核定。验收单位根据评定的样本质量等级,核定批成果质量等级。如果测绘单位未评定批成果质量等级,或验收单位评定的样本质量等级与测绘单位评定的批成果质量等级不一致,则以验收单位评定的样本质量等级作为批成果质量等级。

(3)批成果质量判定。生产过程中,使用未经计量检定或检定不合格的测量仪器,均判定批成果为不合格。当详查和概查均为合格时,判定批成果为合格,否则判定批成果为不合格。若验收中只实施了详查,则只依据详查结果判定批成果质量。若详查或概查中发现伪造成果现象或技术路线存在重大偏差,则均判定为不合格。

7. 编制报告

编制检查报告、验收报告。

9.3 检查验收报告

检查验收结束后,应如实、及时编写相应的检查报告或验收报告,并由有关责任人签字,以示负责。

1. 检查验收报告的编写要求

编写质量检查与验收报告,应做到全面记录检查检验情况、准确判定问题性质、客观评价成果质量。检查验收报告的编排格式和具体要求可参照国家或军事测绘成果质量检查与验收相关标准。

2. 检查验收报告的主要内容

检查验收报告一般包括任务概况、检查验收情况、发现问题和处理情况、检验结论和质量评定、意见建议等内容。

1)检验工作概况

介绍检验的基本情况,包括检验时间、检验地点、检验方式、检验人员、检验的软硬件设备等。

2)受检成果概况

简述成果生产的基本情况,包括任务来源、测区位置、生产单位、单位资质等级、生产日期、生产方式、成果形式、批量等。

3)检验依据

列出检查验收的全部技术依据。

4) 抽样情况

描述抽样依据、抽样方法、样本数量等抽样情况。若为计数抽样,应列出抽样方案。

5) 检验内容及方法

说明待检成果的内容、数量,介绍检查验收的方法和比例。

6) 主要质量问题及处理

叙述检查验收中发现或存在的主要质量问题及其处理结果,注明问题的改正情况。

7) 质量统计及质量综述

依据成果检查验收记录表、成果质量评定统计表,对所检验的成果做出综合评价(不含检验结论),并根据质量评分做出质量等级评定。此外,根据检查验收所发现的问题,也可以对施测单位工作中存在的缺陷和不足提出改进意见建议。

8) 附件(附图、附表)

根据实际情况,若无附件则可不列本条。

参考文献

[1] 总参测绘局.大地测量(试行)[M].北京:解放军出版社,2012.
[2] 国家测绘局人事司,国家测绘局职业技能鉴定指导中心.大地测量(技师版)[M].北京:测绘出版社,2009.
[3] 吕志平,乔书波.大地测量学基础(第二版)[M].北京:测绘出版社,2016.
[4] 隋立芬,宋力杰,柴洪洲,等.误差理论与测量平差基础(第二版)[M].北京:测绘出版社,2016.
[5] 李健,张建军,丁辰,等.控制测量学及其应用[M].北京:测绘出版社,2018.
[6] 郭际明,史俊波,孔祥元,等.大地测量学基础(第三版)[M].武汉:武汉大学出版社,2021.
[7] 李征航,黄劲松.GPS测量与数据处理(第四版)[M].武汉:武汉大学出版社,2024.
[8] 郝亚东.测绘工程管理[M].北京:测绘出版社,2013.
[9] 徐文耀.地磁学[M].北京:地震出版社,2003.
[10] 郑广伟,李海,董朝阳,等.大地测量成果质量评定[M].北京:解放军出版社,2014.
[11] 国家测绘局.国家三角测量规范:GB/T 17942—2000 [S].北京:国家质量技术监督局,2000.
[12] 全国地理信息标准化技术委员会.国家一、二等水准测量规范:GB/T 12897—2006 [S].北京:中华人民共和国国家质量监督检验检疫总局,中国国家标准化管理委员会,2006.
[13] 全国地理信息标准化委员会.国家三、四等水准测量规范:GB/T 12898—2009 [S].北京:国家市场监督管理检验检疫总局,中国国家标准化管理委员会,2009.
[14] 全国地理信息标准化技术委员会.中、短程光电测距规范:GB/T 16818—2008 [S].北京:国家标质量监督检验检疫总局,2008.
[15] 全国地理信息标准化技术委员会.全球导航卫星系统(GNSS)测量规范:GB/T 18314—2024 [S].北京:国家市场监督管理总局,国家标准化管理委员会,2024.
[16] 全国地理信息标准化技术委员会.国家重力控制测量规范:GB/T 20256—2019 [S].北京:国家市场监督管理总局,中国国家标准化管理委员会,2019.
[17] 全国地理信息标准化技术委员会.加密重力测量规范:GB/T 17944—2018 [S].北京:国家市场监督管理总局,中国国家标准化管理委员会,2018.
[18] 国家测绘局.三、四等导线测量规范:CH/T 2007—2001 [S].北京:国家测绘局,2001.
[19] 国家测绘局.测绘技术设计规定:CH/T 1004—2005 [S].北京:国家测绘局,2005.
[20] 国家测绘局.测绘成果质量监督抽查与数据认定规定:CH/T 1018—2009 [S].北京:国家测绘局,2009.
[21] 国家测绘局.测绘成果质量检验报告编写基本规定:CH/Z 1001—2007 [S].北京:国家测绘局,2007.